21世纪经济管理新形态教材·信息管理与信息系统系列

# 数据库原理及应用

周玲元　张丹平 ◎ 主　编
李文川　徐晨飞 ◎ 副主编

清华大学出版社
北　京

## 内 容 简 介

本书从应用的角度全面阐述数据库系统的基本理论、基本技术和基本方法，全书涵盖十章，包括数据库基础、关系数据库、关系数据库标准语言 SQL、关系模式的规范化设计理论、关系数据库的规范化设计、数据库的维护管理、数据库的运行控制、T-SQL 程序设计、数据库高级应用、查询优化等，每章均附有习题。本书以"理论够用、实用，实践为第一"为原则，使读者能够快速、轻松地掌握数据库技术与应用。本书是编者多年从事数据库课程教学、产学研实践以及教学改革的探索形成的成果，根据经管类专业的教学特点编写而成。

本书可作为高等院校经管类专业数据库课程的教材，也可供从事数据库系统研究、开发及应用的研究人员和企事业单位管理人员参考。

本书封面贴有清华大学出版社防伪标签，无标签者不得销售。
版权所有，侵权必究。举报：010-62782989，beiqinquan@tup.tsinghua.edu.cn。

**图书在版编目(CIP)数据**

数据库原理及应用 / 周玲元，张丹平主编 . —北京：清华大学出版社，2024.9
21 世纪经济管理新形态教材 . 信息管理与信息系统系列
ISBN 978-7-302-62659-6

Ⅰ.①数… Ⅱ.①周…②张… Ⅲ.①数据库系统－高等学校－教材 Ⅳ.① TP311.13

中国国家版本馆 CIP 数据核字 (2023) 第 182433 号

责任编辑：胡　月
封面设计：汉风唐韵
版式设计：方加青
责任校对：王荣静
责任印制：刘　菲

出版发行：清华大学出版社
网　　址：https://www.tup.com.cn，https://www.wqxuetang.com
地　　址：北京清华大学学研大厦 A 座　　邮　编：100084
社 总 机：010-83470000　　邮　购：010-62786544
投稿与读者服务：010-62776969，c-service@tup.tsinghua.edu.cn
质 量 反 馈：010-62772015，zhiliang@tup.tsinghua.edu.cn

印 装 者：定州启航印刷有限公司
经　销：全国新华书店
开　本：185mm×260mm　　印　张：13.5　　字　数：307 千字
版　次：2024 年 9 月第 1 版　　印　次：2024 年 9 月第 1 次印刷
定　价：49.00 元

产品编号：096066-01

# 前言 PREFACE

数据库技术发展至今已相当成熟,相关知识体系博大精深。作为定位于经管类专业的教学,面向工科院校经管类专业本科生的数据库入门教材,本书的第一版已经使用了五个年头。在理论"够用、实用",以实践为第一原则的指导下,本书作者不改初衷,开始了第二版的修订工作。

延续第一版教材的思路,在第二版的修订过程中,作者进行了更多的思考:对于经管类的本科生来说,需要掌握的数据库知识有哪些?因为数据库知识非常丰富,要想在有限的课堂时间内让学生掌握所有的数据库知识相当困难。同时,数据库系统的用户可以是数据库应用程序员、数据库管理员、数据库系统分析员、数据库设计人员,也可以是终端的一般用户。而经管类的学生除了成为数据库应用程序员之外,有很多学生可能会成为数据库管理员、数据库系统分析员、数据库设计人员,甚至是终端的一般用户。依据不同用户的不同需求,本书作为一本数据库的入门教材,必须让学生"会用",而且"够用"。

尽管本书不一定能完全实现预期目标,但积极的尝试工作已经开始。在教学实践的基础上,本书第二版对第3~5章的内容作了调整,力求突出重点,强调实用性,全面系统地构建知识体系。为了反映数据库技术的发展,本书对第9章的内容也进行了更新。同时本书设计了典型实例,并将实例融入理论知识中进行讲解,力求知识与实例相辅相成。另外,对每一章后面的习题进行了修订,加入了部分计算机等级考试的类似题型,方便学生及时验证学习效果。

本书内容丰富,使用时教师可根据学生的主专业情况适当取舍,或适当压缩,有选择性地对内容进行讲解。

本书由周玲元及张丹平副教授执笔,研究生刘成海、帅辉琳、梁昌机、刘珍珍、赵超、吴泽琪、江昕怡参加了内容讨论和书稿校阅工作。感谢南昌航空大学李文川老师及南通大学徐晨飞老师所做的资料收集与整理工作。

本书第二版的修订工作中,参阅了大量的参考书和文献资料,在此向其作者表示衷心的感谢。

由于编者水平有限,书中难免有疏漏与不足之处,敬请各位读者批评指正。

编　者
2023年10月

# 目录 CONTENTS

**第 1 章　数据库基础 / 1**
　1.1　数据库的基本概念 / 1
　1.2　数据模型 / 6
　1.3　数据库管理系统的体系结构 / 13
　1.4　设计、管理和使用数据库的人员 / 15
　本章小结 / 16
　练习与思考 / 17

**第 2 章　关系数据库 / 18**
　2.1　关系模型的基本概念 / 18
　2.2　关系数据结构及形式化定义 / 21
　2.3　关系代数 / 23
　2.4　关系演算 / 31
　2.5　关系约束 / 36
　本章小结 / 39
　练习与思考 / 39

**第 3 章　关系数据库标准语言 SQL / 42**
　3.1　SQL 语言概述 / 42
　3.2　数据定义 / 45
　3.3　数据查询语句 / 56
　3.4　数据更新语句 / 67
　3.5　视图 / 69
　本章小结 / 72
　练习与思考 / 72

**第 4 章　关系模式的规范化设计理论 / 74**
　4.1　问题的提出 / 74
　4.2　关系模式的函数依赖 / 77
　4.3　关系模式的规范化 / 84
　4.4　关系模式的分解特性 / 92

本章小结 / 101

练习与思考 / 102

## 第 5 章　关系数据库的规范化设计 / 103

5.1　数据库的设计概述 / 103

5.2　数据库设计的全过程 / 106

本章小结 / 120

练习与思考 / 121

## 第 6 章　数据库的维护管理 / 123

6.1　事务 / 123

6.2　数据库的备份 / 125

6.3　数据库的恢复 / 128

6.4　并发控制 / 130

本章小结 / 134

练习与思考 / 135

## 第 7 章　数据库的运行控制 / 136

7.1　数据的完整性 / 136

7.2　数据的安全性 / 140

本章小结 / 147

练习与思考 / 148

## 第 8 章　T-SQL 程序设计 / 149

8.1　编程基础知识 / 149

8.2　函数的使用 / 156

8.3　游标的使用 / 161

8.4　存储过程的使用 / 165

8.5　触发器 / 171

本章小结 / 175

练习与思考 / 175

## 第 9 章　数据库高级应用 / 177

9.1　数据仓库 / 178

9.2　OLAP 技术 / 186

9.3　数据挖掘 / 192

本章小结 / 200

练习与思考 / 201

## 第 10 章　查询优化 / 202

10.1　查询优化的概述 / 202

10.2　查询实例分析 / 202

10.3　查询优化的一般策略 / 203

10.4　关系代数的等价公式 / 204

10.5　查询优化的一般步骤 / 205

本章小结 / 207

练习与思考 / 207

# 第 1 章 数据库基础

## 本章学习提要与目标

本章介绍数据库的基本知识,包括数据库的基本概念、数据模型、基本结构等。通过对本章的学习,读者可以掌握数据库、数据库系统及数据库管理系统等基本概念,掌握数据库系统的特征、数据模型的分类、数据库系统的三级模式和两级映像,了解设计、管理和使用数据库的人员。

自从 20 世纪 60 年代中期数据库技术诞生以来,无论是在理论还是应用方面,此技术都已变得相当重要和成熟,成为计算机科学的重要分支。数据库技术是计算机领域发展最快的学科之一,也是应用很广、实用性很强的一门技术。目前,这一技术已从第一代的网状、层次数据库系统,第二代的关系数据库系统,发展到以面向对象模型为主要特征的第三代数据库系统。

随着计算机技术的飞速发展及其应用领域的扩大,特别是计算机网络和互联网的发展,基于计算机网络和数据库技术的管理信息系统和各类应用系统得到了突飞猛进的发展。如事务处理系统(TPS)、地理信息系统(GIS)、联机分析系统(OLAP)、决策支持系统(DSS)、企业资源计划(ERP)、客户关系管理(CRM)、数据仓库(DW)及数据挖掘(DM)等系统都是以数据库技术作为重要支撑。可以说,只要有计算机的地方,就在使用着数据库技术。因此,数据库技术的基本知识和基本技能已成为信息社会人们必备的部分。本章的 1.1 节将首先介绍数据库系统的基本概念和特征,1.2 节介绍数据模型及其分类,1.3 节介绍数据库管理系统的体系结构,1.4 节介绍设计、管理和使用数据库的人员。

## 1.1 数据库的基本概念

本节首先介绍一些数据库最常用的术语和基本概念,然后介绍与文件系统相比,数据库系统的特征与优势。

### 1.1.1 基本概念

**1. 数据与数据处理**

数据是数据库系统研究和处理的对象。所谓数据，通常是指可以用符号记录下来的、对事物的描述。描述事物的符号可以是数字，也可以是文字、图形、图像、声音等。例如，一篇文章、一幅地图、一首乐曲，这些都是数据。当然，这里研究的数据是指经过数字化存入计算机中的数据。

数据处理也被称为信息处理，是指从某些已知的数据出发，推导加工出一些新的数据的过程。数据处理不同于科学计算，科学计算通常比较简单，而数据处理则比较复杂。数据管理是数据处理的基础，其包括数据的收集、整理、存储、维护、检索等操作。

**2. 数据库**

数据库这个名词起源于20世纪50年代，当时美国为了战争，需要把各种情报集中在一起存储在计算机中，成为数据库。1963年，美国Honeywell公司的IDS（Integrated Data Store）系统投入运行，揭开了数据库技术的序幕。1965年，美国利用数据存储系统帮助NASA设计了阿波罗登月火箭，推动了数据库技术的发展。当时，在美国出现了形形色色的Database或Databank软件系统，但它们基本上都是文件系统的扩充。

1968年，美国IBM公司推出层次模型的IMS数据库系统；1969年，美国CODASYL（Conference on Data Systems Languages，数据系统语言协会）组织的数据库任务组（DBTG）发表关于网状模型数据库的DBTG报告；1970年，IBM公司的科德（E. F. Codd）发表论文提出了关系模型数据库。这三件事情奠定了现代数据库技术发展的基础。

所谓数据库（Database，DB），是指长期存储在计算机中的、有组织的、可共享的数据集合。数据库中的数据往往按一定的数据模型组织、描述和存储，能为各种用户共享，具有较小的冗余度、较高的数据独立性、数据间联系密切等特点。

在计算机中，数据库是由很多数据文件及相关的辅助文件所组成，这些文件由一个被称为数据库管理系统（Database Management System，DBMS）的软件进行统一管理和维护。数据库中除了存储用户直接使用的数据外，还存储有另一类"元数据"，它们是有关数据库的定义信息，如数据类型、模式结构、使用权限等，这些数据的集合被称为数据字典（Data Dictionary，DD），它是数据库管理系统工作的依据，数据库管理系统通过DD对数据库中的数据进行管理和维护。

**3. 数据库管理系统**

如图1.1所示，数据库管理系统是位于用户与操作系统之间的一层数据管理软件。它为用户或应用程序提供访问数据库的方法，包括数据库的建立、查询、更新及各种数据控制。

1）DBMS的主要功能

（1）数据定义功能。DBMS提供了数据定义语言（DDL），数据库设计人员通过它可以方便地对数据库

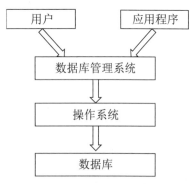

图1.1 数据库管理系统

中的相关内容进行定义。例如，对数据库、表、索引及数据的完整性进行定义。

（2）数据操纵功能。DBMS 提供了数据的操纵语言（DML），用户通过它可以实现对数据库的基本操作。例如，对表中数据的查询、插入、删除和修改。

（3）数据库运行控制功能（保护功能）。这是 DBMS 的核心部分，它包括并发控制（即处理多个用户同时使用某些数据时可能产生的问题）、安全性检查、完整性约束条件的检查和执行、数据库的内部维护（例如，索引的自动维护）等。所有对数据库的操作都要在这些控制程序的统一管理下进行，以保证数据的安全性、完整性以及多个用户对数据库的并发使用。

（4）数据库的建立和维护功能。数据库的建立和维护功能包括数据库初始数据的输入、转换功能，数据库的转储、恢复功能，数据库的重新组织功能和性能监视、分析功能等。这些功能通常是由一些实用程序完成的，它们是数据库管理系统的重要组成部分。

2）DBMS 的组成

数据库管理系统主要由数据库描述语言及其编译程序、数据库操作语言及其翻译程序、数据库管理和控制例行程序三部分组成。其中，数据库描述语言及其编译程序主要完成对数据库数据的物理结构和逻辑结构的定义；数据库操作语言及其翻译程序完成数据库数据的检索和存储；而管理和控制例行程序则用于完成数据的安全性控制、完整性控制、并发性控制、通信控制、数据存取、数据修改以及工作日志、数据库转储、数据库初始装入、数据库恢复、数据库重新组织等公用管理。

3）DBMS 与数据模型的关系

前已述及，数据库中的数据是根据特定的数据模型来组织和管理的，与之对应的，数据库管理系统总是基于某种数据模型，故可以把 DBMS 看成是某种数据模型在计算机系统上的具体实现。根据数据模型的不同，DBMS 可以分为层次型、网状型、关系型和面向对象型等，如利用关系模型建立的数据库管理系统就是关系型数据库管理系统等。目前商品化的数据库管理系统主要为关系型的，如大型系统中使用的 Oracle、DB2、Sybase 及微机上使用的 Access、Visual FoxPro 及 SQL Server 系列产品等。需要说明的是，不同的计算机系统由于缺乏统一的标准，故即使同一种数据模型的 DBMS，在用户接口、系统功能等方面也常常是不相同的，本书以 SQL Server 2008 系统为介绍对象。

**4. 数据库系统**

数据库系统（Database System，DBS）是指引入数据库技术后的计算机系统。数据库系统是一个复杂的系统，不仅是一组对数据进行管理的软件，还是一个数据库。DBS 是存储介质、处理对象和管理系统的集合体，由数据库、硬件、软件（包括数据库管理系统软件、操作系统软件、应用软件等）、数据库管理员和用户组成，是一个按照数据库方法存储、维护和向应用系统提供数据支持的系统。

（1）计算机支持系统。主要有硬件支持环境和软件支持系统（如 DBMS、操作系统及开发工具）。

（2）数据库。按一定的数据模型组织，长期存放在外存上的一组可共享的相关数据集合。

（3）数据库管理系统。一个管理数据库的软件，简称 DBMS，它是数据库系统的核心部件。

(4) 数据库应用程序。指满足某类用户要求的用于操纵和访问数据库的程序。

(5) 人员。数据库系统分析设计员、系统程序员、用户等。数据库用户通常又可分为两类：一类是批处理用户，也被称为应用程序用户，这类用户使用程序设计语言编写应用程序，对数据进行检索、插入、修改和删除等操作，并产生数据输出；另一类是联机用户，或被称为终端用户，他们使用终端命令或查询语言直接对数据库进行操作，这类用户通常是数据库管理员或系统维护人员。

## 1.1.2　数据库系统与文件系统

假设银行需要保存所有客户及其账户的信息。一种方法是将它们存储在操作系统文件中，由应用程序通过文件系统对它们进行存取，但这种方法会随着数据管理规模的扩大和数据量的急剧增加显露出一些缺陷。

第一，数据的冗余和不一致。在传统的文件处理模式下，应用程序所需要的所有文件的定义是该应用程序的一部分，不同的应用程序会定义不同的文件，特别的是，如果这些应用程序是在很长的一段时间内由不同的程序员创建，那么就会使相同的信息重复存储在不同的文件中。例如，储蓄账户管理程序所定义的文件中包含客户地址和电话等信息，若银行又要开设支票账户，就要开发相应的程序，那么定义的文件中可能也包含客户地址和电话等信息，这就造成了数据的冗余存储。这种冗余除了会导致存储和访问开销增大外，还可能导致数据不一致。又如，某个客户地址的变更可能在储蓄账户文件中得到反映，而在支票账户文件中却没有更新。

第二，数据间的联系弱。在传统的文件处理模式下，数据文件之间相互独立、缺乏联系，并且可能具有不同的格式，无法以一种方便而有效的方式获取数据。例如，要找出某一邮编地区各个客户的所有储蓄账户和支票账户的信息，此需求涉及储蓄账户文件和支票账户文件两个孤立的文件，并且它们也可能具有不同的客户地址格式，编写这样一个应用程序是比较困难的。

数据库系统克服了文件系统的上述缺陷，提供了对数据更有效的管理方式。数据库系统具有以下几个特征。

**1. 数据结构自描述**

数据库系统不仅包含数据库本身，其还通过系统目录（System Catalog）定义了数据库的结构、每个数据项的类型以及加在数据上的各种约束条件。系统中的任何应用都可以通过数据库管理系统软件从系统目录中提取数据库的定义，根据需求方便地获得对数据库全部或某些数据项的存取。例如，客户信息数据库中包括客户编号、姓名、住址、电话等信息，所以处理储蓄账户的应用程序、处理支票账户的应用程序以及打印客户列表的应用程序都可以使用该数据库获得所需要的某些客户信息。因此数据是面向整个系统的，可以被多个应用、多个用户所共享。数据共享可以大大减少数据冗余，避免数据的不一致性。

在传统的文件处理模式下，数据文件的定义一般被作为应用程序自身的一部分，其包含的数据是面向特定的某个或几个应用程序的,并且程序对这些数据的操作只能以记录为单位,不能以数据项为单位。

**2. 较高的数据独立性**

在传统的文件处理模式下,数据文件的结构是由存取它的应用程序定义的。因此,文件结构的任何改变都将导致存取该文件的所有程序的改变。而在数据库系统中,大多数情况下可以避免这种改变,即便数据的逻辑结构改变了,应用程序也可以不变,也就是说数据库的逻辑结构和用户的应用程序是相互独立的,人们通常把这种特性称为逻辑独立性。例如,要为客户信息数据库增加一个"生日"数据项,用户只需通过 DBMS 改变系统目录中客户信息数据库结构的描述来实现,无须改变存取客户信息数据库的任何应用程序。

另外,数据库中的数据在磁盘上的存储也是由 DBMS 管理的。DBMS 向用户隐藏文件存储组织的细节,应用程序要处理的只是数据的逻辑结构。这样,就算数据的物理存储位置改变了,应用程序也不需改变,也就是说,数据库的物理结构和用户的应用程序是相互独立的,人们通常把这种特性称为物理独立性。

**3. 统一的数据管理与控制**

数据库系统统一提供以下四个方面的数据管理与控制功能。

(1) 数据完整性。其可以保证数据库始终包含正确的数据。用户可以设计完整性规则以确保数据满足某些特定的约束。例如,银行账户的余额永远不会低于某个预定的值(如 1 元)。

(2) 数据库的可恢复性。在发生故障时,系统需要有能力把数据库恢复到最近某时刻的正确状态。对很多应用程序来说,这样的保证是至关重要的。例如,要把 A 账户的 500 元转入 B 账户。假设系统首先从 A 账户上减去了 500 元,但在转入 B 账户之前系统发生了故障,这 500 元没来得及存入 B 账户,这就造成了数据库状态的不一致,此时,就需要把数据库恢复到未作转账之前的正确状态。为此,数据库系统需要采用事务的概念保证转账事务涉及的借和贷两个操作要么全部发生,要么根本不发生。

(3) 数据的并发控制。其可以避免并发操作之间相互干扰,防止数据库的完整性被破坏。为了提高总体性能和加快响应速度,许多系统都允许多个用户同时更新数据。例如,某账户中原有余额 500 元,甲、乙两个客户同时从该账户中取款,分别取出 50 元和 100 元。此时,每个取款操作首先要读取账户余额,在其上减去取款额,然后将结果写回。如果甲、乙客户的取款操作并行执行,可能他们读到的余额都是 500 元,取款后系统将分别写回 450 元和 400 元。账户中到底剩下 450 元还是 400 元要视甲、乙两个操作最后写回的结果而定,但实际上这两种结果都是错误的,正确的结果应该是 350 元。为了消除这种情况发生的可能性,数据库系统需要提供并发控制功能。

(4) 数据安全性。其作用是保证数据的安全,防止数据丢失或被窃取、破坏。数据库系统的所有用户并非都可以访问所有数据,例如,用户通过 ATM 自动取款机只能访问自己的账户,而无权访问其他账户。

从文件系统发展到数据库系统是信息处理领域的一个重大变化。在文件系统下,信息处理的传统方式如图 1.2 所示,在此模式下,程序设计处于中心地位,数据只起着服从程序设计需要的作用；而在数据库模式下，信息处理的方式发生了改变，如图 1.3 所示，数据占据了中心地位，数据库的设计成为信息系统首先要解决的问题，而利用这些数据的应用程序的设计则要围绕既定的数据库结构来进行。

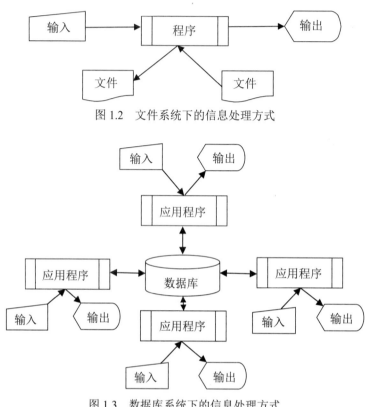

图 1.2　文件系统下的信息处理方式

图 1.3　数据库系统下的信息处理方式

## 1.2　数据模型

### 1.2.1　数据模型的分类

数据库结构的基础是数据模型，数据模型描述了数据的类型、数据间的联系和施加在数据上的约束条件。大多数数据模型还包括一个对数据库进行检索和更新的基本操作的集合。因此，数据模型所描述的内容有三个方面，分别是数据结构、数据操作和数据约束。

根据不同的应用层次，数据模型可分为概念数据模型、物理数据模型和逻辑数据模型三类。

概念数据模型又称概念模型，其主要用于客观世界的建模，着重于刻画客观世界中复杂事物的结构和相互间的内在联系。概念模型与具体的数据库管理系统和计算机物理实现无关，它在数据库设计中被广泛使用，是数据库设计人员和用户之间进行交流的语言。采用概念数据模型，数据库设计人员可以在设计的开始阶段把主要精力用于了解和描述现实世界，而把涉及数据库管理系统和物理实现的一些具体问题推迟到后续阶段考虑。常见的概念模型有实体-联系模型、扩充的实体-联系模型、面向对象模型和谓词模型等。

物理数据模型又称物理模型，它描述的是数据在计算机中实际存储的方式，涉及物理块、索引等概念，它是面向计算机专家而不是面向用户的数据模型。

逻辑数据模型又称逻辑模型，本书后面如果提到数据模型，在没有具体指出是哪类数据模型时一般指的就是逻辑数据模型。逻辑模型介于概念模型与物理模型之间，隐藏了一些数据存储的细节，但可以在计算机中被直接实现。逻辑模型着重数据库系统级的实现。概念模型表示的数据只有被转换为逻辑模型表示的数据后，才能在数据库中得以实现。目前使用最广泛的逻辑数据模型是关系模型。

在关系模型出现以前，层次模型和网状模型这两种数据模型曾被广泛应用过。由于这两种模型和底层的实现联系很紧密，会使数据建模复杂化，因此除了少数情况下，现在已经很少使用它们了。

除此以外，如今还出现了一些新型的逻辑模型，例如，面向对象的数据模型和对象关系数据模型。前者可以被看成是实体-联系模型增加了封装、方法和对象标识等特征后形成的扩展；后者结合了面向对象的数据模型和关系数据模型的特征。为阐明数据模型的概念，下面先简单介绍一下最为广泛应用的两类数据模型：实体-联系模型和关系模型，后面的章节中再详细介绍这两种模型。

## 1.2.2 实体-联系模型

概念数据模型是对现实世界的第一层次的数据抽象，也是数据库设计员与用户之间交流的语言。表示概念数据模型的方法有多种，但目前最为常用的是实体-联系模型（简称E-R模型）。

**1. E-R 模型中的基本概念**

1）实体（entity）

客观存在并可相互区别的事物都被称为实体。实体可以是具体的人、事、物，也可以是抽象的概念或联系。例如，张山、王涛、计算机系、离散数学、教材、教学楼等都是实体。

2）属性（attribute）

实体通常具有若干特征，每个特征被称为实体的一个属性。例如，每个学生实体都具有学号、姓名、年龄等属性。属性可以分为基本属性和复合属性两类。基本属性是不可再分的属性，例如，性别、年龄。复合属性是可以再被分解为更细小属性的属性，例如，出生日期就可以进一步被分解为出生年、月、日。

3）类（class）或实体类型（entity type）

具有相同属性的某一类实体必然具有共同的特征和性质，因此，用实体名及其属性名集合来抽象刻画同类实体，被称为类或实体类型。例如，学生（学号，姓名，性别，年龄）就是一个类或实体类型。

4)实体集(entity set)

若干同类实体的集合被称为实体集。

5)关键字(key)

能唯一标识实体集中每一个不同实体的属性的集合被称为关键字(也称码或键)。

6)域(domain)

属性的取值范围被称作域。例如,性别的域为集合{男,女}。

7)联系(relationship)

在现实世界中,事物内部以及事物之间是有联系的,这些联系在 E-R 模型中反映为实体之间的联系。实体之间的联系又分为实体集之间的联系、实体集内部的联系、子类联系、3 个实体集之间的联系等。

(1)实体集之间的联系。指一个实体集中的实体与另一个实体集的实体之间的联系,其包括 3 种,即一对一联系(1:1)、一对多联系(1:n)、多对多联系(m:n),其分别叙述如下。

①一对一联系(1:1)。如果对于实体集 A 中的每一个实体,实体集 B 中至多有一个(也可以没有)实体与之联系,反之亦然,则可称实体集 A 与实体集 B 具有一对一联系,记为(1:1),如图 1.4 所示。

②一对多联系(1:n)。如果对于实体集 A 中的每一个实体,实体集 B 中有 n 个实体($n \geq 0$)与之联系,反之,对于实体集 B 中的每一个实体,实体集 A 中至多有一个实体与之联系,则可称实体集 A 与实体集 B 具有一对多联系,记为(1:n),如图 1.5 所示。

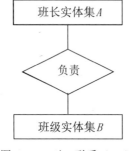

图 1.4 一对一联系(1:1)

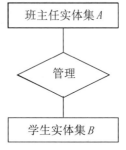

图 1.5 一对多联系(1:n)

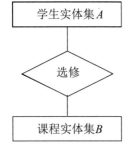

图 1.6 多对多联系(m:m)

③多对多联系(m:n)。如果对于实体集 A 中的每一个实体,实体集 B 中有 n 个实体($n \geq 0$)与之联系,反之,对于实体集 B 中的每一个实体,实体集 A 中也有 m 个实体($m \geq 0$)与之联系,则可称实体集 A 与实体集 B 具有多对多联系,记为(m:n),如图 1.6 所示。

(2)实体集内部的联系指在同一个实体集内的实体之间的联系。这种联系也同样存在 3 种类型,即 1:1、1:n 和 m:n 三种类型,如图 1.7 所示。

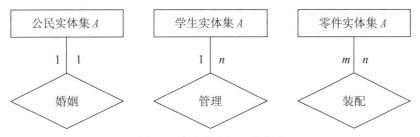

图 1.7 实体集内部 3 种联系

（3）子类联系（is-a）。如果实体集 B 继承（包含）了实体集 A 中的所有属性，除此之外，实体集 B 还具有自己一些特殊的属性，此时可称 B 的类是 A 的类的子类，如图 1.8 所示。

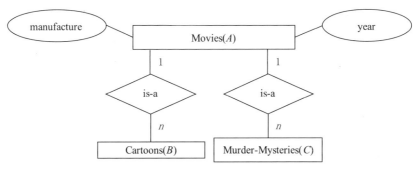

图 1.8 子类联系

图 1.8 中 Cartoons(B) 类和 Murder-Mysteries(C) 类是 Movies(A) 类的子类，显然实体集 A 与实体集 B 或 C 之间是一对多联系，这包括了一对一甚至"一对 0"联系。

（4）3 个实体集之间的联系。如果实体集 A 与实体集 B 存在以上 3 种联系的任意 1 种，且实体集 C 与实体集 B 也存在以上 3 种联系的任意 1 种，那么 3 个实体集之间必然存在某种联系，如图 1.9 所示。

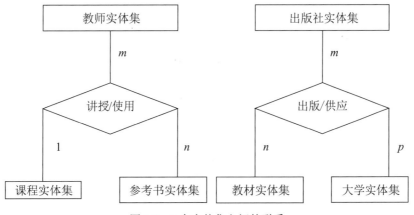

图 1.9 3 个实体集之间的联系

**2. E-R 模型图示方法**

1）实体集（实体类型、类）

用矩形表示，矩形内写名称。

2）联系

用菱形表示，菱形内写联系名，并标明联系类型（1:1、1:n 或 m:n 等）。

3）属性

用椭圆表示，椭圆内写属性名。

例如，教师、学生、课程的 E-R 概念模型，如图 1.10～图 1.11 所示。

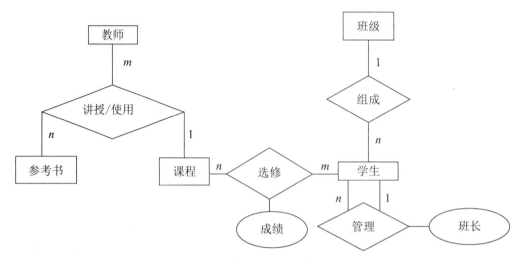

图 1.10　实体集之间联系的 E-R 图

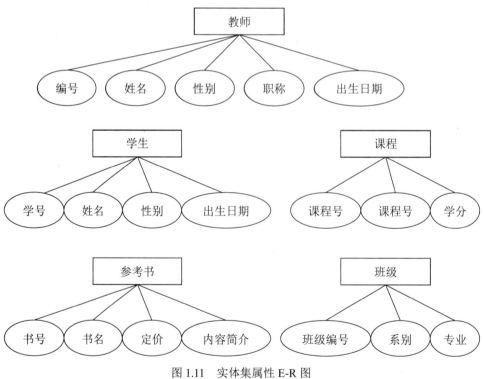

图 1.11　实体集属性 E-R 图

## 1.2.3 典型的逻辑数据模型

比较典型的逻辑数据模型是层次模型、网状模型和关系模型。现在所使用的数据库 99% 以上都是建立在关系模型基础上的，近年来面向对象模型也有一定的发展，下面将对前 3 种模型分别进行介绍。

**1. 层次模型**（Hierarchical Model）

层次模型是 4 种模型中最早出现的，其采用分多个层次的结构来组织数据，以简单、直观地表现信息世界中的各种实体，如图 1.12 所示。

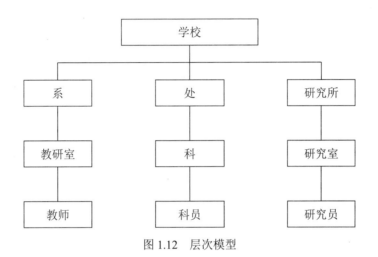

图 1.12　层次模型

层次模型 E-R 图满足以下 2 个性质。

（1）该模型中有且只有一个结点，没有父（parent）结点，这个结点被称为根结点。

（2）除根结点外其他结点有且仅有一个父结点与之相连。

**2. 网状模型**（Network Model）

网状模型的特点便是具有网状结构，该模型中的结点可以有多个父结点，结点之间也往往为多对多的关系，如图 1.13 所示。

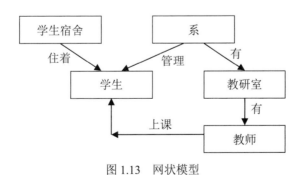

图 1.13　网状模型

网状模型 E-R 图满足以下 2 个性质。

（1）该模型允许一个结点没有父结点。

（2）该模型中一个结点可以有两个或两个以上的父结点。

实际上，以上定义并不十分严格。在网状模型中，结点并无父结点或子结点的概念。

**3. 关系模型（Relational Model）**

关系模型是建立在集合之间"关系"基础上的，从用户角度看该模型是由多个二维表构成的。正是与"关系"这种概念的天生血缘关系，关系模型具有严格的数学理论基础，这也是其得到广泛应用的原因。

在关系模型中，经常用到下列术语。

1）属性（attribute）或字段（field）

二维表中的一列即为一个属性，其名称为属性名。

2）关系模式（relational schema）

对应一个二维表的表头，表示该表的结构。关系模式是对一类实体特征的结构性描述，一般表示为：关系名（属性1，属性2，…，属性$n$）。

3）关系（relation）

对应一个二维表。

4）元组（tuple）或记录（record）

对应二维表中的一行。

5）键、候选键（candidate key）、码或关键字（key）

二维表可以唯一确定记录（元组）的属性集合。例如，学生数据表中的学号。

一个关系可以有多个键，其中一个会成为主键（primary key）。

6）域（domain）

属性的取值范围。

7）分量（attribute value）

元组中的一个属性值。例如，元组（20080001，张三，女，1990.2.23）中的"张三""女"等都是该元组的分量。

关系数据模型是以集合论中的关系概念为基础发展起来的数据模型，它把记录集合定义为一张二维表，即关系。表的每一行是一条记录，表示一个实体；每一列是记录中的一个字段，表示实体的一个属性。关系模型既能反映实体集之间的一对一联系，也能反映实体集之间的一对多和多对多联系。如表1.1、表1.2及表1.3就构成了一个典型的关系模型实例。

表1.1　学生基本情况表

| 学生学号 | 学生姓名 | 学生性别 | 出生日期 | 是否团员 | 学生籍贯 | 所在班级 |
| --- | --- | --- | --- | --- | --- | --- |
| 3031023101 | 张　山 | 男 | 08/28/84 | 是 | 江苏 | 计应 0231 |
| 3031023102 | 武云峰 | 男 | 05/02/83 | 是 | 山东 | 计应 0231 |
| 3031023103 | 孙玉凤 | 女 | 12/10/84 | 否 | 江苏 | 计应 0231 |
| 1011024101 | 王加玲 | 女 | 10/08/84 | 是 | 天津 | 机电 0241 |
| 1011024102 | 周云天 | 男 | 01/02/82 | 是 | 山西 | 机电 0241 |
| 1011024103 | 东方明亮 | 女 | 05/01/83 | 否 | 天津 | 机电 0241 |
| 1011024104 | 张洁艳 | 女 | 06/30/82 | 是 | 山西 | 机电 0241 |

表 1.2  课程信息表

| 课程号 | 课程名 | 课程类型 | 课时数 |
|---|---|---|---|
| 10001 | 电子技术 | 考试 | 80 |
| 10002 | 机械制图 | 考查 | 60 |
| 10003 | 数控机床 | 选修 | 50 |
| 20001 | 商务基础 | 考查 | 60 |
| 20002 | 会计电算化 | 考试 | 68 |
| 30001 | 计算机应用 | 考查 | 80 |
| 30002 | 数据库原理 | 考试 | 76 |

表 1.3  学生成绩表

| 学号 | 课程号 | 学期 | 成绩 | 学分 |
|---|---|---|---|---|
| 3031023101 | 30001 | 1 | 69.5 | 3 |
| 3031023101 | 30002 | 2 | 78.0 | 5 |
| 3031023103 | 30001 | 1 | 90.5 | 3 |
| 3031023103 | 30002 | 2 | 81.0 | 5 |
| 3031023104 | 30002 | 2 | 92.0 | 5 |
| 1011024101 | 10001 | 3 | 74.5 | 5 |
| 1011024101 | 10002 | 3 | 80.0 | 5 |

## 1.3  数据库管理系统的体系结构

### 1.3.1  数据库管理系统的功能

数据库管理系统是数据库系统的核心，它的主要功能包括以下几个方面。

**1. 数据模式定义**

数据库管理系统提供数据模式定义语言 DDL（Data Definition Language）来定义数据库的结构，即为数据库构造数据框架。这既包括数据的逻辑结构，也包括数据的物理结构。

**2. 数据操纵**

数据库管理系统提供数据操纵语言 DML（Data Manipulation Language）来实现数据的查询、插入、删除和修改。

**3. 数据控制**

数据库管理系统提供数据控制语言 DCL（Data Control Language）来实现数据的完整性、安全性定义与检查，以及数据的并发控制和故障恢复。

**4. 数据维护**

数据库管理系统还提供一些实用程序（utilities）来实现数据的拷贝、转储、重组织和性能监测分析等。

### 1.3.2  数据库管理系统体系结构

数据库管理系统总是基于某种数据模型，其可以分为层次型、网状型、关系型和面向对象型等。虽然数据库管理系统多种多样，需要在不同的操作系统支持下工作，但是绝大多数数据库管理系统在总的体系结构上都采用三级模式结构，即物理模式、逻辑模式和用户模式，并且提供两级映像功能，即用户模式/逻辑模式映像和逻辑模式/物理模式映像，如图 1.14 所示。

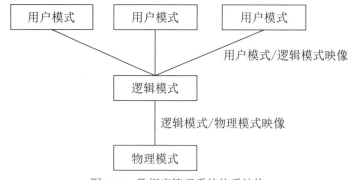

图 1.14　数据库管理系统体系结构

## 1.3.3　三级模式

随着时间的推移，信息会被插入或删除，数据库也就发生了改变。特定时刻存储在数据库中的信息的集合被称作数据库的一个实例。数据库的总体结构被称为数据库模式。数据库模式即使发生变化，也是不频繁的。

数据库管理系统的三级模式体系结构表达了数据的三个抽象层次，物理模式在物理层描述了数据库的结构；逻辑模式在逻辑层描述了数据库的结构；用户模式在用户层描述了数据库的结构。数据库管理系统通过这几个层次上的抽象来对用户隐藏复杂性，简化系统的用户界面。

**1. 物理模式**

物理模式也称内模式，它描述数据的物理存储方式，详细地描述复杂的底层数据结构。例如，数据存储的文件组织方式、索引方式，是否压缩存储等。

**2. 逻辑模式**

逻辑模式也称概念模式，它是对数据库中全部数据的整体逻辑结构的描述，是所有用户的公共数据视图。它描述数据库中存储了什么数据，以及这些数据间存在什么联系。例如，数据记录由哪些数据项组成，数据项的名称、类型、取值范围等，数据之间的联系，以及数据的安全性、完整性要求等。

逻辑模式用相对简单的结构来描述整个数据库，用户只需要使用逻辑模式即可，不需要关心隐藏在逻辑模式下的复杂的物理模式。

**3. 用户模式**

用户模式也称外模式，它是用户的数据视图，只描述数据库的某个部分。用户模式由逻辑模式导出，一个逻辑模式可以导出若干个用户模式。逻辑模式给出数据库系统全局的数据描述，而用户模式则给出面向每个用户的局部描述。

尽管逻辑模式使用了比较简单的结构，但由于数据库规模巨大，因此其仍存在一定程度的复杂性。数据库系统的很多用户并不需要关心数据库的整个逻辑模式，而只需要关心与其有关的模式。一方面，用户模式可以屏蔽大量无关的信息，使用户与数据库系统的交互更简单。另一方面，用户模式也有利于保护数据。每个用户只能看见和访问其自身所对应的用户模式中的数据，数据库中的其余数据对其而言是不可见的。例如，银行的出纳员只能看见数据库中关于客户账户的信息，而不能访问客户的密码等信息。

## 1.3.4 两级映像与数据独立性

数据库管理系统的三级模式体系结构是数据的三个抽象层次，它把数据具体的物理组织方式留给物理模式，使用户不必关心数据在计算机中的具体存储实现。三级模式间的联系与转换是通过两级映像实现的，即用户模式/逻辑模式映像和逻辑模式/物理模式映像。同时，两级映像还保证了数据库系统中数据的独立性。

**1. 用户模式/逻辑模式映像与数据的逻辑独立性**

用户模式/逻辑模式映像给出了用户模式与逻辑模式的对应关系，该映像由数据库管理系统提供定义机制。

当逻辑模式改变时，如增加了新的数据项，那么系统可以通过 DBMS 对用户模式/逻辑模式的映像作相应改变，使用户模式保持不变，从而使基于用户模式的应用程序保持不变，这保证了数据与应用程序的逻辑独立性，也即数据的逻辑独立性。

**2. 逻辑模式/物理模式映像与数据的物理独立性**

物理模式描述的是数据的物理存储结构，逻辑模式描述的是数据的全局逻辑结构。一个数据库只有一个物理模式和一个逻辑模式。逻辑模式/物理模式映像给出了逻辑模式与物理模式的对应关系，该映像由数据库管理系统提供定义机制。

当物理模式改变时，例如，服务器系统改变了文件的组织方式，可以通过 DBMS 对逻辑模式/物理模式的映像作相应改变，使逻辑模式保持不变，从而使应用程序保持不变，这保证了数据与应用程序的物理独立性，也即数据的物理独立性。

数据与程序间的独立性保证了用户模式的稳定性，进而保证了应用程序的稳定性，使应用程序的编写不必考虑数据复杂的整体结构，更不必考虑数据复杂的存储细节，这大大降低了应用程序的维护与开发费用。

# 1.4 设计、管理和使用数据库的人员

对一个小型的个人数据库来说，一般由用户自己来定义、操纵和管理数据库。但是，对于拥有上百名用户的大型数据库来说，其需要很多人共同参与设计、使用和维护。这些人员按其工作的不同可以分为数据库设计人员、数据库管理员和数据库用户。

## 1.4.1 数据库设计人员

数据库设计人员的职责是识别存储于数据库中的数据、选择适当的结构来表示和存储

这些数据并设计出数据库的各级模式。数据库设计人员必须参加用户需求调查和系统分析，然后提出合理的设计方案。通常情况下，数据库设计人员是数据库管理员的候选者。

## 1.4.2 数据库管理员

大型数据库系统，需要有专门的管理人员来监督和管理数据库、数据库管理系统及其相关软件，这样的人员被称为数据库管理员 DBA（database administrator）。DBA 的职责包括以下内容。

（1）定义逻辑模式。DBA 通过 DBMS 提供的逻辑模式 DDL 来创建最初的数据库逻辑模式，决定数据库中要存放的信息内容和结构。

（2）定义物理模式。DBA 通过 DBMS 提供的物理模式 DDL 来定义数据库的存储结构和存取方式，以获得较高的空间利用率和存取效率。

（3）授予存取权限。DBA 的重要职责是保证数据库的安全性和完整性。DBA 通过数据控制语言 DCL 规定各个用户对数据库的存取权限以及数据的完整性约束条件。

（4）日常维护。DBA 通过数据库管理系统提供的实用程序进行的日常维护活动有以下两点。

①定期备份数据库，从而在系统发生故障时将数据库恢复到正确状态。

②监视数据库的运行，包括系统的空间使用情况、处理效率等性能指标，以保证良好的系统性能。DBA 可能要根据实际运行情况进行诸如数据的重组织、重新设计，以及磁盘空间升级等工作。

## 1.4.3 数据库用户

数据库用户是满足查询、更新以及产生报表等需要而访问数据库的人员。数据库主要是为了满足他们的使用而存在的。数据库系统的用户可以分为以下几类。

（1）初级用户。这类用户在数据库用户中占有相当的比率，他们的主要工作是经常性地查询和修改数据库，一般都是通过应用程序存取数据库。例如，银行出纳员使用数据库进行存款和取款操作。

（2）应用程序员。应用程序员是编写应用程序的计算机专业人员，这类人员应该熟悉 DBMS 所能提供的各个方面的功能，并充分利用这些功能完成他们的任务。

（3）资深用户。资深用户包括工程师、科学家、商业分析师等全面了解其领域知识的人员。他们一般都比较熟悉 DBMS 的功能，能够直接使用数据库语言访问数据库，可以在 DBMS 的帮助下满足其复杂需求。

## 本章小结

本章介绍了数据库的基本概念。数据是客观世界的现象与事物在计算机中的抽象，其通常是指可以用符号记录下来的对事物的描述。数据库是数据的集合，它具有统一的结构形式，存放于统一的存储介质内，并由统一机构管理。数据库管理系统是统一管理数据库的一种系统软件。数据库系统是指引入数据库技术后的计算机系统，它是一个可实际运行的，向应用系统提供支撑的系统。数据库应用系统利用数据库系统作应用开发，以满足用户的应用需求。

相比文件系统，数据库系统提供了对数据更有效的管理。其不仅包含数据库本身，还定义了数据库的结构，即具有自描述特征，从而使数据能面向整个系统。数据库系统具有高共享性与低冗余性，具有较高的数据独立性，能够为数据提供统一管理与控制，支持数据完整性、数据库可恢复性、数据并发控制和数据安全性。

数据模型是数据库结构的基础，能够描述数据结构、定义其上操作及约束条件。数据模型分三个层次：概念模型、逻辑模型和物理模型。概念模型是一种面向客观世界和用户的模型，与具体的数据库管理系统及具体的计算机平台无关，常见的概念模型有实体－联系模型、扩充的实体－联系模型、面向对象模型及谓词模型等。逻辑模型是一种面向数据库系统的模型，着重于在数据库系统一级的实现，较为成熟的逻辑模型有：层次模型、网状模型、关系模型、面向对象模型以及对象关系模型等。物理模型是一种面向计算机物理表示的模型，它给出了数据模型在计算机上物理结构的表示方法。

数据库管理系统是数据库系统的核心，其功能包括：数据模式定义功能，数据操纵功能，数据控制功能和数据维护功能。虽然数据库管理系统多种多样，但是绝大多数系统在总的体系结构上采用三级模式结构，即逻辑模式、物理模式和用户模式，并且提供两级映像功能，即用户模式/逻辑模式映像和逻辑模式/物理模式映像。数据库管理系统通过三级模式使用户和全局设计者不必关心数据库的具体实现与物理背景，从而隐藏了复杂性，简化了系统的用户界面。两级映像保证了数据库系统中数据的独立性。

针对小型数据库，用户一般自己来定义、操纵和管理数据库。但是，针对大型数据库，就需要很多人共同参与设计、使用和维护的工作。这些人员按工作的不同可以分为数据库管理员、数据库设计人员和数据库用户。

## 练习与思考

1.1　试解释下列术语：数据库，数据库管理系统，数据库系统，数据库应用系统。
1.2　试述数据库管理系统与文件系统的联系与区别。
1.3　什么是数据模型？它分哪几种类型？
1.4　试解释下列概念：概念模型、逻辑模型、物理模型、用户模式、逻辑模式、物理模式。
1.5　数据库管理系统的功能有哪些？
1.6　为什么数据库要实现三级模式体系结构？
1.7　试解释下列概念：用户模式/逻辑模式映像、逻辑模式/物理模式映像。
1.8　试述逻辑模式在数据库中的重要地位。
1.9　什么是数据独立性？
1.10　什么是DBA？DBA的职责是什么？

# 第 2 章 关系数据库

**本章学习提要与目标**

关系模型是建立在关系理论基础上的,本章介绍关系模型的基本概念、常用术语、关系模型的完整性约束以及关系代数操作。通过学习本章,使读者掌握关系模型的重要概念,包括关系模型的数据结构、关系的完整性约束以及关系操作,掌握用关系代数表达查询,了解元组关系演算语言和域关系演算语言。

与早期的数据模型(如网状模型或层次模型)相比,关系模型简化了使用者的工作,从而成为当今最主流的数据模型。

关系模型建立在一种被称为"关系理论"的数学理论基础上,科德(E. F. Codd)就是以"关系理论"的形式提出关系模型的。关系理论一般由两部分组成,即关系模型的数学表示与关系模式的规范化理论。前者给出了关系模型的代数方式或逻辑方式的数学表示,为关系模型研究提供有效的数学工具支撑;后者则对数据库设计提供理论指导。

本章介绍关系模型的数学表示,第 5 章将介绍关系模式的规范化理论。

## 2.1 关系模型的基本概念

### 2.1.1 关系的定义

**1. 关系数据结构**

在关系模型中,无论是实体集还是实体集之间的联系均由单一的结构类型"关系"来表示。在用户看来,关系数据的逻辑结构就是一张二维表,表的每一行被称为一个元组,每一列被称为一个属性。而在支持关系模型的数据库物理组织中,这种二维表将以文件的形式存储,所以其属性又被称为列或字段,而元组又称为行或记录。尽管这种关系与二维表格、传统的数据文件有类似之处,但它们又有所区别。严格地说,关系是一种规范化的二维表格中行的集合。关系模型对关系作了如下规范性限制。

(1)关系中每一个属性值都应是不可再分解的数据。

(2) 每一个属性都对应一个值域，不同的属性不得有相同的名称，但可以有相同的值域。

(3) 关系中任意两个元组（即两行）不能完全相同。

(4) 由于关系是元组的集合，因此关系中元组的次序可以任意变换。

(5) 理论上属性（列）的次序也可以任意交换，但在使用时应考虑关系被定义时属性的顺序。

例如，前文表1.1～表1.3就是在学生成绩管理系统中用到的三个关系，分别表示学生、课程及学生成绩的信息，下文中将分别称之为学生关系、课程关系和选课关系。

**2. 码与关系模式**

(1) 码（key）。码由一个或几个属性组成，在实际应用中，有下列几种码。

①候选码（candidate key）：如果一个属性或属性组的值能够唯一地标识关系中的不同元组而又包含有多余的属性，则可称该属性或属性组为该关系的候选码。

②主码（primary key）：被用户选作元组标识的一个候选码。例如，在学生关系中，假定学号与姓名是一一对应的，若没有两个学生的姓名相同，则"学号"和"姓名"两个属性都是候选码。在实际应用中，如果选择"学号"作为插入、删除或查找的操作变量，则可称"学号"是主码。被包含在任何一个候选码中的属性被称为主属性，不被包含在候选码中的属性被称为非主属性。

③外码（foreign key）：如果关系 $R_2$ 的一个或一组属性不是 $R_2$ 的主码，而是另一关系 $R_1$ 的主码，则可称该属性或属性组为关系 $R_2$ 的外码，并称关系 $R_2$ 为参照关系（referencing relation），关系 $R_1$ 为被参照关系（referenced relation）。

例如，选课关系中的"学号"不是该关系的主码，但却是学生关系的主码，因而，"学号"为选课关系的外码，并且选课关系为参照关系，学生关系为被参照关系。

由外码的定义可知，参照关系的外码和被参照关系的主码必须被定义在同一个域上，以此才能通过主码与外码提供一个表示关系间联系的手段，这是关系模型的主要特征之一。

(2) 关系模式。

对关系的描述被称为关系模式，它包括关系名、组成该关系的诸属性名、值域名（常用属性的类型、长度来说明）、属性间的数据依赖关系以及关系的主码等。关系模式的一般描述形式如下。

$$R(A_1, A_2, \cdots, A_n)$$

其中，$R$ 为关系模式名，即二维表名；$A_1, A_2, \cdots, A_n$ 为属性名。

关系模式中的主码即为其所定义关系的某个属性组，它能唯一地确定二维表中的一个元组，常在对应属性名下面用下画线标出。

例如，可分别将表1.1～表1.3表示成如下关系模式。

学生（学号，姓名，性别，出生日期，是否团员，籍贯，班级）

课程（课程号，课程名，课程类型，课时数）

成绩（学号，课程号，学期，成绩，学分）

由此可见，关系模式是用关系模型对具体实例相关数据结构的描述，是稳定的、静态的；而关系是某一时刻的值，是随时间不断变化的，是动态的。但是，在实际应用中，人们常常把关系模式和关系都称为关系，这不难从上下文中加以区别。

另外，关系模型基本上遵循数据库的三级模式结构。在关系模型中，概念模式是关系模式的集合，外模式是关系子模式的集合，内模式是存储模式的集合。

在数据库中要区分型与值。关系数据库中，关系模式是型，关系是值。一般地，关系模式由组成关系的属性序列、各属性的值域以及各属性之间的依赖关系构成。这里只将关系模式简记为属性名的集合，至于关系模式的其他组成部分的表达方式，将在后续章节中进行讨论。

#### 3. 关系数据库

关系数据库（RDBS）是以关系模型为基础的数据库，它利用关系来描述现实世界。关系既可以用来描述实体集及其属性，也可以用来描述实体集之间的联系。一个关系数据库包含一组关系，定义这些关系的关系模式全体就构成了该数据库的模式。

在研究关系数据库时要分清型和值的概念。关系数据库的型即数据库描述，它包括若干域的定义以及在这些域上定义的若干关系模式；而关系数据库的值是这些关系模式在某一时刻对应的关系的集合。

## 2.1.2 关系操作

关系数据模型提供了对一系列操作的定义，这些操作被称为关系操作。关系操作采用集合操作方式，即操作的对象和结果都是集合。常用的关系操作有两类：一类是查询操作，包括选择、投影、连接、除、并、交、差等；另一类是增、删、改操作。表达（或描述）关系操作的关系数据语言可以分为如下三类。

#### 1. 关系代数语言

关系代数语言使用对关系的集合运算来表达查询要求，是基于关系代数的操作语言。其基本的关系操作有选择、投影和连接三种。所谓选择，指的是从二维关系表的全部记录中把那些符合指定条件的记录挑选出来，它是一种横向操作。选择运算可以改变关系表中记录的数量，但不影响关系的结构。投影运算是从所有字段中选取一部分字段及其值进行操作，它是一种纵向操作，其可以改变关系的结构。连接运算则通常是对两个关系进行投影操作,将之连接生成一个新关系。当然,这个新关系可以反映出原来两个关系之间的联系。

#### 2. 关系演算语言

关系演算语言是用谓词来表达查询要求的方式，是基于数理逻辑中的谓词演算的操作语言。

#### 3. 结构化查询语言

介于关系代数和关系演算之间的关系数据语言就是结构化查询语言。

## 2.1.3 关系模型的定义

关系模型由三部分组成，即数据结构、数据操作和完整性约束。

**1. 关系模型的数据结构非常单一**

在关系模型中，现实世界的实体以及实体间的各种联系均由关系来表示。在用户看来，关系模型中数据的逻辑结构是二维表格。

**2. 关系模型支持对数据库中数据的各种操作**

这些操作被分成查询和更新两类，都属于关系操作，可以用关系代数或关系演算来表示。后文 2.3 节将介绍各种关系代数操作，2.4 节将介绍关系演算。

**3. 关系模型允许定义的四类完整性约束**

这四类完整性约束即域完整性约束、实体完整性约束、引用完整性约束和用户定义完整性约束，具体内容将在 2.5 节中详细讨论。

与其他数据模型相比，关系模型具有如下的优点。

（1）关系模型提供单一的数据结构形式，具有高度的简明性和精确性，各类用户都能很容易地掌握和运用基于关系模型的数据库系统，这使数据库应用开发的生产率显著提高。

（2）关系模型的逻辑结构和相应的操作完全独立于数据的存储方式，具有高度的数据独立性，用户完全不必关心这些数据的物理存储细节。

（3）关系模型使数据库的研究建立在比较坚实的数学基础上，关系代数的完备性和关系模式设计规范化理论为数据库技术的成熟奠定了基础。

（4）关系数据库语言与一阶谓词逻辑的固有内在联系为以关系数据库为基础的推理系统和知识库系统的研究提供了方便，并成为新一代数据库技术不可缺少的基础。

## 2.2 关系数据结构及形式化定义

关系数据库系统是支持关系模型的数据库系统。在关系模型中，无论是实体还是实体之间的联系均由单一的结构类型，也即关系（表）来表示。关系模型是建立在集合代数基础上的，这里从集合论角度给出关系数据结构的形式化定义。

1）笛卡儿积（Cartisian product）

**定义** 给定一组集合 $D_1, D_2, \cdots, D_n$，且这些集合可以是相同的。定义 $D_1, D_2, \cdots, D_n$ 的笛卡儿积为

$$D_1 \times D_2 \times \cdots \times D_n = \{(d_1, d_2, \cdots, d_n) : d_i \in D_i, i = 1, 2, \cdots, n\}$$

其中，每一个元素 $(d_1, d_2, \cdots, d_n)$ 叫作一个 $n$ 元组（$n$-tuple），元素中的第 $i$ 个值 $d_i$ 叫作第 $i$ 个分量。

2）关系

**定义** 笛卡儿积 $D_1 \times D_2 \times \cdots \times D_n$ 的任一个子集都被称为 $D_1, D_2, \cdots, D_n$ 上的一个关系。集

合 $D_1, D_2, \cdots, D_n$ 是关系中元组的取值范围,其被称为关系的域,$n$ 被称为关系的度(degree)。

度为 $n$ 的关系称为 $n$ 元关系。在关系数据库中,关系具有如下性质。

(1)每一列中的值都是同类型的数据,都来自同一个域。

(2)不同的列可以有相同的域。

(3)元组中的每个分量都是不可分的数据项。

(4)关系数据库中不允许有相同的两个元组。

3)码

关系中能唯一确定元组的属性集合被称为码(也有观点认为其是候选码)。在关系中,需从所有码中选择其中之一作为主码,剩余的为候选码。如果一个关系中的属性集合不是本关系的码,但却是另一个关系的码,则这个属性集合在本关系中被称为外码。

4)关系模式

关系模式是对一类实体特征的结构性描述,也是对关系的结构性描述。该描述一般包括关系名、属性名、属性域(类型及长度)、属性之间固有的依赖关系等。例如,

学生表(学号,姓名,年龄)

就是最简单的关系模式。

5)数据完整性约束

数据完整性约束用以保证数据库中的数据是有效的或"好"的,其包括实体完整性、参照完整性和用户定义完整性,下面分别对其叙述。

(1)实体完整性规则(entity integrity)。

实体完整性规则是从一个关系本身来审视的,其用以保证元组(实体)是有效的。例如,当在学生成绩表中插入表中已经存在的学生时,这一操作就违反了实体完整性规则。一般实体完整性可通过在关系上定义适当的码来实现。

(2)参照完整性规则(reference integrity)。

参照完整性规则是从关系与关系之间来审视的,其用以保证关系中元组(实体)相互间能够呼应。例如,要求"学生成绩表"中的学生必须是"学生表"中已经存在的学生。参照完整性可以通过定义关系之间的联系(有时也称关系,指 1:1、1:$n$、$m$:$n$ 三种)来实现。

(3)用户定义完整性规则(user-defined integrity)。

用户定义完整性规则是针对某一具体的特殊应用,由用户特殊定义的、在上述两个完整性规则之外的、用以保证元组(实体)是有效的规则。

例如,将学生表中某学生年龄修改为 300 岁,这一操作就违反了用户定义完整性规则,有时也可称这种情况为违反域完整性规则。又如,在生产统计表中,各月份 1~12 月产量之和应该等于年度产量,这也是用户定义完整性规则。

有些用户定义完整性规则是受到数据库支持的,DBA 可以直接在建立数据库时予以定义。还有些较复杂的规则数据库未予支持,这就需要在应用程序中通过编写程序的方式实现了。

## 2.3 关系代数

关系代数是一种抽象的查询语言（注意：其是数学语言而不是计算机语言），是关系数据操作的传统表达方式。它是用关系的运算来表达查询要求的，关系代数的运算对象是关系，运算结果也是关系。

### 2.3.1 传统的集合运算

1）并运算

假设 $R$ 和 $S$ 是具有相同关系模式的关系，那么并运算的定义为
$$R \cup S = \{t : t \in R \vee t \in S\}$$

2）差运算

假设 $R$ 和 $S$ 是具有相同关系模式的关系，那么差运算的定义为
$$R - S = \{t : t \in R \wedge t \notin S\}$$

3）交运算

假设 $R$ 和 $S$ 是具有相同关系模式的关系，那么交运算的定义为
$$R \cap S = \{t : t \in R \wedge t \in S\}$$

4）广义笛卡儿积

假设 $R$ 是 $m$ 元关系，$S$ 是 $n$ 元关系，则 $R$ 与 $S$ 的广义笛卡儿积定义为：
$$R \times S = \{(a_1, a_2, \cdots, a_m, b_1, b_2, \cdots, b_n) : (a_1, a_2, \cdots, a_m) \in R \wedge (b_1, b_2, \cdots, b_n) \in S\}$$

易见，该广义笛卡儿积是 $m+n$ 元关系；其元组数目是 $R$ 与 $S$ 元组数目之积。

### 2.3.2 专门的关系运算

在介绍专门的关系运算之前，此处先给出学生选课数据库，它由以下三个关系组成，如表 2.1、表 2.2、表 2.3 所示。

表 2.1 学生关系：Students (Sno, Sname, Ssex, Sage, Class)

| Sno | Sname | Ssex | Sage | Class |
| --- | --- | --- | --- | --- |
| S01 | 王建平 | 男 | 21 | 199901 |
| S02 | 刘华 | 女 | 19 | 199902 |
| S03 | 范林军 | 女 | 18 | 200101 |
| S04 | 李伟 | 男 | 19 | 200101 |

表 2.2 课程关系：Courses (Cno, Cname, DeptName)

| Cno | Cname | DeptName |
| --- | --- | --- |
| C01 | 英语 | 自动化 |
| C02 | 数据库 | 计算机 |
| C03 | 网络 | 数学 |

表 2.3 学生选课关系：Reports (Sno, Cno, Grade)

| Sno | Cno | Grade |
| --- | --- | --- |
| S01 | C01 | A |
| S01 | C03 | B |
| S02 | C01 | B |
| S02 | C02 | A |
| S02 | C03 | B |
| S03 | C01 | C |
| S03 | C02 | A |
| S04 | C03 | C |

1）选择运算（select operation）

选择运算能够从一个关系 $R$ 中选取满足给定条件的元组构成一个新的关系。选择运算记作：

$$\sigma_F(R) = \{t : t \in R \wedge F(t)\}$$

其中，$\sigma$ 是选择运算符；$F$ 是限定条件的布尔表达式，它由逻辑运算符 $\wedge$、$\vee$ 和 $\neg$ 连接各个关系表达式组成。关系表达式的基本形式为 $X\theta Y$，其中算术比较运算符（关系运算符）$\theta \in \{>, \geq, <, \leq, =, \neq\}$，$X$ 和 $Y$ 可以是属性名、常量或简单函数。

**例** 从关系 Students 中选取所有的男生，其关系运算表达式为：

$$\sigma_{Ssex='男'}(Students)$$

2）投影运算（project operation）

投影运算是从一个关系 $R$ 中选取所需要的属性，组成一个新的关系，记为：

$$\prod_A(R) = \prod_{i_1, i_2, \cdots, i_k}(R) = \{t[A] : t \in R\}$$

其中，$\prod$ 是投影运算符；$A$ 为关系 $R$ 属性的子集；$t[A]$ 为 $R$ 中元组相应于属性集 $A$ 的分量；$i_1, i_2, \cdots, i_k$ 表示 $A$ 中属性在关系 $R$ 中的顺序号。

**例** 选取学生关系 Students 中所有 Sname（姓名），Sage（年龄）和 Class（班级），其关系运算表达式为：

$$\prod_{Sname, Sage, Class}(Students) \text{ 或者 } \prod_{2,4,5}(Students)$$

**注意**：选择运算是在一个关系中进行水平方向选择，从该关系中选取满足条件的整个元组作为结果关系中的元组；而投影运算是在一个关系中进行垂直方向的选择；投影之后保留了指定的列，但消去了其他一些列，还可能消去一些由此产生的重复的元组（因为当取消了某些列后，可能出现内容完全相同的元组，按照实体完整性规则应该消去这些重复的元组）。

3）连接运算（join operation）

连接运算是从 2 个关系的广义笛卡儿积中选取满足一定连接条件的元组，记为：

$$R \underset{R.A\theta S.B}{\bowtie} S = \sigma_{R.A\theta S.B}(R \times S)$$

其中，$\bowtie$ 是连接运算符；$A$、$B$ 分别为 $R$、$S$ 上度数相等且可比较的属性集；$\theta$ 是算术比较运算符（关系运算符）；$R.A\theta S.B$ 是连接条件。

**例** 对于如表 2.4、表 2.5 所示的关系 $R$、关系 $S$，其大于连接 $R \underset{C>D}{\bowtie} S$ 的结果如表 2.6 所示。

表 2.4 关系 $R$

| A | B | C |
| --- | --- | --- |
| a1 | b1 | 3 |
| a1 | b2 | 6 |
| a2 | b2 | 5 |
| a3 | b3 | 11 |

表 2.5 关系 $S$

| D | E |
| --- | --- |
| 4 | e1 |
| 7 | e2 |
| 15 | e3 |

表 2.6 大于连接 $R \underset{C>D}{\bowtie} S$ 的结果

| A | B | C | D | E |
| --- | --- | --- | --- | --- |
| a1 | b2 | 6 | 4 | e1 |
| a2 | b2 | 5 | 4 | e1 |
| a3 | b3 | 11 | 4 | e1 |
| a3 | b3 | 11 | 7 | e2 |

连接运算的结果是 $R \times S$ 的一个子集，子集中的每个元组满足 $R.A\theta S.B$ 的连接条件。当 $\theta$ 分别是 "＞" "＜" "＝" "≥" "≤" "≠" 时，相应地可称之为大于连接、小于连接、等值连接、大于等于连接等，且最常用的是等值连接，即 $\theta$ 为 "＝" 时的情况，而其余的连接则被统称为非等值连接。

4）自然连接（natural join）

自然连接是一种特殊的等值连接，它要求 2 个关系中进行比较的属性列必须是同名的属性组，并且要在结果中把重复的属性列去掉。即若 $R$ 和 $S$ 的属性集合分别是 $A_R$ 和 $A_S$，则它们具有相同的属性组 $A$。令 $B = A_R \cup A_S$，则自然连接可记作：

$$R \bowtie S = \prod_{B}\left(\sigma_{R.A=S.A}(R \times S)\right)$$

**例** 下面分别是关系 $R$（见表 2.7）、关系 $S$（见表 2.8）及自然连接 $R \bowtie S$（见表 2.9）。

表 2.7 关系 $R$

| A | B | C |
|---|---|---|
| a1 | b1 | 3 |
| a1 | b2 | 5 |
| a2 | b2 | 2 |
| a3 | b1 | 8 |

表 2.8 关系 $S$

| B | C | D |
|---|---|---|
| b1 | 3 | d1 |
| b2 | 4 | d2 |
| b2 | 2 | d1 |
| b1 | 8 | d2 |

表 2.9 自然连接 $R \bowtie S$

| A | B | C | D |
|---|---|---|---|
| a1 | b1 | 3 | d1 |
| a2 | b2 | 2 | d1 |
| a3 | b1 | 8 | d2 |

一般的连接操作仅从行的角度进行运算,但自然连接还需要取消重复列,所以是同时从行和列的角度进行运算。自然连接是一种特殊的、最常用的等值连接,今后如无特殊说明,等值连接一般指自然连接。

5) 除法运算 (division operation)

设关系 $R$、$S$ 的度数分别为 $n$、$m$ (且 $n>m>0$),那么除法运算 $R \div S$ 是一个度数为 $(n-m)$ 的关系。$R \div S$ 是满足下列条件的最大关系:$R \div S$ 中的每个元组 $t$,与 $S$ 中的每个元组 $u$,两者所组成的元组 $(t,u)$ 必在关系 $R$ 中。

为叙述方便起见,此处假设 $S$ 的属性为 $R$ 中的后 $m$ 个属性,则 $R \div S$ 的具体计算过程如下。

① $T = \prod_{1,2,\cdots,n-m}(R)$
② $W = (T \times S) - R$ (即计算在 $T \times S$ 中,但不在 $R$ 中的元组)
③ $V = \prod_{1,2,\cdots,n-m}(W)$
④ $R \div S = T - V$

**例** 下面说明计算 $R \div S$ 的过程。

关系 $R$ 如表 2.10 所示。

表 2.10 关系 $R$

| A | B | C | D |
|---|---|---|---|
| a1 | b1 | c1 | d1 |
| a1 | b1 | c2 | d2 |
| a1 | b1 | c3 | d3 |
| a2 | b2 | c2 | d2 |
| a3 | b3 | c1 | d1 |
| a3 | b3 | c2 | d2 |

关系 $S$ 如表 2.11 所示。

表 2.11 关系 $S$

| C | D |
|---|---|
| c1 | d1 |
| c2 | d2 |

关系 $T$ 须通过 $T = \prod_{1,2,\cdots,n-m}(R)$ 计算，如表 2.12 所示。

表 2.12 关系 $T$

| A | B |
|---|---|
| a1 | b1 |
| a2 | b2 |
| a3 | b3 |

关系 $W$ 须通过 $W = (T \times S) - R$ 计算，即计算在 $T \times S$ 中，但不在 $R$ 中的元组，如表 2.13 所示。

表 2.13 关系 $W$

| A | B | C | D |
|---|---|---|---|
| a2 | b2 | c1 | d1 |

关系 $V$ 须通过 $V = \prod_{1,2,\cdots,n-m}(W)$ 计算，如表 2.14 所示。

表 2.14 关系 $V$

| A | B |
|---|---|
| a2 | b2 |

基于以上过程，关系 $R \div S$ 须通过 $R \div S = T - V$ 计算，结果如表 2.15 所示。

表 2.15 关系 $R \div S$

| A | B |
|---|---|
| a1 | b1 |
| a3 | b3 |

**例** 反过来叙述，设 $R = Q \times S$，且关系 $Q$ 如表 2.16 所示，关系 $S$ 如表 2.17 所示。

表 2.16 关系 $Q$

| A | B |
|---|---|
| a1 | b1 |
| a2 | b2 |

表 2.17 关系 $S$

| C | D |
|---|---|
| c1 | d1 |
| c2 | d2 |

则关系 $R = Q \times S$ 如表 2.18 所示。

表 2.18 关系 $R$

| A | B | C | D |
|---|---|---|---|
| a1 | b1 | c1 | d1 |
| a1 | b1 | c2 | d2 |
| a2 | b2 | c1 | d1 |
| a2 | b2 | c2 | d2 |

如果已知 $R$ 和 $S$，求 $Q$，则 $Q = R \div S$。对于上式的广义笛卡儿积（指 $R = Q \times S$），$Q = R \div S$ 的求法可以被简化为 $Q = T = \prod_{1,2}(R)$，这就好像整数中的整除概念。

如果 $S$ 不变，但 $R$ 中去掉第 3 个元组，变为如表 2.19 所示的样子。

表 2.19 去掉第 3 个元组的关系 $R$

| A | B | C | D |
|---|---|---|---|
| a1 | b1 | c1 | d1 |
| a1 | b1 | c2 | d2 |
| a2 | b2 | c2 | d2 |

此时计算 $Q = R \div S$ 的过程如下所示。

计算关系 $T$（通过 $T = \prod_{1,2,\cdots,n-m}(R)$），如表 2.20 所示。

表 2.20 关系 $T$

| A | B |
|---|---|
| a1 | b1 |
| a2 | b2 |

计算关系 $W$（通过 $W = (T \times S) - R$ 即计算在 $T \times S$ 中，但不在 $R$ 中的元组），如表 2.21 所示。

表 2.21 关系 $W$

| A | B | C | D |
|---|---|---|---|
| a2 | b2 | c1 | d1 |

计算关系 $V$（通过 $V = \prod_{1,2,\cdots,n-m}(W)$），如表 2.22 所示。

表 2.22 关系 $V$

| A | B |
|---|---|
| a2 | b2 |

计算关系 $Q = R \div S$（通过 $R \div S = T - V$），如表 2.23 所示。

表 2.23 关系 $Q$

| A | B |
|---|---|
| a1 | b1 |

这就好像 $R$ 不能被 $S$ 整除（其中的余数就是 $R$ 中的第 3 个元组 {a2,b2,c2,d2}），而又要求商 $Q$ 必须是整数，所以只好丢弃这个余数不予考虑一样。按照这个思路（丢弃余数），则 $R$ 变成 $R'$，如表 2.24 所示。

表 2.24 关系 $R'$

| A | B | C | D |
|---|---|---|---|
| a1 | b1 | c1 | d1 |
| a1 | b1 | c2 | d2 |

此时 $R'$ 能够被 $S$ 整除，于是 $Q = R \div S = R' \div S = T' = \prod_{1,2}(R')$。

## 2.3.3 关系运算举例

在关系代数中，代数运算经过有限次复合而成的式子被称为关系代数表达式。

1）检索（查询）

**例** 查询班级编号为 199902 的全班学生的学号。此查询的关系代数表达式为：

$$\prod_{Sno}\left(\sigma_{Class='199902'}(Students)\right)$$

**例** 查询选修了英语课程的学生姓名。此查询的关系代数表达式为：

$$\prod_{Sname}\left(\prod_{Cno}\left(\sigma_{Cname='英语'}(Courses)\right)\bowtie Reports \bowtie Students\right)$$

其中，$\prod_{Cno}\left(\sigma_{Cname='英语'}(Courses)\right)$ 为"英语"课程的编号；$\prod_{Cno}\left(\sigma_{Cname='英语'}(Courses)\right)\bowtie Reports$ 为选了"英语"课程的学生；$\prod_{Sname}\left(\prod_{Cno}\left(\sigma_{Cname='英语'}(Courses)\right)\bowtie Reports\right.$

⋈ Students) 为选了"英语"课程的学生姓名。

**例** 查询选修了所有课程的学生编号和姓名。

这个查询需求比较复杂，其关系代数表达式可以按照以下步骤构造完成。

（1）查询学生选课情况的代数表达式为：

$$\prod_{Sno,Cno}(Reports)$$

关系模式为（学号，课程编号）。

（2）查询正在开设的全部课程的代数表达式为：

$$\prod_{Cno}(Courses)$$

关系模式为（课程编号）。

（3）根据2个关系的除法定义，查询选修了所有课程的学生编号的代数表达式为：

$$\prod_{Sno,Cno}(Reports) \div \prod_{Cno}(Courses)$$

关系模式为（学号）。

（4）查询选修了所有课程的学生编号和姓名的代数表达式为：

$$\prod_{Sno,Sname}\left(Students \bowtie \left(\prod_{Sno,Cno}(Reports) \div \prod_{Cno}(Courses)\right)\right)$$

关系模式为（学号，姓名）。

2）插入

以上几个例子是有关检索（查询）的关系代数表达式，下面例子是关于插入的关系代数表达式。

**例** 设一学号为S01的学生选修了课程号为C02的课程，且得分为B，将这些信息插入关系Reports的关系代数表达式为：

$$Reports \cup \{'S01','C02','B'\}$$

3）删除

下面例子是关于删除的关系代数表达式。

**例** 在关系Reports中删除学号为S02，选修课为"网络"课程的元组的关系代数表达式为：

$$Reports - \left(\left(\prod_{Cno}(\sigma_{Cname='网络'}(Courses))\right) \bowtie \sigma_{Sno='S02'}(Reports)\right)$$

4）修改

如果要进行修改操作，可以先删除要修改的元组，再插入修改后的元组。

（1）关系完备性（relational completeness）。

鉴于以关系代数运算为基础的数据语言可以实现人们对数据库的所有查询和更新操作，E. F. Codd把关系代数的这种处理能力称为关系完备性。

（2）关系代数表达式的多样性。

在关系代数中，同一个查询要求可以有多个不同的关系代数表达式，这就是关系代数表达式的多样性。

例如，前面检索选修英语课程的学生姓名的关系代数表达式也可表示为：
$$\prod_{Sname}(\sigma_{Cname='英语'}(Courses \bowtie Reports \bowtie Students))$$

这两种表达式的执行结果是相同的，但系统执行效率却有很大不同。由此也可以看出，用关系代数进行查询需要指出先做什么运算、后做什么运算，所以具有某种"过程化"语言的性质。而下面介绍的"关系演算"则不具有"过程化"语言的性质。

## 2.4 关系演算

关系演算是以数理逻辑中的谓词演算为基础的关系数据语言。与关系代数不同，使用谓词演算只需要用谓词公式给出查询结果应满足的条件即可，至于查询如何实现则完全由系统自行解决，因此关系演算是一种高度非过程化的语言。根据谓词变量的不同，关系演算分为两类：元组关系演算和域关系演算。

### 2.4.1 元组关系演算

**1. 元组关系演算定义**

元组关系演算是利用基于元组变量的关系演算表达式来表示查询要求的，其中的元组标量表示关系中的元组，其取值范围是整个关系。

**例** 检索班级编号为 199902 的全班学生的学号。此查询的元组关系演算表达式为：
$$\{t[1] \mid S(t) \wedge t[5] = '199902'\}$$

元组关系演算表达式的一般形式为：
$$\{t \mid \psi(t)\}$$

其中，$t$ 是元组变量，$\psi(t)$ 是元组关系演算公式（简称公式），它由原子公式和运算符组成。因此 $\{t \mid \psi(t)\}$ 是使 $\psi(t)$ 为真的所有元组 $t$ 的集合。

**2. 原子公式**

元组关系演算的原子公式（简称原子公式）有以下三类。

（1）$R(t)$

其中，$R$ 是关系名；$t$ 是元组变量；$R(t)$ 表示这样一个命题："$t$ 是关系 $R$ 中的一个元组"。于是，关系 $R$ 又可被表示为 $\{t \mid R(t)\}$。

（2）$t[i]\theta s[j]$

其中，$t$、$s$ 是元组变量；$\theta$ 是算术比较符（关系运算符）。$t[i]$、$s[j]$ 分别表示 $t$ 的第 $i$ 个分量和 $s$ 的第 $j$ 个分量。$t[i]\theta s[j]$ 表示这样一个命题："元组 $t$ 的第 $i$ 个分量和元组 $s$ 的第 $j$ 个分量之间满足 $\theta$ 关系"。

例如，t[1]≤s[2] 表示元组 $t$ 的第 1 个分量值必须小于等于 $s$ 的第 2 个分量值。

（3）$t[i]\theta a$ 或 $a\theta t[i]$

其中，$a$ 为常量，$t[i]\theta a$ 表示这样一个命题：元组 $t$ 的第 $i$ 个分量与常量 $a$ 满足 $\theta$ 关系。

例如，$t[3]>5$ 表示元组 $t$ 的第 3 个分量值必须大于 5。

### 3. 公式（递归定义）

关系演算公式的真值计算方法与数理逻辑中公式的真值计算方法一样。例如，当 $\psi_1$ 为假时，$\neg\psi_1$ 为真；当 $\psi_1$ 和 $\psi_2$ 同时为真时，$\psi_1 \wedge \psi_2$ 为真，否则为假；当至少存在一个元组 $t$ 使得 $\psi(t)$ 为真时，公式 $\exists t(\psi(t))$ 为真；当所有 $t$ 使得 $\psi(t)$ 为真时，公式 $\forall t(\psi(t))$ 为真。

于是，在原子公式的基础上，递归定义公式如下。

（1）每个原子公式都是公式。

（2）设 $\psi_1$ 和 $\psi_2$ 是公式，则 $\psi_1 \wedge \psi_2$、$\psi_1 \vee \psi_2$、$\neg\psi_1$ 也是公式。

（3）设 $\psi(t)$ 是公式，$t$ 是元组变量，则 $\exists t(\psi(t))$ 和 $\forall t(\psi(t))$ 也是公式。

在元组演算表达式中的公式都是由以上 3 种方式经过有限次复合而成的。元组演算公式涉及算术比较运算符、逻辑运算符、量词，其优先顺序如下。

$$\text{算术比较运算符} > \text{量词}(\exists t(\psi(t))、\forall t(\psi(t))) > \text{逻辑运算符}$$

括号可指定优先顺序，括号的优先级最高。

**例** 仍以学生选课数据库为例，关系 Students、Courses、Reports 分别简记为 $S$、$C$、$R$。设 $t$、$u$ 分别是关系 $S$、$R$ 的元组变量，以下是原子公式。

（1）$S(t)$ —— $t$ 是关系 $S$ 的元组变量。

（2）$R(u)$ —— $u$ 是关系 $R$ 的元组变量。

（3）$t[1]='S01'$ —— 元组 $t$ 的第 1 个分量等于 "S01"。

（4）$t[1]=u[1]$ —— 元组 $t$ 的第 1 个分量等于元组 $u$ 的第 1 个分量。

以下是由原子公式构成的（复合）公式。

（1）$S(t) \wedge t[1]='S01'$ —— $t$ 是关系 $S$ 的元组变量，且 $t$ 的第 1 个分量等于 "S01"。

（2）$\exists u(R(u) \wedge u[1]=t[1])$ —— 存在这样的元组 $u$，$u$ 是关系 $R$ 的元组变量，且 $u$ 的第 1 个分量等于 $t$ 的第 1 个分量。

（3）$\forall u(R(u) \wedge u[3]='A')$ —— 所有的元组 $u$，$u$ 是关系 $R$ 的元组变量，且 $u$ 的第 3 个分量等于 "A"。

**例** 查询选修了 "英语" 课程的学生姓名。此查询的元组关系演算表达式为：

$$\{t[2] \mid S(t) \wedge \exists u(R(u) \wedge u[1]=t[1] \wedge \exists v(C(v) \wedge v[1]=u[2] \wedge v[2]='英语'))\}$$

上式亦可写为（等价）。

$$\{t[2] \mid S(t) \wedge \exists u \exists v(R(u) \wedge C(v) \wedge u[1]=t[1] \wedge v[1]=u[2] \wedge v[2]='英语')\}$$

**例** 检索选修了所有课程的学生。此查询的元组关系演算表达式为：

$$\{t \mid S(t) \wedge \forall v(C(v) \wedge \exists u(R(u) \wedge u[2]=v[1] \wedge u[1]=t[1]))\}$$

式中量词"∀"体现了"选修所有课程"。如果将量词"∀"换成"∃",则目的就变为了检索选修了至少一门课程的学生,其元组关系演算表达式为:

$$\{t \mid S(t) \wedge \exists v (C(v) \wedge \exists u (R(u) \wedge u[2]=v[1] \wedge u[1]=t[1]))\}$$

## 2.4.2 域关系演算

如果关系演算表达式不是用元组作为变量,而是用元组的分量作为变量,则其被称为域关系演算。此时作为变量的元组的分量被称为域变量。与元组变量不同,域变量的变化范围是某个域而不是整个关系。

**例** 检索班级编号为 199902 的全班学生学号。此查询的域关系演算表达式为:

$$\{t_1 \mid S(t_1,t_2,t_3,t_4,t_5) \wedge t_5 = \text{'199902'}\}$$

与元组关系演算表达式类似,域关系演算表达式的一般形式为:

$$\{(t_1,t_2,\cdots,t_k) \mid \psi(t_1,t_2,\cdots,t_k)\}$$

其中,$t_1,t_2,\cdots,t_k$ 是域变量;$\psi$ 是由原子公式和运算符组成的公式。上式表示使 $\psi$ 为真的那些 $t_1,t_2,\cdots,t_k$ 组成的元组之集合。

域关系演算中的原子公式有以下两种。

(1) $R(t_1,t_2,\cdots,t_k)$。

其中,$R$ 是一个 $k$ 元关系,每个 $t_i$ 是域变量或者常量。$R(t_1,t_2,\cdots,t_k)$ 表示这样一个命题:$t_1,t_2,\cdots,t_k$ 是 $R$ 的一个元组。

(2) $x\theta y$。

其中,$x$ 为域变量;$y$ 为域变量或者常量;$\theta$ 是算术比较符。$x\theta y$ 表示 $x$ 与 $y$ 满足 $\theta$ 关系。

域关系演算表达式中的运算符也和元组关系演算表达式中的运算符一样,包括算术比较运算符、逻辑运算符、量词。$\psi$ 是由以上两种原子公式和运算符经有限次复合而组成的公式。

**例** 查询选修了"英语"课程的学生名。此查询的域关系演算表达式为:

$$\{t_2 \mid S(t_1,t_2,t_3,t_4,t_5) \wedge \exists u_1 \exists u_2 \exists v_1 \exists v_2 (R(u_1,u_2,u_3) \wedge C(v_1,v_2,v_3) \wedge t_1 = u_1 \wedge u_2 = v_1 \wedge v_2 = \text{'英语'})\}$$

**例** 检索选修了所有课的学生。此查询的域关系演算表达式为:

$$\{t_1,t_2,t_3,t_4,t_5 \mid S(t_1,t_2,t_3,t_4,t_5) \wedge \forall v_1 \exists u_1 \exists u_2 (R(u_1,u_2,u_3) \wedge C(v_1,v_2,v_3) \wedge u_2 = v_1 \wedge u_1 = t_1)\}$$

对照前面例子可以看出,对同一个查询要求,元组关系演算表达式和域关系演算表达式很容易相互转换。这两种关系演算表达式的运算符是相同的,不同的仅仅是变量。由元组关系演算表达式 $\{t \mid \psi(t)\}$ 构造等价的域关系演算表达式的步骤如下。

(1) 如果 $t$ 是 $k$ 元的元组,则引入 $k$ 个域变量 $t_1,t_2,\cdots,t_k$,用 $t_1,t_2,\cdots,t_k$ 替换 $t$,用 $t_i$ 替换 $t[i]$。

(2) 对于量词"$\exists u$"或"$\forall u$",如 $u$ 是 $m$ 元的元组,则引入 $m$ 个新的域变量

$u_1, u_2, \cdots, u_m$，在对应量词的辖域内用 $u_1, u_2, \cdots, u_m$ 替换 $u$，用 $u_i$ 替换 $u[i]$。用 $\exists u_1 \exists u_2 \cdots \exists u_m$ 替换 $\exists u$，用 $\forall u_1 \forall u_2 \cdots \forall u_m$ 替换 $\forall u$。

### 2.4.3 关系演算的安全限制

在前面介绍关系运算时，通常已经假定这些关系运算是有意义的。但实际上这些运算可能出现无限关系和无穷验证过程。

**例** 讨论元组关系演算表达式 $S = \{t \mid \neg R(t)\}$ 的安全性。关系 $R$ 如表 2.25 所示。

表 2.25 关系 $R$

| A | B |
|---|---|
| a | 1 |
| b | 2 |

由于属性 B 的域是整数集，如果不对 $S = \{t \mid \neg R(t)\}$ 进行安全限制，那么它是一个无限关系。

根据安全表达式的条件及有限集合 $DOM(\psi)$ 的构造方法，令

$$DOM(\psi) = \{a, b, \cdots, z, 1, 2, \cdots, 100\}$$

则 $S = \{t \mid \neg R(t)\}$ 将变成有限关系，其大小为：

$$|S| = 26 \times 100 - 2 = 2598$$

（1）无限关系。

无限关系指元组的取值有无限多的关系。例如，$\{t \mid \neg R(t)\}$ 表示所有不在关系 $R$ 中的元组的集合，如果关系中某一属性的定义域是无限的，则 $\{t \mid \neg R(t)\}$ 是一个无限关系，要想求出它的所有元组是不可能的。

（2）无穷验证过程。

无穷验证过程指在关系演算表达式求值的过程中，由于某些属性的定义域是无限的，从而引起验证的过程也是无穷的。例如，要判定 $\forall t(\omega(t))$ 为真，必须对 $t$ 的所有值进行验证，当且仅当没有一个值使得 $\omega(t)$ 为假时，$\forall t(\omega(t))$ 才为真。如果 $t$ 的取值范围是无限的，验证的过程自然也是无穷的。

（3）安全表达式与安全限制。

在实际处理中出现无限关系和无穷验证过程是行不通的，也是毫无意义的，因此，应采取一定的措施避免这种情况出现。不产生无限关系和无穷验证过程的表达式通常被称为安全表达式，相应所采取的措施被称为安全限制。

1）关系代数表达式的安全性

关系代数运算是在给定的关系上定义的，给定的关系通常是有限的，这些运算的有限次复合就不会出现无限关系和无穷验证过程，因此关系代数运算是安全的。

2）元组关系演算表达式的安全性

如前所述，元组关系演算表达式不一定是安全的，因此，必须对关系演算进行安全限制。限制方法的思路来源于关系代数运算的安全性，即在已有关系基础上，设法将属性取值"无限"的性质改为"有限"。

为此，通常需要定义一个"有限"符号集合 $DOM(\psi)$，简称 $\psi$ 的符号集，具体构造方法如下。

（1） $DOM(\psi)$ 包含 $\psi$ 中的常量符号。

（2） $DOM(\psi)$ 包含 $\psi$ 中涉及的所有关系的所有元组的各个分量"有意义"的取值范围合并构成的集合。

由于 $DOM(\psi)$ 是有限集合，因此，在 $DOM(\psi)$ 限制下的关系演算是安全的，不会出现无限关系和无穷验证过程。

从以下三个方面可以进一步考察元组关系演算表达式 $\{t|\psi(t)\}$ 的安全性。如果满足以下三个条件，则 $\{t|\psi(t)\}$ 被认为是安全的。

（1）如果元组 $t$ 能使 $\psi(t)$ 为真，则 $t$ 的每一个分量都将是 $DOM(\psi)$ 中的元素。换句话说，使得 $\psi(t)$ 为真的 $t$ 的每一个分量都是 $DOM(\psi)$ 中的元素，如此在有限集合 $DOM(\psi)$ 中进行遍历即可完备地得到 $\{t|\psi(t)\}$，不会产生遗漏。

（2）对于 $\psi(t)$ 中的每一个形如"$\exists t(\omega(t))$"的子表达式，如果 $t$ 使 $\omega(t)$ 为真，则 $t$ 的每一个分量都将是 $DOM(\psi)$ 中的元素。换句话说，在寻找是否存在一个 $t$（可能是任何一个）使得 $\omega(t)$ 为真时，只要对 $t$ 的每一个分量遍历有限集合 $DOM(\psi)$ 即可，除此之外决不会存在任何 $t$ 能使得 $\omega(t)$ 为真。

（3）对于 $\psi(t)$ 中的每一个形如"$\forall t(\omega(t))$"的子表达式，如果 $t$ 使 $\omega(t)$ 为假，则 $t$ 的每一个分量是 $DOM(\psi)$ 中的元素。换句话说，在寻找是否所有的 $t$ 使得 $\omega(t)$ 为真时，只要对 $t$ 的每一个分量遍历有限集合 $DOM(\psi)$ 即可（过程中除去无意义的 $t$），如果 $\omega(t)$ 都为真，则 $\forall t(\omega(t))$ 为真，除此之外决不会存在任何 $t$ 能使得 $\omega(t)$ 为假（否则与前提矛盾）。

3）域关系演算表达式的安全性

域关系演算表达式的安全性与元组关系演算表达式的安全性类似，这里不予赘述。

4）关系代数表达式与安全的关系演算表达式（元组关系演算、域关系演算）之间的等价性

可以证明如下几点。

（1）每一个关系代数表达式（必然是安全的）都有一个等价的、安全的元组关系演算表达式。

（2）每一个安全的元组关系演算表达式都有一个等价的、安全的域关系演算表达式。

（3）每一个安全的域关系演算表达式都有一个等价的关系代数表达式（必然是安全的）。

由此可见，关系代数、安全的元组关系演算和安全的域关系演算这三类关系运算的表达能力是等价的，可以相互转换。

此外，这三种抽象的关系数据语言（关系代数、安全的元组关系演算和安全的域关系演算），与计算机关系型数据库中所使用的关系数据语言并不完全一样，前者是数据库关系运算理论的数学表达，后者是计算机语言。一般相关的关系型数据库计算机语言都力求能够以某种方式尽量实现上述三种抽象的关系数据语言，与此同时还可能会实现一些附加功能，如算术功能、聚集函数、赋值、打印等。

三种抽象的关系数据语言是评估关系型数据库计算机语言的基础和标准。E. F. Codd 最早建议用元组关系演算作为评估关系型数据库计算机语言的标准，提出凡不具备安全关系演算公式表达能力的语言，或等价地讲，凡不具有关系代数表达能力的关系型数据库计算机语言，都被认为是不够用的，也是不完备的。换句话说，关系数据库所实现的计算机语言必须具有与关系代数或关系演算（包括元组及域关系演算）同等表达能力，这样该数据库计算机语言才能解决所有问题。

## 2.5 关系约束

### 2.5.1 关系模型的完整性约束

为了维护数据库中数据与现实世界的一致性，关系数据库中的数据必须满足一定的限制。例如，账户的余额不能小于零，学生的年龄不能大于 100 岁等。这些都是语义上的限制。

数据的语义不但会限制属性的值，而且还会制约属性间的关系。例如，关系的主码或任一候选码的值决定关系中其他属性的值，因此主码的值在关系中不能重复或为空值 NULL（即空缺）。一个属性或一组属性能否成为一个关系的主码，完全取决于数据的语义。再如，一个人的工龄总是小于其年龄等，这些都是语义施加在属性上的限制。

语义还对不同关系中的数据带来一定的限制。例如，一笔贷款总是属于某个 Customer 关系中的客户，学生所选课程应该是学校所开设的课程等。以上所举的例子都是语义施加在数据上的限制，这些被统称为关系模型的完整性约束。

完整性约束可由用户检查，也可由系统检查。完整性约束检查只有在进行数据库更新操作时才需进行。由于它的开销很大，对数据库更新操作的性能影响很大，因此，以前的数据库管理系统往往不提供这种功能，而把这项检查任务交给用户应用程序负责。随着计算机性能的提高，现代的 DBMS 都具有一定的完整性约束检查功能，不过其实现的程度随 DBMS 而异。下面将关系模型的完整性约束分为四种进行讨论。

**1. 域完整性约束**

域完整性约束规定每一个属性的值都应该是其值域中的。指定一个值域的通常方法是指定一个数据类型，如整型、实型、字符串型等，属性的值都应该属于该数据类型。除此之外，一个属性的值能否为 NULL 也是域完整性约束的内容。域完整性约束是最简单、最基本的关系约束。当今的数据库管理系统一般都支持域完整性约束检查功能。

**2. 实体完整性约束**

实体完整性约束规定关系中主码的值不能为 NULL，每个元组的主码值应是唯一的。因为主码值用于唯一标识一个关系的各个元组，主码可以为空值意味着一些元组将不能被标识。如果两个或多个元组的主码为空值，那么它们就不能被区分和识别。

需要注意的是，实体完整性约束规定主码包含的所有属性都不能取空值，而不仅是主码整体不能取空值。要知道，一个关系常常对应现实世界的一个实体集，例如，Customer 关系对应于客户的集合。现实世界中的实体是可区分的，即它们具有某种唯一性标识。相应地，关系中以主码作为唯一性标识。主码中的属性不能取空值，否则就说明存在不可标识的实体，从而存在不可区分的实体。因此这个约束被称为实体完整性约束。

目前，大部分 DBMS 支持实体完整性约束检查，但不是强制的。如果用户在关系模式中说明了主码，则 DBMS 可以进行这项检查。但是，有些 DBMS 也允许用户不说明主码，在此情况下则将无从进行实体完整性约束检查。

**3. 引用完整性约束**

实体完整性约束是一个关系内的约束，而引用完整性约束是不同关系之间或同一关系的不同元组间的约束，它规定不允许引用不存在的元组。

以关系 Account (account_number, branch_name, balance) 和 Branch (branch_name, branch_city, assets) 为例，这两个关系之间存在着属性的引用，即 Account 关系引用了 Branch 关系的主码 branch_name。显然，Account 关系中的 branch_name 值必须是确实存在的支行名称，即 Branch 关系中有这些支行的元组。这也就是说，Account 关系中的 branch_name 属性的取值需要引用 Branch 关系的属性取值，并且 Account 关系中 branch_name 属性与 Branch 关系中的主码 branch_name 相对应，此时可称 Account 关系中的 branch_name 为 Account 关系的外码。

设 $F$ 是关系 $R$ 的一个或一组属性。如果 $F$ 与关系 $S$ 的主码 $K$ 相对应，则可称 $F$ 是关系 $R$ 的外码，并且可称关系 $S$ 为基本关系，关系 $R$ 为依赖关系。引用完整性约束规定依赖关系 $R$ 中外码 $F$ 的取值只允许有两种可能：①空值（NULL）；②等于基本关系 $S$ 中某个元组的 $K$ 值（主码值）。

按照引用完整性约束，上例中 Account 关系的外码 branch_name 或者取空值，表示一个账户的开户支行暂时不明，或者取 Branch 关系中已存在的支行名称。

再考虑关系 Deposits ( customer_name, account_number) 和关系 Customer (customer_name, customer_street, customer_city)。关系 Deposits 中的属性 customer_name 与关系 Customer 的主码 customer_name 相对应，因此 customer_name 是关系 Deposits 的外码。按照引用完整性约束，依赖关系 Deposits 中的属性 customer_name 可以取两类值：空值（NULL）或基本关系 Customer 中已经存在的值。由于 (customer_name, account_number) 是关系 Deposits 的主码，按照实体完整性约束，它们均不能取空值（NULL）。所以关系 Deposits 中的外码 customer_name 只能取基本关系 Customer 中已经存在的主码值。

在引用完整性约束中，基本关系 $S$ 与依赖关系 $R$ 可以是同一个关系。例如，考虑关系学生（学号，姓名，性别，年龄，班长），学号是主码，班长属性表示该学生所在班级的班长的学号，即班长属性与学生关系本身的主码学号相对应，因此班长是外码，学生关系既是基本关系又是依赖关系。按照引用完整性约束，班长属性值可以取两类值：①空值（NULL），表示该学生所在班级尚未选出班长；②本关系中某个元组已经存在的学号值。另外需要指出的是，外码不一定要与相应的主码同名，如外码班长与主码学号并不同名。

目前，引用完整性约束检查虽然没有域完整性约束检查和实体完整性约束检查那样普遍，但许多 DBMS 具有该功能。

4. 用户定义完整性约束

域完整性约束、实体完整性约束和引用完整性约束是关系数据模型的三个最基本、最普遍的完整性约束。其他的语义约束与数据的具体内容有关，数据的数量很大，要说明、管理和检查这些约束开销也将太大。目前，有些 DBMS 允许用户对某些数据定义一些约束及违反约束时的处理过程。虽然目前还没有一个关系 DBMS 产品全面实现用户定义完整性约束检查，但从发展趋势来看，多数 DBMS 将逐步扩大用户定义完整性约束检查功能。

## 2.5.2 更新操作与关系约束

关系模型操作可分成查询和更新两类。有三个基本的关系更新操作：插入、删除和修改。插入用于在一个关系中插入一个或一些新的元组；删除用于删除元组；修改用于改变已存在元组的一些属性的值。应用更新操作时，不应该破坏关系模型中定义的完整性约束。本节主要讨论域完整性约束、实体完整性约束和引用完整性约束三种基本的完整性约束类型，同时讨论如果更新操作引起破坏时可以采取的处理方式。

1. 插入操作

插入操作需要提供一个新元组 $t$ 的属性值列表，然后将它插入关系 $R$ 中。插入操作可能会破坏三种基本的完整性约束类型中的任何一种。如果元组 $t$ 的某个属性值不是其值域中的值，那么域完整性约束将被破坏。如果元组 $t$ 的主码值已经在关系 $R$ 中的另一个元组中存在，或者元组 $t$ 的主码值是空值（NULL），那么实体完整性将被破坏。如果元组 $t$ 中的外码值引用了一个基本关系中并不存在的元组，那么引用完整性约束将被破坏。

如果插入操作破坏了一个或多个约束，那么默认的处理方式是拒绝这个插入操作。在这种情况下，DBMS 应该向用户解释为什么插入操作会被拒绝。另外一种可能的处理方式是去尝试纠正拒绝插入的原因。

2. 删除操作

在指定删除操作时，要指出一个关系属性上的条件来确认需要删除的元组。如果要删除的元组正在被数据库中其他元组的外码所引用，那么此删除操作就会破坏引用完整性约束。

如果删除操作破坏了一个引用完整性约束，则 DBMS 可以选择三种不同的处理方式。第一种方式是拒绝该删除操作；第二种方式是级联删除，即把依赖关系中那些引用被删元组的元组一并删除；第三种方式是修改引起约束破坏的外码属性的值，将其设置为空值或者改为其他有效值。注意，如果一个引起约束破坏的外码属性是主码的一部分，那么就不能将它设置为空值，否则将破坏实体完整性。

通常在定义一个引用完整性约束时，DBMS 应该允许用户指定在约束遭到破坏时可以采取的处理方式（以上三种方式任选其一）。7.1 节将详细讨论在 SQL 中如何指定这些选项。

### 3. 修改操作

修改操作用于在某关系的一个元组（或一些元组）中改变一个或多个属性的值。一般需要在关系的属性上指定一个条件来确认要修改的元组。

修改一个既不是主码也不是外码的属性的值通常不会引起问题，DBMS 仅仅需要检查新值是否满足域完整性约束，即是否有正确的数据类型和值域。因为主码被用来标识元组，所以修改一个主码的值类似于删除一个元组，然后在它的位置上再插入另一个元组，这时就会出现在前面讨论过的插入和删除操作中的类似问题。如果要修改一个外码属性，那么 DBMS 必须确认新值引用的是基本关系中已经存在的元组或者为空值。出现这些问题时可以采取的措施类似于插入和删除操作中已经讨论过的动作，这里不再赘述。

## 本章小结

关系理论一般由两部分组成，即关系模型的数学表示与关系模式的规范化理论。前者给出了关系模型的代数方式或逻辑方式的数学表示，为研究关系模型提供有效的数学工具支撑；后者则对数据库设计提供理论指导。本章介绍关系模型的数学表示，第 5 章将介绍关系的规范化理论。

关系模型由三部分组成：数据结构、数据操作和完整性约束。关系模型的数据结构单一，用被称为关系的二维表格表示。在关系之上定义了超码、候选码和主码等概念。

关系模型上的数据操作可以用关系代数或关系演算来表示。关系代数操作有五种基本操作：选择、投影、并、差和笛卡儿积。另外还有一些常用的附加操作，如：交、自然连接、除等。在关系 $R$ 上的关系运算所构成的封闭系统被称为关系代数。关系演算又可分为元组关系演算和域关系演算。

域完整性约束、实体完整性约束和引用完整性约束是关系数据模型的三个最基本、最普遍的完整性约束。

## 练习与思考

2.1 试解释下列概念：关系模型、关系模式、关系数据库模式、关系、属性、域、元组、超码、候选码、主码、外码。

2.2 为什么关系中的元组没有先后顺序？为什么关系中不允许有重复元组？关系与普通的表格有什么区别？

2.3 试述关系模型的四类完整性约束。

2.4 如果删除基本关系中的元组时破坏了引用完整性，那么可以采用什么样的处理方式？

2.5 试述关系模型的特点。

2.6 关系代数的基本操作有哪些？如何用基本操作表示交、自然连接和除操作？

2.7 笛卡儿积和自然连接两者之间有什么差异？

2.8 设有关系 $R$ 和 $S$ 如图2.1、图2.2所示。计算 $R \cup S$，$R-S$，$R \times S$，$\prod_{B,C}(S)$，$\sigma_{B<'5'}(R)$，$R \cap S$，$R \bowtie S$。

| A | B | C |
|---|---|---|
| 3 | 6 | 7 |
| 2 | 5 | 7 |
| 7 | 2 | 3 |
| 4 | 4 | 3 |

图2.1 关系 $R$

| A | B | C |
|---|---|---|
| 3 | 4 | 5 |
| 7 | 2 | 3 |

图2.2 关系 $S$

2.9 设有关系 $R$ 和 $S$ 如图2.3、图2.4所示。计算 $R \bowtie S$ 和 $\sigma_{A=C}(R \times S)$。

| A | B |
|---|---|
| a | b |
| c | d |
| d | e |

图2.3 关系 $R$

| B | C |
|---|---|
| b | c |
| e | d |
| b | d |

图2.4 关系 $S$

2.10 今有如下商品供应关系数据库。

供应商：S ( 供应商号码 sno，供应商名称 sname，状态 status，所在城市 city)

零件：P ( 零件代码 pno，零件名 pname，颜色 color，重量 weight)

工程：J ( 工程号 jno，工程名 jname，工程所在城市 city)

供应关系：SPJ ( 供应商号码 sno，零件代码 pno，工程号 jno，数量 quantity)

试用关系代数写出下面的查询。

（1）求供应工程 J1 零件的供应商号码。

（2）求没有使用天津单位生产的红色零件的工程号。

（3）求供应工程 J1 零件 P1 的供应商号码。

（4）求供应工程 J1 零件为红色的供应商号码。

（5）求至少用了供应商 S1 所供应的全部零件的工程号。

（6）求供应商与工程在同一城市能供应的零件数量。

2.11 试用元组关系演算表达式表示题目 2.10 的各个查询。

2.12 试用域关系演算表达式表示题目 2.10 的各个查询。

2.13 现有如下三个关系表：

学生 S ( 学号 S#，姓名 SN，所属系名 SD，年龄 SA)

社团 T ( 社团编号 T#，社团名称 CN)

学生加入社团 ST( 学号 S#，社团编号 T#，社团内任职 C)

请用关系代数表达式表示如下操作。

（1）求计算机系 CS 学生的学号、姓名。
（2）求参加了某一社团的学生学号、姓名。
（3）求参加了社团名称为"田径队"的学生学号和姓名。
（4）求未参加任何社团的学生姓名。
（5）求计算机系的学生以及年龄小于 18 岁的学生。

# 第 3 章 关系数据库标准语言 SQL

### 本章学习提要与目标

本章将详细介绍关系数据库语言 SQL，包括查询、插入、删除、更新等操作。通过学习、理解和掌握关系数据库标准 SQL 语言，读者可以掌握用 SQL 语言创建数据库表、视图、索引等数据库对象，并能正确完成复杂查询，掌握 SQL 语言的强大查询功能，并能够熟练使用 SQL 语言在数据库系统下完成各种操作和管理业务。

## 3.1 SQL 语言概述

SQL 是结构化查询语言（Structured Query Language）的缩写，它是 1974 年提出的一种介于关系代数和关系演算之间的语言，1987 年被确定为关系型数据库管理系统国际标准语言，即 SQL86。随着其标准化的不断进行，相继出现了 SQL89、SQL2 和 SQL3。SQL 由于其使用方便、功能丰富、语言简洁易学等特点而很快得到推广和应用。目前，绝大多数流行的关系型数据库管理系统，如 Oracle，Sybase，Microsoft SQL Server，Access 等都采用了 SQL 语言标准。

### 3.1.1 SQL 的功能与特点

SQL 语言之所以能够为用户和业界所接受并成为国际标准，是因为它是一个综合的、通用的、功能极强同时又简洁易学的语言。其功能包括数据查询（data query）、数据操纵（data manipulation）、数据定义（data definition）和数据控制（data control）四个方面，从而同各种数据库建立联系，执行各种各样的操作，例如，更新数据库中的数据、从数据库中提取数据等。其主要特点如下。

1. **高度综合统一**

SQL 集数据定义语言 DDL、数据操纵语言 DML 和数据控制语言 DCL 于一体，语言风格统一，可以独立完成数据库生命周期中的全部活动，包括定义关系模式、查询、更新、建立数据库、数据库安全性控制等一系列操作的要求，这就为数据库应用系统的开发提供了良好的基础。

**2. 高度非过程化**

用 SQL 语言进行数据操作，用户只需提出"做什么"，而不必指明"怎么做"，这不但大大减轻了用户负担，而且有利于提高数据的独立性。

**3. 面向集合的操作方式**

SQL 语言采用集合操作方式，不仅查找的结果可以是元组的集合，而且插入、删除、更新操作的对象也可以是元组的集合。

**4. 以同一种语法结构提供两种使用方式**

SQL 语言既是自含式语言，又是嵌入式语言，即用户可以在终端键盘上键入 SQL 命令对数据库进行操作，故称之为自含式语言；也可以将 SQL 语言嵌入高级语言程序中，此为嵌入式语言。在这两种不同的使用方式下，SQL 语言的语法结构基本上是一致的，它以统一的语法结构提供两种不同的使用方法，为用户带来了极大的灵活性与便捷性。

**5. 语言简洁，易学易用**

SQL 语言功能极强，但由于设计巧妙，语法十分简洁，并且简单易学易用。SQL 语言完成数据定义、数据操纵、数据控制的核心功能只用了 9 个关键词：CREATE、DROP、ALTER、SELECT、INSERT、UPDATE、DELETE、GRANT、REVOKE 等，因此易于学习，容易使用。

## 3.1.2 SQL 的功能和特性

SQL 是应用程序与 DBMS 进行通信的一种语言和工具，其将 DBMS 的组件联系在一起，可以为用户提供强大的功能，使用户可以方便地进行数据库的管理、数据的操作。通过 SQL 命令，程序员或数据库管理员可以完成以下功能。

（1）数据定义。SQL 能让用户自己定义所存储数据的结构，以及所存储数据各项之间的关系。

（2）数据更新。SQL 为用户和应用程序提供了添加、删除、修改等数据更新操作，使用户或应用程序可以向数据库中增加新的数据、删除旧的数据以及修改已有数据，有效地支持了数据库数据的更新。

（3）数据查询。SOL 使用户或应用程序可以从数据库中按照自己的需要查询数据并组织使用它们，SQL 不仅支持简单条件的检索操作，而且支持子查询、查询的嵌套、视图等复杂的查询。

（4）保护数据安全。SQL 能对用户和应用程序访问数据、添加数据等操作的权限进行限制，以防止未经授权的访问，有效地保护数据库的安全。

（5）维持数据完整性。SQL 使用户可以定义约束规则，定义的规则将存在于数据库内部，可以防止因数据库更新过程中的意外或系统错误而导致的数据库崩溃。

（6）修改数据库结构。SQL 使用户或应用程序可以修改数据库的结构。

SQL 是一种易于理解的语言，同时又是综合管理数据的工具。作为现在数据库市场普通应用的语言，它具有以下一些特性。

（1）确定的标准。美国国家标准协会（ANSI）和国际标准化组织（ISO）在 1986 年制定了 SQL 的标准，并在 1989 年、1992 年与 1999 年进行了三次扩展，使所有厂商都可以按照统一标准实现对 SQL 的支持，SQL 语言在数据库厂商之间具有广泛的适用性。虽然在不同厂商之间 SQL 语言的实现方式存在某些差异，但是通常情况下无论选择何种数据库平台，SQL 语言都保持相同。

（2）软件提供商的独立性。所有主流的 DBMS 软件提供商均提供对 SQL 的支持，SQL 标准的确立使不同的厂商可以独立地设计 DBMS 软件，并使查询和报表生成器等数据库工具能在不同类型的 SQL 数据库中使用。

（3）各大公司的支持。SQL 由 IBM 研究人员发明，然后得到了 Microsoft 公司、Oracle 公司等数据库市场各大软件公司的支持，远保证了 SQL 今后的发展。

（4）数据的可视化。用户可以通过 SQL 产生不同的报表和视图，将数据库中的数据以用户所需的角度显示出来，使用具有很大的灵活性。同时，SQL 的视图功能也能提高数据库的安全性，并且能满足特定用户的需要。

（5）程序化数据库访问。SQL 语句既能用于交互式访问也能用于程序化访问，这样应用程序就具有了很大的灵活性，可以将这两种方式结合起来设计更好的程序。

（6）可移植性。基于 SQL 的数据库产品能在不同计算机上运行，也支持在不同的操作系统上运行，还可以通过网络进行访问和管理。

（7）应用程序的支持。在数据库发展的初期，SQL 支持基于主机的应用程序；随着计算机技术的发展，客户机/服务器体系结构出现，SQL 使每个系统处于最佳工作状态；而 Internet 和 WWW 的迅速发展建立了以 SQL 作为应用程序和数据库连接的标准；Java 的出现也引入了 SQL，SQL 在最新的编程语言中有了有效的应用。

（8）可扩展性和对象。面向对象编程技术的兴起，使数据库市场也面临对象技术的引入，各个 SQL 数据库厂商正在扩展和提高 SQL 对对象的支持。

## 3.1.3　SQL 语句的结构

所有的 SQL 语句均有自己的格式，每条 SQL 语句均由一个谓词开始，以谓词描述该语句要产生的动作。因此，SQL 语句可以被划分为 3 个部分：SQL 操作、目标和条件。SQL 操作和目标是必要的，至于条件则可根据执行的 SQL 操作决定其是否可选。

1. SQL 操作

SQL 操作语句有 4 种基本操作：SELECT、INSERT、UPDATE、DELETE，每一个操作都是 SQL 语句名。这些操作语句在后面的章节将分别进行介绍。

2. 目标

所有的 SQL 操作语句都在一个或多个数据库、数据表或视图上进行操作。目标组件的目的是定义那些表或视图，根据使用的语句不同，该组件也不同，例如，SELECT 和

DELETE 语句具有相似的目标结构，而 INSERT 和 UPDATE 语句则具有不同的目标结构。

**3. 条件**

使用 WHERE 条件语句说明的条件定义了被 SELECT、UPDATE 或 DELETE 语句操作的特定行，而它最终将求得每行数据的 TRUE 或 FALSE 值，而且该行为控制了该操作是否发生在每一行上。

### 3.1.4 SQL 的未来

以访问二维表数据为主的 SQL 和 XML 的结合成了 SQL 的一个发展方向。SQL 和 XML 结合的第一步是将关系型数据以 XML 格式发布。XML 发布是合乎逻辑的起点，因为它可以容易地在 XML 中代表 SQL 结果集合，很多的动态网页都是由 SQL 查询来提供的。传统的方法要求用程序访问结果集合和用程序构建网页，新方法则以完全公布的方式制作动态网页，利用 SQL-to-XML 查询生成数据的 XML 表示，并利用 XSLT（可扩展样式表语言转换）将 XML 融入 HTML 中。

最初这些虚拟文档是利用专有的 SQL 扩展来创建的，而现在有了一种叫作 SQL/XML 的新 ISO/ANSI 标准，这项标准定义了一种通用的方法。目前，SQL/XML 得到了 Oracle 和 DB2 的支持，它定义了用于这些产品中的本机 XML 数据类型的面向 XML 的运算符。不过，SQL Server 现在还不支持 XML 数据类型或 SQL/XML 扩展。

## 3.2 数据定义

在数据库应用系统的开发和维护中，常需要使用 SQL 语句对数据对象进行管理，包括创建数据库、删除数据库、创建表、删除表等。本节将介绍这些数据库对象操作语句的使用。

### 3.2.1 数据类型

**1. 常量**

常量也被称为字面值或标量值，是表示一个特定数据值的符号。常量的格式取决于它所表示的值的数据类型。同其他编程语言一样，SQL 也提供了对常量的支持，以方便用户更好、更灵活地使用 SQL 语句。SQL 支持数字、字符串、时间和日期、符号等四种常量。

1）数字常量

整数和浮点数类型的数据都可以作为常量使用。整数常量由没有用引号括起来且不含小数点的一串数字表示，如 11111。

在 SQL 中，常量前面也可以加上加号或减号，如 +700、-100 等。

浮点数据类型的常量通常需要使用符号 E，如 6.25E5、+6.25E5、6.05E-7 等。其中，E 代表"乘以 10 的几次方"。因此，6.25E5 就代表常量 $6.25 \times 10^5$。

2）字符串常量

字符串常量被包括在单引号内，并包含字母、数字等字符（a～z、A～Z 和 0～9）以及特殊字符，如感叹号（!）、at 符（@）和井号（#）。字符串常量的引入大大方便了人们使用 SQL 语句，如查询、添加等操作。

SQL 标准规定，字符串常量要被包括在单引号中，例如，'王五"张三"李四'，如果字符串常量中包括单引号，在其之前需要再加上一个单引号，以表示其是字符串常量中的一个字符，如：'I don't know'。

**注意：** 如果单引号中的字符串包含一个嵌入的引号，则可以使用两个单引号表示嵌入的单引号。而嵌入在双引号中的字符串则没有必要这样做。空字符串用中间没有任何字符的两个单引号来表示。

3）时间和日期常量

在使用时间和日期常量时，也要将其用单引号括起来。例如：'04/15/2022'（日期常量），'15:30:20'（时间常量）。如果要在 Danwei 数据库中查询启动时间早于 2022 年 2 月 2 日的所有工程的信息，可以使用下面的 SQL 语句。

```
SELECT *
FROM Danwei
WHERE gongcheng < TO_DATE('2022-02-02','yyyy-MM-dd')
```

该例中使用了 Oracle 数据库系统中的 TO_DATE 函数，以将一个字符串常量转换为 Oracle 的内部数据格式。大多数数据库系统都提供了时间和日期的转换函数，以使系统中时间和日期的格式统一。

**注意：** 通常时间和日期都必须结合转换函数一起使用，以保证进行操作时，时间和日期的格式是相同的。

4）符号常量

除了上面三种常量外，SQL 语言还包含了许多特殊的符号常量，如 CURRENT_DATE、USER、SYSTEM_USER、SESSION_USER 等，这些符号常量都是在当前数据库系统中使用比较多且很有用的。

**注意：** 某些数据库产品是通过内嵌函数而不是符号常量来访问系统值，如在 Sybase 中是通过 GETDATE() 函数。

**2. 其他数据类型**

数据类型是数据的一种属性，代表数据所表示信息的类型。

关系数据库提供了广泛的数据类型供用户使用，包括字符串数据类型、数字数据类型、日期时间数据类型及大型对象等。关系数据库中的字符串数据类型基本上也可以用于其他类型的数据，但这些数据只被作为字符串来对待。

目前，大多数的关系数据库系统产品均提供了丰富的数据类型，但在不同的系统中这些数据类型有一定的差异。有时，即使在两种系统中名称相同的数据类型，其表达的含义也可能不相同。

另外，在 SQL 语句中使用字符串数据、时间和日期数据时都必须用单引号包裹，而数字数据则不必包裹在单引号中。若将数字数据包裹在单引号中，它将被作为字符串数据来对待。这是数字数据类型和其他数据类型之间一个重要的差异。

1）数字数据类型

数字数据类型是可以不进行数据转换而直接参与算术运算的数据，其可以直接在数学表达式中使用。数字数据类型在使用时不必包裹在单引号中。一般来说，数字数据类型可以分成两类。

（1）整数数据类型。整数数据类型只存储整数。其包括 Integer、Int、Number 等。这种数据类型的列一般存储的是计数值、数量或年龄等。所有的关系数据库系统都提供了对算术运算符的支持，提供了用于整数计算的聚合函数以计算所有数值的最大值、最小值、总值、平均值以及计数值。

（2）浮点数数据类型。浮点数数据类型存储的是浮点数，多数计算机语言通常称精确的小数为 Decimal 或 Numeric，一般的浮点数为 Float、Real 等。精确的小数通常可以定义精度（小数点两边数字的个数）和位数（小数点后数字的个数）。例如，需要一个精确小数，精度为 7，位数为 4，则应该将之描述为 Decimal（7，4）或 Numeric（7，4）。不过，在不同的关系数据库系统中，精确小数的精度和位数的定义可能也会有所变化。

**注意**：Decimal 是十进制数，其小数点的位置由数字的精度（p）和小数位（s）确定。精度是数字的总位数，必须小于 32；小数位是小数部分数字的位数且总是小于或等于精度值；如果未指定精度和小数位，则十进制数字值的默认精度为 5，默认小数位为 0。

有些系统中提供了特定的货币数据类型（小数点后面恰好包含两位数字的精确小数），例如，在 SQL Server 中，货币数据的数据类型是 Money 和 Smallmoney：Money 数据类型要求 8 个存储字节；Smallmoney 数据类型要求 4 个存储字节。而没有提供货币数据类型的系统，开发者可以定义小数点后数字个数为 2 的精确小数类型来替代。

当然，也可以将数字数据存储在字符串中。例如，邮政编码、电话号码这样的数据虽然由数字组成，但也可以被存储在字符串中（因为许多系统中会自动删除数据开头的 0，在这样的系统中，以 0 开头的邮政编码和电话号码就不能被其正确存储）。所有的关系数据库系统都为数字数据类型提供了很多内嵌函数，开发者可以很方便地使用这些内嵌函数进行特定的计算，如 POWER() 函数可以进行求幂运算等，这大大方便了用户的使用。

2）字符串数据类型

字符串数据类型是指不能成为算术操作直接目标的单字节或多字节数据字符串，其常被用于存储字母、数字和特殊字符。在使用时，用户必须为字符串加上单引号包裹。一般来说，字符串数据类型有两种基本形式。

（1）定长字符串（Char）：Char 的长度属性可以在 1～254（包括 1 和 254）。不论实际存放的数据是多长，Char 在内存中总是占据相同的空间，系统会自动插入固定的字符来填满该数据类型的剩余空间。一般来说，在定义定长字符串时，必须根据实际情况指定字符串的长度，以保证字符串的长度既足够使用，又不至于造成存储空间的浪费。

（2）变长字符串（Varchar）：在实际应用中，很多情况下使用者往往并无法明确所需字符串的长度，此时，可以用变长字符串数据类型。在变长字符串中，存放的字符长度允许变更，只要不超过系统支持的最大限制就没有问题，例如，可以将长度为 9 的字符串插入 Varchar(15) 中，而该字符串的长度将仍然为 9。

**注意**：字符串的最大长度在不同系统中可能会有很大差别。例如，Oracle 中提供给定长字符串长度可达 2000B，而变长字符串则为 4000B。

除以上两种外，还有许多特殊的字符串类型，如图形字符串类型、二进制字符串类型等。一些系统为大型文本提供特殊字符数据支持，通常称之为 Load 或 Text。

关系数据库系统也为字符串类型数据提供了很多内嵌函数，以方便用户进行字符串的转换、截取等，如 LOWER(Str) 函数用于将字符串 Str 中的大写字母转换成小写字母，而 UPPER(Str) 函数则可以将字符串 Str 中的小写字母转换成大写字母。

### 3. 日期时间数据类型

日期时间数据类型表示日期、时间以及时间戳，用于存储日期、时间及时间与日期的组合。日期时间值可以用于某些算术运算和字符串运算，并且与某些字符串是兼容的。与其他数据类型一样，日期和时间的值也被存储在列表中。在 SQL 标准中，有三种用来存储日期和时间的数据类型。

1）Date

用于存储日期数据，可分为三个部分（年、月、日）。其格式如下：

YYYY(year)-MM(Month)-DD(day)

有效范围为：0001-01-01 至 9999-12-31。例如，2022-2-10。

2）Time

用于存储时间数据，其用 24 小时制式来指定一天内的时间值，分为三个部分（小时、分钟、秒），具体格式如下：

HH:MI:SS.nn…

有效范围为：00:00:00…至 23:59:59.999…。例如，20:15:10。

3）Timestamp

用于存储日期和时间数据，分为 7 个部分（年、月、日、小时、分钟、秒及微秒），其格式如下：

YYYY-MM-DD HH:MI:SS.nn…

有效范围为：0001-01-01 00:00:00…至 9999-12-31 23:59:59.999…。例如，2022-2-10 20:15:10。

**注意**：不同数据库系统处理日期时间数据的方式有很多差别，日期的存储和显示方法都可能不同，这与很多国家的习惯有关，美国习惯用 "month/day/year" 的格式来表示日期，用 "hour:minute am/pm" 的格式来表示时间。例如，10/2/2022，5:27 pm。

SQL 标准中还提供了 interval 来存储时间间隔。如果是一个年—月间隔，则其将组合日期字段 year、month 等，例如，"06-05" 表示 6 年零 5 个月的时间间隔；如果是一个日—时间隔，则其将结合时间字段 day、hour、minute、second 等。

## 3.2.2 SQL 基本语句

### 1. SQL 表达式

表达式是符号与运算符的组合，简单的表达式可以是一个常量、变量、列或标量函数，用户也可以用运算符将两个或更多的简单表达式组合，形成复杂的表达式。表达式的应用使 SQL 的查询操作有了更大的灵活性。一个表达式返回的值不仅可以用于计算查询返回的数据，还可以用于限制筛选查询返回的行。数据库中基本的数据类型，如数字数据类型、字符串数据类型、时间和日期数据类型等都可以在表达式中使用。

SQL 标准中规定了四种能用于表达式的运算符：加号（+）、减号（-）、乘号（*）和除号（/）。在 SQL 中，这四种运算符的优先级与其在数学中的优先级相同，乘除的优先级高于加减的优先级，乘除之间具有相同的优先级，加减之间也具有相同的优先级。它们都可以在同一表达式中使用，具有相同优先级的符号按照从左到右的顺序来计算。例如，列出数据库 Danwei 中所有项目的项目编号、员工 ID 号及项目的利润，可以使用下面的 SQL 语句。

```
SELECT number,id,shou-zhi
FROM Danwei
```

在 SQL 中用户也可以使用括号使运算表达式的运算更加清晰，这样就可以编写复杂的条件语句，以便更好地查询数据，增加语句的可读性，并使 SQL 语句更易于维护。例如，查询数据库 Danwei 中所有利润大于 3000 元的项目编号及员工 ID 号，可以使用下面的 SQL 语句。

```
SELECT number,id
FROM Danwei
WHERE (shou-zhi)> 3000
```

同多数编程语言一样，SQL 表达式中参与运算的两个值，其数据类型必须相同，用户不能将不同类型的数据随意进行操作。SQL 标准支持数据类型的自动转换，用户可以将数据从整型自动转换到浮点型，这样就可以在数字表达式中同时使用这些数据类型，而不会造成错误。

另外，在表达式中用户还可以使用比较运算符(=,<>,<,>,>=,<=)、逻辑运算符（AND，OR，NOT，ANY，ALL）等很多其他运算符。如果两个表达式是用比较或者逻辑运算符组合的，则结果的数据类型是布尔型，其值有三种：TRUE、FALSE 及 UNKNOWN。如果两个表达式是用算术运算符、位运算符或者字符串运算符组合的，则其结果的数据类型由运算符确定。

一些复杂的表达式往往由很多符号与运算符构成，要想得出一个单值结果，需要通过对子表达式进行组合来确定结果表达式的数据类型、排序规则、精度和值。计算时，每次组合两个表达式，不断组合求解，直到得到最后结果。表达式中元素组合的顺序由表达式中运算符的优先级决定。

## 2. SQL 控制语句

每条 SQL 语句均由一个关键字开头，这个关键字描述了这条语句将要执行的动作，如 SELECT、CREATE、INSERT、UPDATE 等。每个关键字后都跟有一个子句，子句可以指定语句作用的数据，也可以提供更详细的情况。子句可以包含表名、字段名，还可以包含表达式、常量及其他关键字（如 AND、NOT、OR 等）。

1）语句的分类

SQL 语句是 SQL 的主体，SQL 中的操作都是由 SQL 语句实现的。SQL 语句主要分为四类：数据定义类、数据操作类、访问控制类、事务控制类。

（1）数据定义类。

SQL 中包含了定义数据的语句，主要有以下八种。

① CREATE DATABASE：创建数据库

② CREATE TABLE：创建表

③ DROP TABLE：删除表

④ ALTER TABLE：修改表的结构

⑤ CREATE VIEW：创建视图

⑥ DROP VIEW：删除视图

⑦ CREATE INDEX：创建索引

⑧ DROP INDEX：删除索引

（2）数据操作类。

SQL 中包含了操作数据的语句，主要有以下四种。

① INSERT：添加记录

② UPDATE：修改记录

③ DELETE：删除记录

④ SELECT：检索数据

（3）访问控制类。

SQL 中包含了控制访问的语句，主要有以下两种。

① GRANT：授予权限

② REVOKE：撤销权限

（4）事务控制类。

SQL 中包含了控制事务的语句，主要有以下两种。

① COMMIT：提交事务

② ROLLBACK：取消事务

上面列出了 SQL 中使用的基本语句，还有许多 SQL 语句并没有列出，如果读者有兴趣可以参考相关的 SQL 资料。

2）语句的规则

虽然 SQL 标准中并没有规定 SQL 语句应该怎样书写，但是，编写 SQL 语句时最好遵循统一的格式，以使语句清晰易懂。

SQL 是一门格式自由的语言，其既不要求每行的单词数，也不要求换行的地方。但是，一般来说，SQL 中每一个子句都从一个新的行开始，过长或复杂的子句则往往会被放在附加的行，这样 SQL 语句就显得比较清晰明了，如下所示。

```
SELECT * FROM 表名 WHERE 条件
```

或者如下格式。

```
SELECT *
FROM 表名
WHERE 条件
```

SQL 语句不区分大小写。一般来说，SQL 语句中的关键字如 SELECT、FROM 等使用大写字母，表名的首字母大写，其他字母小写，表中列的名称都采用小写字母。在这种约定下，编写的 SQL 代码比较容易阅读。

**例** 利用 T-SQL 命令语句查询学生信息表 Danwei ID 为 10 的学生姓名。

```
SELECT name
FROM Danwei
WHERE id=10
```

**注意**：一些数据库系统允许用户指定库中使用的名称是否区分大小写。SQL 中关键字的大小写并不会影响 SQL 语句的执行结果。但是，SQL 语句中数据的大小写对数据库是敏感的。例如，数据库存储字符串数据时，如果将字符串以大写字母的方式存储，而访问时却以小写字母进行比较，则其将无法匹配，这时需要先进行大小写转换。

花括号"{}"表示至少选择一个选项。若选项之间用逗号分隔，则其可以选择一个或多个选项。例如，{apple，banana，pear} 表示必须从中选择一个或多个选项；而如果选项用竖线(|)分隔，就只能选择一个选项。例如，{apple | banana | pear} 表示只能从中选择一个，而不能选择多个。

方括号"[]"表示这是一个可选项。若选项用竖线分隔，则可以选择一个，也可以不选择。例如，[apple | banana | pear] 表示可以从中选择一个或不选择。而如果选项用逗号分隔，则可以不选择，也可以选择一个或多个。例如，[apple，banana，pear] 表示可以从中选择一个、多个或不选择。

**3. 丢失数据**

在实际的数据库中，数据常常会不可避免地丢失、不可知或不可用。例如，在一个数据库中，一项工程可能还没有确定具体的完工日期，这种信息的缺失将使得表中缺少内容。

在数据库中，缺失一些内容问题倒不大，真正的问题是这些缺失的内容可能会给数据库带来危险，导致数据库的完整性出现问题。例如，在一个表中工作人员的地址、生日等列的信息缺少是可以允许的，这些信息的缺失并不会给数据库带来危险。而由于公司中每个工作人员都只有唯一的 ID 号，职员 ID 号的缺失将导致工作人员记录无法区分，使数据库的完整性出现问题。因此，数据库提供了 NULL 来处理数据缺失的问题。通过规定表中的列是否允许空值，可以明确表明该列是否支持丢失、不可知或不可用的数据。

SQL 标准中规定了在不同的 SQL 语句和子句中一组处理 NULL 值的特殊规则。

**例**　利用 T-SQL 命令语句查询 EMP 数据表中所有工资未知的职员的全部信息。

```
SELECT *
FROM EMP
WHERE SALARY IS NULL
```

如果用户需要 EMP 数据表中所有已知工资数据的职员的信息，可以使用以下语句。

```
SELECT *
FROM EMP
WHERE SALARY IS NOT NULL
```

NULL 与 0 不相同。任何包含 NULL 的数据元素的算术运算都将得到 NULL 值。例如，如果 a 的当前值为 NULL，那么下面的表达式将等于 NULL：

（a+10）*10

**注意**：NULL 既不是字符也不是数字，而是默认数据。字符和数字数据都可以被设置为 NULL。

对于 SQL 来说 NULL 值是未知的，而只要这个值为未知，就不能与其他值作比较，即使其他值也是 NULL。所以 SQL 允许 TRUE 和 FALSE 之外第三种类型的值，即"非确定"（unknown）值。

如果比较运算的两个值都是 NULL，那么其结果就被认为是非确定的。将一个非确定值取反或使用 AND 或 OR 与其他进行合并之后，其结果仍是非确定的。由于结果表中只包括值为"真"的行，所以 NULL 不可能满足此类检查，需要使用特殊的运算符 IS NULL 和 IS NOT NULL。

虽然 NULL 并不能很好地解决信息缺失的问题，但是，不论如何，NULL 值都是 SQL 标准的一部分，在实际中数据库系统也都提供了对 NULL 值的支持。在开发数据库时，NULL 值有着重要的作用。

### 3.2.3　基本表的创建与维护

**1. 定义基本表**

创建基本表需要用 CREATE TABLE 语句，其基本的语法格式如下。

CREATE TABLE[< 所属数据库名 >.[< 数据库拥有者的用户名 >.]]< 表名 >
({< 列名 >< 数据类型 > [< 列约束 >]} [,... n][,< 表约束 >])

创建的基本表可以由一个或多个属性（列）组成。另外，建表的同时通常还可以定义与该表有关的完整性约束条件，这些完整性约束条件将被存入系统的数据字典中，当用户操作表中的数据时，由 DBMS 自动检查该操作是否违背这些完整性约束条件。

**例**　利用 T-SQL 命令语句创建学生信息表 bStudent。

```
USE StudentScore
```

```
CREATE TABLE bStudent
  (Stud_Cod Int IDENTITY(1,1) NOT NULL,
   Stud_Id Varchar(10) Primary Key,
   Stud_Name Varchar(8) NOT NULL,
   Stud_Sex      Char(2),
   Birth Datetime,
   Member Bit,
   Family_Place Varchar(40),
   Class_Id Varchar(8))
```

**2. 修改基本表**

修改表结构需要用 ALTER TABLE 语句,其基本的语法格式分为三种情况。

(1) 使用 ALTER COLUMN 子句修改列定义。

ALTER TABLE < 表名 >

　　ALTER COLUMN < 列名 >< 新数据类型 > [ ( < 精度 > [, < 小数位数 > ] ) ]

(2) 使用 ADD 子句添加列。

ALTER TABLE 表名

　　ADD {< 列名 >< 数据类型 >} [ , ...n ]

(3) 使用 DROP COLUMN 子句删除列。

ALTER TABLE < 表名 >

　　DROP COLUMN < 列名 >[ , ...n ]

**例** 利用 T-SQL 命令语句将学生信息表 bStudent 中的 Stud_Name 列修改成最大长度为 20 的 Varchar 型数据,且不能为空。

```
USE StudentScore
ALTER TABLE bStudent
ALTER COLUMN Stud_Name Varchar(20) NOT NULL
```

**例** 利用 T-SQL 命令语句向学生信息表 bStudent 中添加入学日期(Enroll_Date)列,且不能为空。

```
USE StudentScore
ALTER TABLE bStudent
ADD Enroll_Date Datetime NOT NULL
```

**例** 利用 T-SQL 命令语句将上例添加的入学日期(Enroll_Date)列删除。

```
USE StudentScore
ALTER TABLE bStudent
DROP COLUMN Enroll_Date
```

**3. 删除基本表**

删除基本表需要用 DROP TABLE 语句,其基本的语法格式如下。

DROP TABLE < 表名 > [,...n ]

## 3.2.4 数据完整性控制

**1. 主码（PRIMARY KEY）约束**

建立主码约束的语法格式如下。

CONSTRAINT <约束名>

PRIMARY KEY [CLUSTERED | NONCLUSTERED](<列名>[, ...16])

**例** 创建课程信息表 bCourse，并设置课程号为主码。

```
 USE StudentScore
CREATE TABLE bCourse
 (Course_Id Varchar(8) NOT NULL,
 Course_Name Varchar(30) NOT NULL,
 Course_Type Varchar(1),
 Hours Tinyint
CONSTRAINT Pk_bCourse PRIMARY KEY (Course_Id))
```

**2. 外码（FOREIGN KEY）约束**

建立外码约束的语法格式如下。

CONSTRAINT <约束名>

FOREIGN KEY (<列名>[, ...16])

REFERENCES <引用表名>(<引用列名>[, ...16])

**例** 创建成绩表 bScore，并在课程号列上创建外码与课程表中的课程号相关联。

```
 USE StudentScore
CREATE TABLE bScore
   (…
Course_Id Varchar(8) NOT NULL,
CONSTRAINT Fk_CourseId
FOREIGN KEY (Course_Id) REFERENCES bCourse (Course_Id),
…)
```

**3. 唯一性（UNIQUE）约束**

建立唯一性约束的语法格式如下。

CONSTRAINT <约束名>

UNIQUE [CLUSTERED | NONCLUSTERED](<列名> [, ...16])

**例** 创建专业信息表 bMajor，并在专业名称列上创建唯一性约束。

```
USE StudentScore
CREATE TABLE bMajor
  (…
Major_Name Varchar(40) NOT NULL,
…
CONSTRAINT Uk_bMajor UNIQUE (Major_Name)
)
```

### 4. 检查（CHECK）约束

建立检查约束的语法格式如下。

CONSTRAINT < 约束名 > CHECK ( < 条件表达式 > )

**例**　创建成绩表 bScore，并在成绩列上创建检查约束，要求 Score>=0。

```
 USE StudentScore
CREATE TABLE bScore
   (…
Score Numeric(5,1),
CONSTRAINT Ck_bScore CHECK (Score>=0),
…)
```

### 5. 默认（DEFAULT）约束

建立默认约束的语法格式如下。

CONSTRAINT < 约束名 > DEFAULT< 默认值 > [ FOR < 列名 > ]

**例**　创建成绩表 bScore，并在学分列上创建默认约束，默认值为 0。

```
 USE StudentScore
CREATE TABLE bScore
   (…
Credit Numeric(5,1),
CONSTRAINT De_bScore DEFAULT(0),
…)
```

## 3.2.5　索引的建立与删除

### 1. 建立索引

建立索引的语法格式如下。

CREATE [UNIQUE] [CLUSTERED | NONCLUSTERED] INDEX < 索引名 >
ON < 表名 >(< 列名 >[<ASC | DESC>] [, ...n ])

其中，UNIQUE 表示创建唯一性索引；CLUSTERED 表示创建聚集索引；NONCLU-STERED 表示创建非聚集索引；ASC 表示索引排序方式为升序，DESC 表示索引排序方式为降序，缺省值为 ASC。另外，索引可以建在该表的一列或多列上，各列名之间用逗号分隔。

**例**　为专业信息表 bMajor 表中的专业代号列创建一个唯一性的聚集索引。

```
USE StudentScore
CREATE UNIQUE CLUSTERED INDEX Ix_MajorId
ON bMajor(Major_Id)
```

**例**　为课程信息表 bCourse 表中的课程名称列创建一个非唯一性的非聚集索引。

```
USE StudentScore
CREATE NONCLUSTERED INDEX Ix_Coursename
ON bCourse (Course_Name)
```

## 2. 删除索引

删除索引的语法格式如下。

DROP INDEX < 索引名 >[, ...n ]

**例** 删除 bCourse 表的 Ix_Coursename 索引。

```
DROP INDEX Ix_Coursename
```

# 3.3 数据查询语句

所谓查询,就是按特定的组合、条件或次序检索已经存在于数据库中的数据。查询设计是数据库应用程序开发的重要组成部分,因为在设计数据库并用数据进行填充后,需要通过查询来使用数据,其他许多功能也离不开查询语句,如创建视图、插入数据。所以,查询功能是 SQL 中最重要、最核心的部分,其基本的实现方式是使用 SELECT 语句,得到的结果集也是表的形式。以下是 SELECT 语句的完整语法结构。

SELECT [ ALL | DISTINCT ] < 目标列表达式 > [, ...n ]

[ INTO < 新表名 > ]

FROM < 表或视图名 > [, ...m ]

[ WHERE < 条件表达式 > ]

[ GROUP BY < 列名 1> [HAVING< 条件表达式 >]

[ ORDER BY < 列名 2> [ASC ｜ DESC]]

SELECT 语句的含义:根据 WHERE 子句的条件表达式,从 FROM 子句指定的基本表或视图中找出满足条件的记录,再按 SELECT 子句中的目标列表达式选出记录中的属性值形成结果表。如果有 INTO 子句,则将此结果表插入另一个表中;如果有 GROUP 子句,则将结果按 < 列名 1> 的值进行分组,该属性值相等的记录为一个组,每个组产生结果表中的一条记录;如果 GROUP 子句带 HAVING 短语,则只有满足指定条件的组才予以输出。如果有 ORDER 子句,则结果表还要按 < 列名 2> 的值进行升序或降序排列。下面举例来说明 SELECT 语句的具体用法。

## 3.3.1 单表查询

### 1. 选择表中的若干列

1)查询部分列

格式:SELECT < 列名 > [, ...n ] FROM < 表名 >

**例** 查询 bClass 表中所有班级的班级号、班级名、人数及学制。

```
SELECT Class_Id, Class_Name, Class_Num, Length  FROM bClass
```

注意：①输入","时要使用半角逗号（英文逗号），否则会出现错误信息；②SELECT 关键字后的列名顺序可以与表中的顺序不一致，即用户在查询时可以根据需要改变列的显示顺序。

2）查询全部列

格式：SELECT * FROM <表名>

**例** 查询全体学生的详细记录。

```
SELECT *  FROM bStudent
```

该 SELECT 语句实际上是无条件地把 bStudent 表的全部信息都查询出来，所以其也被称为全表查询，这是最简单的一种查询。

3）查询经过计算的值

SELECT 子句的<目标列表达式>不仅可以是表中的属性列，也可以是由运算符连接的由列名、常量和函数组成的表达式，即可以将查询出来的属性列经过一定的计算后列出结果。

**例** 查询全体学生的姓名及其年龄。

```
SELECT Stud_Name, Year(getdate())-Year(Birth) FROM bStudent
```

此时用户可以通过指定列的别名来改变查询结果的列标题。修改列标题的方法有两种。

（1）采用"<原列名>[AS]<列别名>"的格式；

（2）采用"<列别名>=<原列名>"的格式。

这样，上例查询结果的第二列通过方法一可将列标题修改为"年龄"，如下所示。

```
SELECT Stud_Name, Year(getdate())-Year(Birth) As"年龄" FROM bStudent
```

**2. 选择表中的若干行**

1）消除取值重复的行

**例** 查询所有选修了课程的学生学号。

```
SELECT Stud_Id   FROM bScore
```

该查询结果里包含了许多重复的行。如果想去掉结果表中的重复行，必须在目标列前面加上 DISTINCT 关键字，如下所示。

```
SELECT DISTINCT Stud_Id   FROM bScore
```

2）查询满足条件的行

数据库中往往存储着大量的数据，而在实际应用中用户并不总是要使用表中的全部数据，更多地是要从表中筛选出满足指定条件的数据，这时可以通过 WHERE 子句实现，格式如下。

SELECT <选择列表> FROM <表名> WHERE <查询条件>

其中<查询条件>中常用的运算符如表 3.1 所示。

表 3.1　查询条件中常用的运算符

| 运算符 | 作用 |
| --- | --- |
| =、>、<、>=、<=、<>、!=、!<、!> | 比较运算符 |
| BETWEEN、NOT BETWEEN | 值是否在范围之内 |
| IN、NOT IN | 值是否在列表中 |
| LIKE、NOT LIKE | 字符串匹配运算符 |
| IS NULL、IS NOT NULL | 值是否为 NULL |
| AND、OR、NOT | 逻辑运算符 |

（1）比较。

**例**　查询计算机系（系部代号为 30）全体学生的名单。

```
SELECT Stud_Name FROM bStudent
WHERE Depart_Id = '30';
```

注意：① Char、Varchar、Text、Datetime 和 Smalldatetime 等类型的数据要用单引号包裹起来；② 查询条件表达式中可以包含常量、列名和函数。

**例**　检索年龄大于 20 岁的学生的学号和姓名。

```
SELECT Stud_Id, Stud_Name FROM bStudent
WHERE Year(getdate())-Year(Birth)>20
```

（2）确定范围。

用"BETWEEN…AND"语句提供一个查找的范围。

**例**　从 bScore 表中检索出成绩在 80～90 的学生的学号和课程号。

```
SELECT Stud_Id, Course_Id FROM bScore
WHERE Score BETWEEN 80 AND 90
```

另外，若要查找属性值不在指定范围内的记录，则只需在 BETWEEN 关键字前面加上 NOT，如下例所示。

**例**　从 bScore 表中检索出成绩不在 80～90 的学生的学号和课程号。

```
SELECT Stud_Id, Course_Id FROM bScore
WHERE Score NOT BETWEEN 80 AND 90
```

（3）确定集合。

使用 IN 关键字指定集合范围。

**例**　从 bStudent 表中检索出籍贯为"北京""天津"或"上海"的学生学号、姓名和性别。

```
SELECT Stud_Id, Stud_Name, Stud_Sex  FROM bStudent
WHERE Stud_Place IN('北京','天津','上海')
```

同样，若要查找属性值不属于指定集合的记录，则用谓词 NOT IN，如下例。

**例**　从 bStudent 表中检索出籍贯不是"北京""天津"或"上海"的学生学号、姓名和性别。

```
SELECT Stud_Id, Stud_Name, Stud_Sex  FROM bStudent
WHERE Stud_Place NOT IN('北京','天津','上海')
```

（4）字符匹配。

使用 LIKE 运算符及相应的通配符可以进行字符串的匹配并实现模糊查询。其一般语法格式如下。

[NOT] LIKE '< 匹配串 >'

其含义是查找指定的属性列值与 < 匹配串 > 相匹配的记录。< 匹配串 > 可以是一个完整的字符串，也可以含有通配符。常用的通配符有如下 2 个。

① %（百分号）代表任意多个字符；② _（下画线）代表单个字符。

例　从 bStudent 表中查出所有姓"王"的学生的学号、姓名和性别。

```
SELECT Stud_Id, Stud_Name, Stud_Sex  FROM  bStudent
WHERE Stud_Name LIKE '王%'
```

例　从 bScore 表中查出班级代号为"10110241"学生的成绩信息。

```
SELECT Stud_Id, Course_Id, Term, Score  FROM  bScore
WHERE Stud_Id LIKE '10110241%'
```

例　从 bCourse 表中查询课程号第一位不是"1"的课程名和相应的课时数。

```
SELECT Course_Name, Hours  FROM  bCourse
WHERE Course_Id NOT LIKE '1%'
```

（5）涉及空值的查询。

用 NULL 表示空值。

例　查询缺少成绩的学生的学号和相应的课程号。

```
SELECT Stud_Id, Course_Id  FROM  bScore
WHERE Score IS NULL
```

例　查询所有有成绩记录的学生学号和课程号。

```
SELECT Stud_Id, Course_Id  FROM  bScore
WHERE Score IS NOT NULL
```

（6）复合条件查询。

上面各个查询中，WHERE 子句中只有一个条件，用逻辑运算符可进行 WHERE 子句中多个条件的连接，从而实现更复杂的条件查询。常用的三种逻辑运算符有 AND（逻辑与）、OR（逻辑或）和 NOT（逻辑非），其优先级依次为 NOT、AND、OR。

例　查询年龄大于 20 岁的男学生的学号、姓名和年龄。

```
SELECT Stud_Id, Stud_Name, Year(getdate())-Year(birth) As Age
FROM bStudent
WHERE Year(getdate())-Year(birth)>20 And (Stud_Sex='男')
```

**3. 对查询结果排序**

如果没有指定查询结果的显示顺序，则 DBMS 将按其最方便的顺序（通常是记录在表中的先后顺序)输出查询结果。用户也可以用 ORDER BY 子句指定一个或多个属性列的升序或降序重新排列查询结果。语法格式如下。

SELECT <选择列表>
FROM <表名>
ORDER BY <列名或列号> [ASC | DESC] [,...n]

**注意**: ① ORDER BY 子句中可以使用列名或列号; ②如果没有指定 ASC (升序) 或 DESC (降序), 则默认为 ASC; ③可以对多达 16 个列执行排序。

**例** 查询选修了 10001 号课程的学生的学号及其成绩, 查询结果按学号的升序和分数的降序排列。

```
SELECT Stud_Id, Score FROM bScore
WHERE Course_Id = '10001' ORDER BY Stud_Id, Score DESC
```

或

```
SELECT Stud_Id, Score FROM bScore
WHERE Course_Id = '10001' ORDER BY 2, 5 DESC
```

### 4. 生成汇总数据

在实际应用中, 用户常常要对数据库中的数据进行统计并制作各种报表, 此时可用聚集函数生成汇总数据。

**例** 查询学生总人数。

```
SELECT COUNT(*) FROM bStudent
```

若要在计算时取消指定列中的重复值, 则可用 DISTINCT 关键字, 如下例所示。

**例** 统计有学生选修的课程门数。

```
SELECT COUNT(DISTINCT Course_Id) FROM bScore
```

学生每选修一门课程, bScore 表中就会有一条相应的记录, 而一门课程往往有多个学生选修, 为避免重复计算课程数, 需在 COUNT 函数中用 DISTINCT 关键字。

**例** 计算课程号为 10002 的最高分、最低分和平均分, 分别使用别名"最高分""最低分"和"平均分"标识。

```
SELECT Max(Score) As 最高分, Min(Score) As 最低分, Avg(Score) As 平均分
FROM bScore
WHERE Course_Id = '10002'
```

### 5. 对查询结果分组

对查询结果分组就是将查询结果表的各行按一列或多列取值相等的原则进行分组, 其目的是细化聚集函数的作用对象。如果未对查询结果分组, 聚集函数将作用于整个查询结果, 即整个查询结果只有一个函数值。否则, 聚集函数将作用于每一个组, 即每一组都有一个函数值, 此功能可用 GROUP BY 子句实现。

**例** 从 bScore 表中返回每一个学生的学号和成绩总分。

```
SELECT Stud_Id, SUM(Score) As 总分 FROM bScore
GROUP BY Stud_Id
```

该 SELECT 语句对 bScore 表按 Stud_Id 的取值进行分组，将所有具有相同 Stud_Id 值的元组置为一组，然后对每一组使用聚集函数 SUM 以求得该学生的成绩总分。

如果分组后还要求按一定的条件对这些组进行筛选，最终只输出满足指定条件的组，则可以使用 HAVING 子句指定筛选条件。需要注意的是，HAVING 子句的作用虽然与 WHERE 子句相似，都是用来筛选数据；但是 HAVING 子句只能针对 GROUP BY 子句，即作用于每个组，只能从中选出满足条件的组，而 WHERE 子句作用于整个表，从表中选择满足条件的记录。

**例** 从 bScore 表中返回第 3 学期成绩总分超过 200 分的学生的学号和成绩总分。

```
SELECT Stud_Id As 学号, SUM(Score) As 总分 FROM bScore
WHERE Term = 3
GROUP BY Stud_Id
HAVING SUM(Score)>200
```

该句首先通过 WHERE 子句从 bScore 表中找出学期为 3 的选课学生，然后再通过 GROUP BY 子句将之按 Stud_Id 分组，并应用 SUM 函数求出第 3 学期每个学生的总分，最后通过 HAVING 子句选出总分大于 200 分的学生。

## 3.3.2 连接查询

前面的查询都是针对一个表进行的。而在进行查询时，用户往往需要从多个表中查询相关数据。若一个查询同时涉及两个及两个以上的表，则可称之为连接查询。连接查询主要包括内连接查询（等值）、外连接查询（非等值）、自连接查询和交叉连接查询（复合条件）等。

**1. 内连接查询**

内连接查询又被称为自然连接，是一种最常用的连接方法。内连接将两个表的相关列进行比较，并将两个表中满足连接条件的行组合成新的行，其可以通过在 FROM 子句中使用 [INNER] JOIN 运算符的方式来实现连接，语法格式有如下两种。

格式 1：
SELECT < 选择列表 >
　FROM < 表 1>[INNER] JOIN < 表 2>
　ON < 条件表达式 >

格式 2：
SELECT < 选择列表 >
　FROM < 表 1>,< 表 2>
　WHERE < 条件表达式 >

其中 < 表 1> 和 < 表 2> 为要从其中组合行的表名，INNER 为可选项；< 条件表达式 >

用于指定两个表的连接条件，由两个表中的列名和关系运算符组成，关系运算符可以是 =、<、>、<=、>= 、<> 等。需要注意的是，在 JOIN 运算中，用户可以连接任何两个相同类型的数值列；如果被连接列不是数值型的，则它们必须具有相同的数据类型，并且包含相同类型的数据，但是列名称则不必相同；而如果两个表中包含名称相同的列，用 SELECT 子句选取这些列时需冠以表名，否则会出现"列名不明确"的错误提示信息。

**例** 查询学生信息，包括学生的学号、姓名、班级号和班级名。

```
SELECT Stud_Id, Stud_Name, bStudent.Class_Id, Class_Name
FROM bStudent JOIN bClass
ON bStudent.Class_Id = bClass.Class_Id
```

上例中 bStudent 表与 bClass 表通过班级代号进行连接。由于 Class_Id 列在两个表中都存在，所以在选择列表及条件表达式中的 Class_Id 前必须加上表名作为前缀。

**例** 查询学生信息，包括学生的学号、姓名、班级名和专业名。

```
SELECT Stud_Id, Stud_Name, Class_Name, Major_Name
FROM bStudent JOIN bClass
ON bStudent.Class_Id = bClass.Class_Id
JOIN bMajor
ON bClass.Major_Id = bMajor.Major_Id
```

或

```
SELECT Stud_Id, Stud_Name, Class_Name, Major_Name
FROM bStudent, bClass, bMajor
WHERE bStudent.Class_Id = bClass.Class_Id AND bClass.Major_Id = bMajor.Major_Id
```

从前面两个例子可以看出，表的连接条件常使用"主键=外键"的形式，如上例中 Class_Id 是 bClass 表的主键、bStudent 表的外键；Major_Id 是 bMajor 表的主键、bClass 表的外键。

**2. 外连接查询**

在内连接中，只有在两个表中同时匹配的行才能在结果中选出；而在外连接查询中，参与连接的表有主从之分，以主表的每行数据去匹配从表的数据行，如果主表的行在从表中没有与连接条件相匹配的行，则主表的行不会被丢弃，而是也返回到查询结果中，并在从表的相应列中填上 NULL 值。

外连接又可分为左外连接（LEFT OUTER JOIN）、右外连接（RIGHT OUTER JOIN）和全外连接（FULL OUTER JOIN）三种。左外连接将连接条件中左边的表作为主表，其返回的行不加限制；右外连接将连接条件中右边的表作为主表，其返回的行也不加限制；全外连接是对两个表都不加限制，所有两个表中的行都出现在结果集中。

（1）左外连接查询的语法格式如下。

SELECT <选择列表>

FROM <表 1> LEFT [OUTER] JOIN <表 2> ON <条件表达式>

（2）右外连接查询的语法格式如下。

SELECT < 选择列表 >

FROM < 表 1> RIGHT [OUTER] JOIN < 表 2> ON < 条件表达式 >

（3）全外连接查询的语法格式如下。

SELECT < 选择列表 >

FROM < 表 1> FULL [OUTER] JOIN < 表 2> ON < 条件表达式 >

**例** 查询每个学生的选课情况（包含学生学号、姓名、课程号及相应的成绩）。如果学生没有选课，则其课程号和成绩列用空值填充。

```
SELECT bStudent.Stud_Id, Stud_Name, Course_Id, Score
FROM bStudent Left JOIN bScore
ON bStudent.Stud_Id = bScore.Stud_Id
```

在上例中，若学生没有选课，则在 bScore 表中将没有该学生的成绩记录，所以不能直接在 bScore 表中查找。

**3. 自身连接查询**

连接操作不仅可以在不同的两个表之间进行，也可以是一个表与其自身进行连接，这种连接被称为表的自身连接。在自连接查询中，必须为表指定两个别名，使之在逻辑上成为两张表。

**例** 查询班级表中学制相同的班级编号。

```
SELECT C1.Class_Id, C2.Class_Id, C1.Length
FROM bClass C1 JOIN bClass C2
ON C1.Length = C2.Length
WHERE C1.Class_Id < C2.Class_Id
```

其中 WHERE 子句的主要作用是避免交叉连接而出现无意义的行。

**4. 交叉连接查询**

交叉连接也称非限制连接。没有 WHERE 子句的交叉连接将产生连接所涉及的两个表的笛卡儿积，此时查询结果集中包含的行数等于两个表中行数的乘积。

交叉连接查询的语法格式如下。

SELECT < 选择列表 > FROM < 表 1> CROSS JOIN < 表 2>

在实际应用中，使用交叉连接查询产生的结果集一般没有什么意义，但其在数学模式上却有着重要的作用。

## 3.3.3 嵌套查询

前面介绍的查询都是单层查询，即查询中只有一个 SELECT-FROM-WHERE 查询块。而在实际应用中经常用到多层查询，即将一个查询块嵌套在另一个查询块的 WHERE 子句或 HAVING 子句的条件中的查询，这种查询被称为嵌套查询或子查询。外层的 SELECT 语句被称为外部查询，内层的 SELECT 语句被称为内部查询或子查询，子查询又分为嵌套子查询和相关子查询。

## 1. 嵌套子查询

嵌套子查询的求解方法为由内向外，即每个子查询在其上一级查询处理之前求解，且子查询的结果不会显示出来，而是作为其外部查询的查询条件。

### 1）使用 IN 谓词的子查询

通过 IN 或 NOT IN 运算符将父查询与子查询连接，以判断某个属性列的值是否在子查询返回的结果中，此时子查询的结果往往是一个集合。

**例** 查询有不及格考试成绩的学生的学号、姓名和班级号。

本例如果用嵌套子查询来求解，可以先在 bScore 表中确定 Score<60 的学生的学号，并将其作为子查询，然后再在 bStudent 表中查找学号在此子查询返回的结果集中的学生信息。

```
SELECT Stud_Id, Stud_Name, Class_Id FROM bStudent
WHERE Stud_Id IN (SELECT DISTINCT Stud_Id FROM bScore
                  WHERE Score<60)
```

本例也可用前面学过的内连接查询来求解：

```
SELECT bStudent.Stud_Id, Stud_Name, Class_Id
FROM bStudent JOIN bScore
ON bStudent.Stud_Id = bScore.Stud_Id AND Score<60
```

由此可见，实现同一个查询可有多种方法。不同的方法其执行效率有所不同，如嵌套查询的执行效率就比连接查询的笛卡儿积效率高。

**例** 查询与"张山"在同一个班级学习的学生学号与姓名。

由于"张山"这个名字在学生表中可能会有多个（重名），也就是说子查询"张山"所在班级的结果有可能不唯一，所以该查询要用带 IN 谓词的子查询来实现。

```
SELECT Stud_Id, Stud_Name  FROM  bStudent
WHERE Class_Id IN (SELECT Class_Id  FROM  bStudent
                   WHERE Stud_Name = '张山')
```

### 2）使用比较运算符的子查询

通过比较运算符将父查询与子查询进行连接，当子查询返回的是单值时，可使用 =、<、>、<=、>=、!= 或 <> 等比较运算符。

**例** 查询与班级名为"计应0231"在同一个系的班级信息（包括班级号和班级名）。

（1）先确定"计应0231"所在系，如下所示。

```
SELECT Depart_Id  FROM bClass
WHERE Class_Name = '计应0231'
```

结果如下。

```
Depart_Id
30
```

（2）再查找所有在 30 系的班级信息，如下所示。

```
SELECT Class_Id, Class_Name  FROM  bClass
```

```
WHERE Depart_Id = '30'
```

将上面的第一步嵌入第二步查询中,使之成为第二步查询的条件,则有如下语句。

```
SELECT Class_Id, Class_Name  FROM bClass
WHERE Depart_Id = (SELECT Depart_Id  FROM bClass
                   WHERE Class_Name = '计应0231')
```

**例** 查询课时数高于所有课程平均课时数的课程信息(包括课程号、课程名和课时数)。

```
SELECT Course_Id, Course_Name, Hours  FROM  bCourse
WHERE Hours > (SELECT  Avg(Hours)  FROM  bCourse)
```

在这个例子中,SQL Server 首先获得"SELECT Avg(Hours) FROM bCourse"子查询的结果集,该结果集为单行单列,然后将其作为父查询的条件执行父查询,从而得到最终的结果。

**例** 统计"计算机应用"专业的学生人数。

(1)确定"计算机应用"专业的专业号。

```
SELECT Major_Id  FROM  bMajor
WHERE Major_Name = '计算机应用'
```

结果如下。

```
Major_Id
31
```

(2)查找专业号为"31"的班级号。

```
SELECT Class_Id  FROM  bClass
WHERE Major_Id = '31'
```

结果如下。

```
Class_Id
30310131
30310231
...
```

(3)统计上述班级的学生人数。

```
SELECT Count(Stud_Id) AS 人数  FROM  bStudent
WHERE Class_Id  IN …
```

将上面的三步合并,得到一个三层的嵌套查询如下。

```
SELECT Count(Stud_Id) AS 人数
FROM bStudent
WHERE Class_Id IN (SELECT Class_Id FROM bClass
                   WHERE Major_Id = (SELECT Major_Id FROM bMajor
                                     WHERE Major_Name= '计算机应用'))
```

此题也可用连接查询实现，如下所示。

```
SELECT Count(Stud_Id) AS 人数
FROM bStudent, bClass, bMajor
WHERE bStudent.Class_Id = bClass.Class_Id
      AND bClass.Major_Id = bMajor.Major_Id
      AND Major_Name = '计算机应用'
```

3）使用 EXISTS 谓词的子查询

通过逻辑运算符 EXISTS 或 NOT EXISTS，检查子查询所返回的结果集是否有行存在。使用 EXISTS 时，如果在子查询的结果集内包含有一行或多行则返回 TRUE；如果该结果集内不包含任何行则返回 FALSE。当在 EXISTS 前面加上 NOT 时，将对存在性测试结果取反。由于子查询不返回任何实际数据，只返回 TRUE 或 FALSE，所以其列名常用"*"。

**例** 查询所有选修了 30001 号课程的学生学号与姓名。

```
SELECT Stud_Id, Stud_Name  FROM  bStudent
WHERE EXISTS (SELECT * FROM  bScore
              WHERE Stud_Id = bStudent.Stud_Id AND Course_Id = '30001')
```

此题也可用 IN 谓词实现，如下。

```
SELECT Stud_Id, Stud_Name  FROM  bStudent
WHERE Stud_Id IN (SELECT Stud_Id  FROM  bScore
                  WHERE Course_Id = '30001')
```

或用连接查询实现，如下所示。

```
SELECT bStudent.Stud_Id, Stud_Name
FROM bStudent JOIN bScore
ON bStudent.Stud_Id = bScore.Stud_Id AND Course_Id = '30001'
```

**2. 相关子查询**

相关子查询与嵌套子查询有一个明显的区别，即相关子查询的查询条件依赖于外部父查询的某个属性值，所以求解相关子查询不能像求解嵌套子查询那样，一次将子查询的解求出来再求解外部父查询，且必须反复求值。

**例** 在 bScore 表中查询每个学生考试成绩大于该学生平均成绩的记录。

```
SELECT Stud_Id, Course_Id, Score  FROM  bScore C1
WHERE Score > (SELECT  Avg(Score)  FROM  bScore C2
               WHERE C1.Stud_Id = C2.Stud_Id)
```

本例的执行过程：首先取外部父查询中的第一个记录，根据它与子查询相关的属性值处理子查询，若子查询结果非空则取此记录放入结果集中，然后再检查外部父查询的下一个记录。重复上述过程，直至外部表全部被检查完毕为止。由于相关子查询需要反复求解子查询，所以当数据量大时查询非常费时，故最好不要常用。

## 3.4 数据更新语句

数据库中的数据常常需要被修改，如向数据库中添加数据、修改数据库中的数据或删除数据库中的数据等，SQL Server 为此提供了相应的数据操纵语句。

### 3.4.1 插入数据

在 SQL 语句中，常用的插入数据的方法是使用 INSERT 命令。INSERT 命令向表中插入新数据的方式有两种：一种是使用 VALUES 关键字插入单个记录；另一种是使用 SELECT 子句，从其他表或视图中提取数据，实现一次插入多行数据。

**1. 插入单个记录**

插入单个记录的 INSERT 命令格式如下。

INSERT [INTO] < 表名 > [(< 列名 >[, ... n])]
VALUES(< 常量 >[, ... n])

1）在新行的所有列中添加数据

如果想在新行的所有列中添加数据，则可以省略 INSERT 语句中的列名列表，只要 VALUES 关键字后面输入项的顺序和数据类型与表中列的顺序和数据类型相对应即可。

**例** 为 bMajor 表添加一条记录（'31',' 计算机应用 ','30',' 信息系 '）。

```
INSERT INTO bMajor
VALUES('31',' 计算机应用 ','30',' 信息系 ')
```

2）在新行的部分列中添加数据

如果想在新行的部分列中添加数据，则必须同时给出要使用的列名列表和赋给这些列的数据值列表。此时列名列表中的列顺序可以不同于表中的列顺序，但值列表与列名列表中包含的项数、顺序都要保持一致。

**例** 为 bClass 表添加一条记录（'30310231',' 计应 0231','3'）。

```
INSERT INTO bClass(Class_Id, Class_Name, Length)
VALUES('30310231',' 计应 0231','3')
```

需要注意的是，以上述方法插入数据时，不能把数据直接插入一个标识列中，且不能违反数据完整性约束条件。

**2. 插入子查询结果**

子查询不仅可以嵌套在 SELECT 语句中（用以构造父查询的条件），也可以嵌套在 INSERT 语句中（用来将子查询的结果一次全部插入指定表中）。

**例** 基于 bStudent 表向 bScore 表中插入 30310231 班的学生学号。

```
INSERT bScore (Stud_Id)
SELECT Stud_Id FROM bStudent WHERE Class_Id = '30310231'
```

使用这种 INSERT 语句时同样要注意 SELECT 子查询中的列表须与 INSERT 子句中的列表中的列数、顺序及数据类型相匹配，但插入的行可以来自多个表。

## 3.4.2 修改数据

数据被插入表中后会经常需要修改。使用 SQL 语句的 UPDATE 命令可以对要修改表中的一行、多行或所有行的数据进行修改。其命令的语法格式如下：

UPDATE < 表名 >
SET < 列名 >=< 表达式 >[, ... n]
[WHERE < 条件 >]

其中，SET 子句指定要修改的列和用于取代列中原有值的数据；WHERE 子句指定修改表中满足条件的记录，如果省略 WHERE 子句，则表示修改表中的所有行。

与数据的插入操作相同，数据的修改也有两种方式：一种是直接赋值进行修改；另一种是使用 SELECT 子句将要取代列中原有值的数据先查询出来，再修改原有列，但这种方式要求修改前后的数据类型和数据个数相同。

**1. 直接赋值修改**

**例**　将 Class_Id 等于 30310231 的班级名称改为"网络 0231"。

```
UPDATE bClass SET Class_Name = '网络0231'
WHERE Class_Id = '30310231'
```

**2. 带子查询的修改**

**例**　汇总每个班级的人数，将之存入班级表的班级人数列（Class_Num）中。

```
UPDATE bClass
SET Class_Num = (SELECT Count(Stud_Id)  FROM  bStudent
                 WHERE bStudent.Class_Id = bClass.Class_Id)
```

上例在执行时，会首先计算子查询中每个班的班级人数，然后再用这些值修改 bClass 表中的 Class_Num 列。需要注意的是，这里 SELECT 子句的返回值必须是单值。

## 3.4.3 删除数据

随着数据库的使用和修改，表中可能存在一些无用的数据，如果不及时将之删除，则这些数据不仅会占用空间，还会影响修改和查询的速度。使用 SQL 语句中的 DELETE 命令可删除表中的数据，其基本的语法格式如下：

DELETE [FROM] < 表名 >
[WHERE< 条件 >]

其功能是从指定表中删除满足条件的记录。如果省略 WHERE 子句，则其将删除表中的全部记录，但表的定义仍在字典中，即 DELETE 语句删除的是表中的数据，而不是关于表的定义。

DELETE 语句可以操作一行或多行数据,并可包含子查询以删除基于其他表中的数据。

**1. 直接删除**

**例** 将学生信息表中班级号为 30310231 的学生全部删除。

```
DELETE FROM bStudent WHERE Class_Id = '30310231'
```

**2. 带子查询的删除**

**例** 班级号为 30310231 的学生已毕业,要求将 bScore 中相应的成绩信息全部删除。

```
DELETE FROM bScore
WHERE Stud_Id IN
      (SELECT Stud_Id FROM bStudent WHERE Class_Id = '30310231')
```

## 3.5 视 图

### 3.5.1 视图的基本概念

视图是从一个或多个基表中导出的表,其结构和数据建立在对基表的查询基础上。和真实的表一样,视图也包括定义的行和列,但是这些行和列并不实际地以视图结构存储在数据库中,而是存储在视图所引用的表中。因此,视图不是真实存在的基表,而是一个虚拟表,对视图的一切操作最终都要转换为对基表的操作(视图并不存放数据,只存放对基表的引用,所以一切对视图的查询都是对基表的查询)。但视图创建后,可以反过来出现在另外一个查询或视图中,并作为这个查询或视图的数据源来使用。

使用视图有很多优点,主要有以下四个方面。

①简化数据的操作。用户可以定义经常使用的数据为视图,从而简化查询的条件。

②定制数据。通过视图,用户能以多种角度看待数据库中的同一数据。

③分割数据。使用视图,用户可以在重构数据库时保持表的原有结构关系,从而使原有的应用程序仍然可以通过视图来重载数据,而不需要做任何修改。

④提高安全性。使用带 With Check Option 选项的 CREATE VIEW 语句可以确保用户只能查询和修改满足条件的数据,从而提高数据的安全性。

### 3.5.2 创建视图

创建视图时,需注意以下几点。

①要创建视图,用户必须被数据库所有者授权可以使用 CREATE VIEW 语句,并具有与定义的视图有关的表或视图的相应权限。

②只能在当前数据库中创建视图。但是视图所引用的表或视图可以是其他数据库中的，甚至可以是其他服务器上的。

③一个视图最多可以引用1024个列，这些列可以来自一个表或视图，也可以来自多个表或视图。

④在用 SELECT 语句定义的视图中，如果在视图的基表中加入新列，则新列不会在视图中出现，除非先删除视图再重建它。

⑤如果视图中的某一列是函数、数学表达式、常量或来自多个表的列名相同，则必须为此列定义一个不同的名称。

⑥即使删除了一个视图所依赖的表或视图，这个视图的定义仍然会保留在数据库中。

用 CREATE VIEW 命令创建视图，其语法格式如下。

CREATE VIEW [ 数据库拥有者 .] < 视图名 > [(< 列名 > [,...n ] )]

[With Encryption]

AS

SELECT 语句

[With Check Option]

其中，With Encryption 指对视图定义进行加密；SELECT 语句可以是任意复杂的查询语句，但通常不允许含有 ORDER BY 子句和 DISTINCT 短语；而 With Check Option 强制所有通过视图修改（UPDATE、INSERT 和 DELETE）的记录满足定义视图的 SELECT 语句中指定的条件。

**例** 在 StudentScore 数据库中创建一个视图 Computer_Student，其内容是系部号为 30 的所有班级的学生信息。

```
CREATE VIEW Computer_Student
AS
SELECT * FROM bStudent
WHERE Class_Id IN (SELECT Class_Id FROM bClass
                   WHERE Depart_Id='30')
```

**例** 在 StudentScore 数据库中创建一个视图 Student_Score，其内容是每个学生所有课程的考试成绩平均值，并加密视图的定义。

```
CREATE VIEW Student_Score (Student_Id, Score)
With Encryption
AS
SELECT Stud_Id, Avg(Score) From bScore Group By Stud_Id
```

### 3.5.3 管理视图

**1. 修改视图**

在 SQL Server 中，用户可通过企业管理器或执行 ALTER VIEW 命令两种方法来修改视图。

1）用企业管理器修改视图

在企业管理器中右击要修改的视图，选择【属性】命令，在弹出的对话文本框中进行修改，然后单击"检查语法" 按钮，如果语法检查成功，则单击"确定" 按钮。若要修改权限，则单击对话框中的"权限"按钮。

2）用 ALTER VIEW 命令修改视图

其语法格式如下。

ALTER VIEW < 视图名 > [(< 列名 > [, ...n ] )]
[With Encryption]
AS
SELECT 语句
[With Check Option]

**2. 删除视图**

如果要从当前数据库中删除一个或多个视图，也可通过企业管理器或执行 DROP VIEW 命令实现。

1）用企业管理器删除视图

在企业管理器中右击要删除的视图，选择【删除】命令，在弹出的对话框中单击"全部除去"按钮。

2）用 DROP VIEW 命令删除视图

其语法格式为：

DROP VIEW < 视图名 >[,...n ]

一个视图被删除后，由此视图导出的其他视图也将失效，用户应该使用 DROP VIEW 命令将它们一一删除。

## 3.5.4 使用视图

视图一旦定义后，用户就可以像操作基本表一样对视图进行操作，如通过视图检索、添加、修改和删除表中的数据。

**1. 通过视图检索表数据**

视图可以像基表一样作为数据来源用在 FROM 子句中。为了简化数据检索或提高数据库的安全性，通常的做法是将查询做成视图，然后再将视图用在其他查询中。

DBMS 执行对视图的查询时，首先要进行有效性检查，检查查询涉及的表、视图等是否在数据库中存在。如果存在，则从数据字典中取出查询涉及的视图的定义，把定义中的子查询和用户对视图的查询结合起来，转换成对基本表的查询，然后再执行这个经过修正的查询。将对视图的查询转换为对基本表的查询的过程称为视图的消解（View Resolution）。

**2. 通过视图更新表数据**

更新视图与更新基表中数据的方式一样，也包括插入（INSERT）、删除（DELETE）

和修改（UPDATE）三类操作。由于视图是没有存储实际数据的虚表，因此对视图的更新最终要转换为对基表的更新。

在通过视图更新基表中的数据时，一定要注意数据更新语句是否违反了基表中的数据完整性约束。此外，为防止用户通过视图对数据进行增、删、改时无意或故意操作不属于视图范围内的基表数据，可在定义视图时加上 With Check Option 子句，这样在视图上增、删、改数据时，DBMS 会进一步检查视图定义中的条件，若不满足条件则会拒绝执行该操作。

## 本章小结

SQL 语言可以分为数据定义、数据查询、数据更新、数据控制四大部分，本章以学生数据库为例详细地讲解了数据定义、数据查询、数据更新等语句的具体应用。

数据库是用来存放数据、视图、索引、存储过程等对象的容器。一个数据库是由文件组成的，文件是由盘区组成的，而盘区是由页面组成的。

利用 CREATE 语句定义表结构时，可以定义主码约束、外码约束、唯一性约束、检查约束等完整性约束。

索引是数据库中一个比较重要的对象，索引的类型有：聚簇索引、非聚簇索引、复合索引和唯一索引。利用索引可加快数据查询的速度；通过在表中创建索引还可以保证数据记录的唯一性；此外，利用索引还可以加速表与表之间的连接。但过多的索引不一定能提高系统的性能，因此应适当建立索引。

数据操纵是数据库的重要操作。SQL 提供了 SELECT、INSERT、UPDATE、DELETE 语句对数据进行处理，这些语句具有灵活的使用方式和丰富的功能，读者应加强实验练习。

视图是虚拟表，其包含一系列带有名称的列和行数据，这些数据仍存放在原来的基本表中。基本表中的数据发生变化，从视图中查询出的数据也就随之改变了。用户利用视图对数据进行操作可能比直接对数据源表操作更简单，并能保证数据的安全和逻辑独立性。但是用户通过视图进行数据的更新操作是受到一定限制的。

## 练习与思考

3.1 试述 SQL 语言的特点。

3.2 试述 SQL 的定义功能。

3.3 现定义四个表，分别为供应商表 S(SNO,SNAME,CITY)、零件表 J(JNO,JNAME,COLOR,WEIGHT)、工程表 P(PNO,PNAME,CITY)、供应情况表 SPJ(SNO,PNO,JNO,QTY)。

其中，SNO、SNAME、CITY 分别表示供应商代码、供应商姓名、供应商所在城市；JNO、JNAME、COLOR、WEIGHT 分别表示零件代码、零件名、颜色、重量；PNO、PNAME、CITY 分别表示工程代码、工程名、工程所在城市；QTY 表示某供应商供应某工程某种零件的数量。请用 SQL 语句建立这四个表。

3.4 针对上题中建立的四个表试用 SQL 语言完成以下查询。

（1）求供应工程 J1 零件的供应商号码 SNO。

（2）求供应工程 J1 零件 P1 的供应商号码 SNO。

（3）求供应工程 J1 零件为红色的供应商号码 SNO。

（4）求没有使用天津供应商生产的红色零件的工程号 JNO。

（5）求至少用了供应商 S1 所供应的全部零件的工程号 JNO。

3.5 针对习题 3.3 中的四个表试用 SQL 语言完成以下各项操作。

（1）找出所有供应商的姓名和所在城市。

（2）找出所有零件的名称、颜色、重量。

（3）找出使用供应商 S1 所供应零件的工程号码。

（4）找出工程项目 J2 使用的各种零件的名称及其数量。

（5）找出上海厂商供应的所有零件号码。

（6）找出使用上海产的零件的工程名称。

（7）找出没有使用天津产的零件的工程号码。

（8）把全部红色零件的颜色改成蓝色。

（9）由 S5 供给 J4 的零件 P6 改为由 S3 供应。

（10）从供应商关系中删除供应商号是 S2 的记录，并从供应情况关系中删除相应的记录。

3.6 什么是基本表？什么是视图？

3.7 试述视图的优点。

3.8 所有的视图是否都可以更新？为什么？

3.9 哪类视图是可以更新的？哪类视图是不可更新的？各举一例说明。

3.10 试述某个实际系统中对视图更新的规定。

3.11 请为三建工程项目建立一个供应情况的视图，包括供应商代码（SNO）、零件代码（PNO）、供应数量（QTY）。针对该视图 VSP 完成下列查询。

（1）找出三建工程项目使用的各种零件代码及其数量。

（2）找出供应商 S1 的供应情况。

# 第 4 章
# 关系模式的规范化设计理论

## 本章学习提要与目标

本章将详细讲解关系数据库规范化理论,包括关系数据库逻辑设计可能出现的问题、数据依赖的基本概念(包括函数依赖、平凡函数依赖、非平凡函数依赖、部分函数依赖、完全函数依赖、传递函数依赖的概念;码、候选码、外码的概念和定义;多值依赖的概念)、范式的概念、类型(1NF、2NF、3NF、BCNF、4NF、5NF 等)和判定方法。关系数据理论既是关系数据库的重要理论基础,也是数据库逻辑设计的理论指南和有力工具。因此在设计数据库时需要掌握规范化理论和优化数据库模式的方法。

## 4.1 问题的提出

一般而言,关系数据库设计的目标是生成一组关系模式,若干个关系模式构成了关系数据库模式。而数据库设计的核心问题是:数据库模式中应该包含多少关系模式,每个关系模式又应该包含哪些属性呢?关系规范化就是研究关系数据库设计中应遵循的原则,以求既能避免存储不必要的重复信息,又可方便地获取信息。

### 4.1.1 关系模式可能存在的异常

简洁、结构明晰的表结构对数据库的设计而言是相当重要的。规范化的表结构设计能够避免在以后的数据维护中发生插入、删除和更新时的异常。反之,数据库表结构设计不合理,不仅会给数据库的使用和维护带来各种各样的问题,而且可能导致存储大量冗余信息,浪费系统资源。下面是一个逻辑设计不好的例子。

**例** 以学生选课为背景,假设设计了一个关系模式,即:
StudyInfo (Sno, Sname, DeptName, DeptHead, Cname, Grade)
具体关系如表 4.1 所示。

表 4.1 关系 StudyInfo

| 学号<br>Sno | 姓名<br>Sname | 系名<br>DeptName | 系主任<br>DeptHead | 课程<br>Cname | 成绩<br>Grade |
|---|---|---|---|---|---|
| 20010101 | 张华 | Computer | 老李 | 英语 | 85 |
| 20010101 | 张华 | Computer | 老李 | 高等数学 | 90 |
| 20010101 | 张华 | Computer | 老李 | 数据库 | 92 |
| 20010101 | 张华 | Computer | 老李 | 操作系统 | 88 |
| 20010102 | 黄河 | Computer | 老李 | 英语 | 93 |
| 20010102 | 黄河 | Computer | 老李 | 高等数学 | 79 |
| 20010601 | 刘林 | Math | 老赵 | 英语 | 68 |
| 20010601 | 刘林 | Math | 老赵 | 高等数学 | 91 |
| 20010601 | 刘林 | Math | 老赵 | 数学分析 | 83 |

上述关系模式的码为 $\{Sno, Cname\}$，该关系模式之所以设计得非常糟糕，主要体现在以下几个方面。

1）插入异常

若有一个新成立的系，虽已成立机构但尚未招生，则此时可能因为 Sno 字段为空而不能插入 DeptName 和 DeptHead 字段的值。同样，没有被学生选修的课程其 Cname 也可能无法被保存在表中。

2）删除异常

如果一个学生毕业了，那么在删除该学生时，有可能将其 DeptName 和 DeptHead 字段的值也删除。

3）冗余过多

例如，每个系只有一名系主任，但不必针对每名学生都保存"该系的系主任是谁"这种数据。此类冗余一方面浪费存储空间，降低操作速度，另一方面还会让系统花费很大代价维护这些信息的数据完整性。

## 4.1.2 异常原因分析

由于关系模式 StudyInfo 的一个具体关系 StudyInfo 存在上述三个异常问题，因此该关系模式是"不好"的。一个好的关系模式不会发生插入异常和删除异常，且数据冗余应尽可能少。

上述关系模式出现这些"异常"的原因是属性之间存在过多的"数据依赖"（data dependence）。所谓"数据依赖"是指一个关系中属性值之间的相互联系，它是现实世界属性间相互联系的体现，是对象属性数据之间的内在性质，是语义的体现。数据依赖有多种类型，其中最重要的是函数依赖（Functional Dependence，FD）和多值依赖（Multivalued Dependence，MVD）。

函数依赖是最基本、最常见的数据依赖。例如，上述关系模式中，学号 Sno 一旦确定，则姓名 Sname、系名 DeptName 也就随之确定了，故可称 Sno 决定 Sname、DeptName，记作 Sno → Sname、Sno → DeptName。

如果设关系模式 StudyInfo 的属性集合 U 为
$$U = \{Sno, Sname, DeptName, DeptHead, Cname, Grade\}$$
则该关系模式在属性集 U 上的一组函数依赖（函数依赖集）F 为
$$F = \{Sno \to Sname, Sno \to DeptName, DeptName \to DeptHead, \{Sno, Cname\} \to Grade\}$$

所谓函数依赖过多是指它存在多种相互有"冲突"的函数依赖。例如，既有码 $\{Sno, Cname\}$ 确定的函数依赖 $\{Sno, Cname\} \to Grade$，又有码中的部分 $Sno$ 确定的函数依赖 $Sno \to Sname$，还有非码属性确定的函数依赖 $DeptName \to DeptHead$。

从上面讨论可以发现，由码所确定的函数依赖 $\{Sno, Cname\} \to Grade$ 是"正常的"。部分码属性确定的函数依赖 $Sno \to Sname$ 会造成数据冗余。非码属性确定的函数依赖 $DeptName \to DeptHead$ 不但会造成数据冗余，还会带来插入异常和删除异常。

## 4.1.3 异常问题的解决

若要消除关系模式中的几种异常，需要去掉其中的"部分码属性确定的函数依赖"及"非码属性确定的函数依赖"。为此，应对关系模式进行分解，将关系模式 StudyInfo 分解为三个新的关系模式，如下所示。

Students (Sno, Sname, DeptName)
Reports (Sno, Cname, Grade)
Departments (DeptName, DeptHead)

由关系 StudyInfo 分解后的三个相应关系如表 4.2～表 4.4 所示。

表 4.2 关系 Students

| 学号 | 姓名 | 系名 |
|---|---|---|
| Sno | Sname | DeptName |
| 20010101 | 张华 | Computer |
| 20010102 | 黄河 | Computer |
| 20010601 | 刘林 | Math |

表 4.3 关系 Reports

| 学号 | 课程 | 成绩 |
|---|---|---|
| Sno | Cname | Grade |
| 20010101 | 英语 | 85 |
| 20010101 | 高等数学 | 90 |
| 20010101 | 数据库 | 92 |
| 20010101 | 操作系统 | 88 |
| 20010102 | 英语 | 93 |
| 20010102 | 高等数学 | 79 |
| 20010601 | 英语 | 68 |
| 20010601 | 高等数学 | 91 |
| 20010601 | 数学分析 | 83 |

表 4.4  关系 Departments

| 系名 | 系主任 |
|---|---|
| DeptName | DeptHead |
| Computer | 老李 |
| Math | 老赵 |

经过分解后的三个关系消除了"插入异常""删除异常",而且"数据冗余"也大为降低。

## 4.2  关系模式的函数依赖

### 4.2.1  再论关系与关系模式

**关系**——元组的集合。

**关系模式**——对上述集合中元组的数据组织方式的结构性描述。

一个关系模式一般被记为 $R(U,F)$,其中 $U=\{A_1,A_2,\cdots,A_n\}$,$F$ 为关系 $R$ 在 $U$ 上满足的函数依赖集合。有时,在所讨论的问题中 $F$ 无关紧要时,也将之简记为 $R(U)$。

关系与关系模式是关系模型中两个联系十分紧密但又有所区别的概念,它们分别是关系模型的外延和内涵。

**外延**——通常所说的关系、具体表。

**内涵**——对关系中数据的定义和完整性约束的定义等。其中对数据的定义包括对关系的属性、域的定义和说明等,其关键是关系模式的定义和说明,且这些定义和说明是相对稳定的。

一般来说,关系模式是相对稳定的,而关系是不断变化的。关系每一次变化的结果都是关系模式对应的一个新的具体关系。关系模式 $R(U)$ 对应的具体关系通常被记为 $r$。

### 4.2.2  函数依赖的一般概念

**定义**  (函数依赖定义)设 $R(U)$ 是属性集 $U=\{A_1,A_2,\cdots,A_n\}$ 上的关系模式,$X$ 和 $Y$ 是 $U$ 的子集。若对 $R(U)$ 的任一关系 $r$ 中的任意两个元组 $t_1$ 和 $t_2$,只要 $t_1[X]=t_2[X]$ 就有 $t_1[Y]=t_2[Y]$,则称"$X$ 函数决定 $Y$"或"$Y$ 函数依赖于 $X$",记作 $X \rightarrow Y$。

数据库设计者在定义数据库时需要指明属性间的函数依赖,使 DBMS 能够维护数据完整性(具体为实体完整性)。

常用的几种表达方式如下所示。

(1)若 $X \rightarrow Y$,则称 $X$ 为这个函数依赖的决定因素(determinant),简称 $X$ 是决定因素,

而简称 $Y$ 是被决定因素。

（2）若 $X \to Y$ 且 $Y \to X$，则记作 $X \leftrightarrow Y$。

（3）若 $Y$ 没有函数依赖于 $X$，则记作 $X \not\to Y$。

（4）若 $X \to Y$ 但 $Y \subseteq X$，则称 $X \to Y$ 是平凡函数依赖。（平凡函数依赖定义）

（5）若 $X \to Y$ 但 $Y \not\subseteq X$，则称 $X \to Y$ 是非平凡函数依赖。（非平凡函数依赖定义）

对于任一关系模式，平凡函数依赖都是必然成立的，因此在后面讨论中，若没有特别声明，$X \to Y$ 都表示非平凡函数依赖。

**定义**　（完全函数依赖定义，部分函数依赖定义）设 $R(U)$ 是属性集 $U = \{A_1, A_2, \cdots, A_n\}$ 上的关系模式，$X$ 和 $Y$ 是 $U$ 的子集。

（1）如果 $X \to Y$，且对于 $X$ 的任何一个真子集 $X' \subset X$，都有 $X' \not\to Y$，则称 $Y$ 对 $X$ 完全函数依赖（Full Functional Dependence）或者 $X$ 完全决定 $Y$，记作 $X \xrightarrow{f} Y$。

（2）如果 $X \to Y$，但 $Y$ 不完全函数依赖于 $X$，则称 $Y$ 对 $X$ 部分函数依赖（Partial Functional Dependence），记作 $X \xrightarrow{p} Y$。

同样，若无特别声明，本书一般讨论的是完全函数依赖。

**定义**　（传递函数依赖定义）对于关系模式 $R(U)$，设 $X$、$Y$ 和 $Z$ 都是 $U$ 的子集。如果 $X \to Y$，$Y \to Z$，且 $Y \not\to X$，$Z \not\to Y$，$Y \not\subseteq Z$，$Z \not\subseteq Y$，则称 $Z$ 对 $X$ 传递函数依赖（Transitive Functional Dependence），记作 $X \xrightarrow{t} Z$。

在传递函数依赖定义中加上条件 $Y \not\to X$ 及 $Z \not\to Y$ 是必要的。因为如果 $Y \to X$ 或 $Z \to Y$，即说明 $X$ 与 $Y$ 之间或 $Y$ 与 $Z$ 之间是一一对应的，这样导致 $Z$ 对 $X$ 的函数依赖是直接依赖，而不是传递函数依赖。类似地，$Y \not\subseteq X$，$Z \not\subseteq Y$ 主要强调 $X \to Y$，$Y \to Z$ 都不是平凡函数依赖，否则 $Z$ 对 $X$ 同样是直接函数依赖而不是传递函数依赖。显然，若 $X \xrightarrow{t} Z$，则必有 $X \to Z$。

**例**　对关系模式 StudyInfo，有如下一些函数依赖。

$Sno \to Sname$

$\{Sno, Cname\} \to Grade$

$Sno \to DeptName$

$DeptName \to DeptHead$

由后面两个函数依赖还可得出传递函数依赖如下。

$Sno \xrightarrow{t} DeptHead$

如果没有同姓名的学生，还有如下关系。

$Sno \leftrightarrow Sname$

另外，还有如下关系。

$Grade \not\to Sname$

$\{Sno, Cname\} \xrightarrow{p} Sname$

$Sno \xrightarrow{f} Sname$

$\{Sno, Cname\} \xrightarrow{f} Grade$

### 4.2.3 候选码（码）与主码

**定义** （码定义，候选码定义，主码定义，全码定义，关键字定义）对关系模式 $R(U)$，设 $K \subseteq U$。如果 $K \xrightarrow{f} U$，则称 $K$ 为 $R(U)$ 的候选码（码）或候选关键字。通常在 $R(U)$ 的所有候选码中指定一个作为主码。主码也被称为主关键字。

候选码是能够唯一确定关系中任何一个元组(实体)的最少属性集合，主码也是候选码，它是候选码中被任意指定的一个。在最简单的情况下，单个属性是候选码。最极端的情况是，关系模式的整个属性集全体是候选码，也自然是主码了，这时其被称为全码（all-key）。（全码定义）

**定义** ［主属性定义，非主属性定义］对关系模式 $R(U)$，包含在任何一个候选码中的属性被称为主属性（primary attribute），未包含在任何一个候选码中的属性称为非主属性（nonprimary attribute）或非码属性（non-key attribute）。

**定义** ［主码关系模式（主码表）定义，外码关系模式（外码表）定义］对关系模式 $R(U)$，设 $X \subseteq U$。若 $X$ 不是 $R(U)$ 的候选码，但 $X$ 是另一个关系模式 $S$ 的候选码，则称 $X$ 是 $R(U)$ 的外码或外部关键字。相应地，称 $S$ 为主码关系模式(对应地有主关系或主码表)，$R(U)$ 为外码关系模式（对应地有外码关系或外码表）。

主码与外码提供了一种表示两个关系中元组（实体）之间联系的手段。在数据库设计中（准确说，在概念数据模型中"一对多"联系向逻辑数据模型转换的过程中），人们经常人为地将主码关系模式中的码增加进入外码关系模式，以此建立主码关系模式与外码关系模式的"一对多"联系。

### 4.2.4 函数依赖的推理规则

**1. 函数依赖的逻辑蕴涵**

假定有一组给定的函数依赖集 $F = \{A \rightarrow B, B \rightarrow C\}$，如果能由 $F$ 推导出 $A \rightarrow C$ 也成立，则 $F$ 中显然"蕴涵"着其他未显式定义出的函数依赖关系。逻辑蕴涵的准确定义如下。

**定义** （函数依赖集的逻辑蕴涵定义）对于满足函数依赖集 $F$ 的关系模式 $R(U, F)$ 的任意一个具体关系 $r$，若函数依赖 $X \rightarrow Y$ 都成立（即对于 $r$ 中的任意两个元组 $t$ 和 $s$，若 $t[X] = s[X]$，则有 $t[Y] = s[Y]$），则称 $F$ 逻辑蕴涵 $X \rightarrow Y$，记为 $F \Rightarrow X \rightarrow Y$。

**注意**：上述定义中只是假设 $X$ 和 $Y$ 都是属性集 $U$ 的子集合，并没有假定 $(X \rightarrow Y) \in F$，即此时 $X \rightarrow Y$ 可能显式存在于 $F$ 中，也可能非显式存在于 $F$ 中。

**定义** （函数依赖集的闭包定义）被函数依赖集 $F$ 逻辑蕴涵的函数依赖所构成的集合被称为 $F$ 的闭包（closure），记作 $F^+$，即 $F^+ = \{X \rightarrow Y | F \Rightarrow X \rightarrow Y\}$。

显然，$F \subseteq F^+$。若 $F = F^+$，则可称 $F$ 是函数依赖完备集。（函数依赖完备集定义）

**2. Armstrong 公理系统**

函数依赖有一个有效和完备的推理规则集，其中最主要、最基本的规则作为公理，被称为 Armstrong 公理系统，又称 Armstrong 推理规则系统。

**定理** （Armstrong 公理）设关系模式为 $R(U,F)$，若 $X,Y,Z,W$ 均是 $U$ 的子集，则有以下自反律、增广律和传递律。

1）自反律（reflexivity rule）

如果 $Y \subseteq X \subseteq U$，则 $X \rightarrow Y$ 成立，即 $F \Rightarrow X \rightarrow Y$。

2）增广律（augmentation rule）

如果 $X \rightarrow Y$ 成立，则 $XZ \rightarrow YZ$ 成立（注：$XZ$ 是 $X \cup Z$ 的简单记法，以下类同），即若 $F \Rightarrow X \rightarrow Y$，则 $F \Rightarrow XZ \rightarrow YZ$。

3）传递律（transitivity rule）

如果 $X \rightarrow Y$，$Y \rightarrow Z$ 成立，则 $X \rightarrow Z$ 成立，即若 $F \Rightarrow X \rightarrow Y$，$F \Rightarrow Y \rightarrow Z$，则 $F \Rightarrow X \rightarrow Z$。

**证明**

1）概念法

因为在一个关系中，不可能存在两个元组在属性 $X$ 上的值相等，而在 $X$ 的某个子集 $Y$ 上的值不相等。所以，自反律是正确的。

2）反证法

假设关系模式 $R(U,F)$ 的某个具体关系 $r$ 中存在两个元组 $t$ 和 $s$ 违反了 $XZ \rightarrow YZ$，即 $t[XZ] = s[XZ]$，而 $t[YZ] \neq s[YZ]$。对 $t[YZ] \neq s[YZ]$ 分下面两种情形。

（1）如果 $t[Y] \neq s[Y]$，则与假设 $X \rightarrow Y$ 成立矛盾。

（2）如果 $t[Z] \neq s[Z]$，则与假设 $t[XZ] = s[XZ]$ 矛盾。

于是，增广律是正确的。

3）反证法

假设关系模式 $R(U,F)$ 的某个具体关系 $r$ 中存在两个元组 $t$ 和 $s$ 违反了 $X \rightarrow Z$，即 $t[X] = s[X]$，而 $t[Z] \neq s[Z]$，则分下面两种情形。

（1）如果 $t[Y] \neq s[Y]$，则与假设 $X \rightarrow Y$ 成立矛盾。

（2）如果 $t[Y] = s[Y]$，则与假设 $Y \rightarrow Z$ 成立矛盾。

于是，传递律是正确的。

**定理** 函数依赖的如下三个推理规则是正确的。

1）合并律（union rule）

如果 $X \rightarrow Y$、$X \rightarrow Z$ 成立，那么 $X \rightarrow YZ$ 成立，即若 $F \Rightarrow X \rightarrow Y$、$F \Rightarrow X \rightarrow Z$，则 $F \Rightarrow X \rightarrow YZ$。

2）伪传递律（pseudo-transitivity rule）

如果 $X \rightarrow Y$、$WY \rightarrow Z$ 成立，则 $WX \rightarrow Z$ 成立，即若 $F \Rightarrow X \rightarrow Y$、$F \Rightarrow WY \rightarrow Z$，

则 $F \Rightarrow WX \to Z$。

3）分解律（decomposition rule）

如果 $X \to Y$、$Z \subseteq Y$ 成立，那么 $X \to Z$ 成立，即若 $F \Rightarrow X \to Y$、$Z \subseteq Y$，则 $F \Rightarrow X \to Z$。

**证明**　（1）已知 $X \to Y$，根据增广律，得到 $X \to XY$。同样，由 $X \to Z$，得到 $XY \to YZ$。由传递律，可得 $X \to YZ$。

（2）已知 $X \to Y$，根据增广律，得到 $WX \to WY$。因为 $WY \to Z$，根据传递律，可得 $WX \to Z$。

（3）由已知 $Z \subseteq Y$ 和自反律，可得 $Y \to Z$。因为 $X \to Y$，根据传递律，可得 $X \to Z$。

由合并律和分解律立即可得出下面推论：

**推论**　对关系模式 $R(U)$，设 $X \subseteq U$，$\{A_1, A_2, \cdots, A_n\} \subseteq U$，则 $X \to \{A_1, A_2, \cdots, A_n\}$ 成立的充分必要条件是 $X \to A_i (i=1,2,\cdots,n)$ 成立。

**定义**　（属性集的闭包定义）设 $F$ 是属性集合 $U$ 上的一个函数依赖集，$X \subseteq U$，称
$$X_F^+ = \{A \mid F \Rightarrow X \to A\}$$
为属性集 $X$ 关于 $F$ 的闭包，简记为 $X^+$。

显然有 $X \subseteq X^+ \subseteq U$。

**例**　设关系模式 $R(U, F)$，其中 $U = \{A, B, C\}$，$F = \{A \to B, B \to C\}$。于是
$$A^+ = \{A, B, C\}$$
$$B^+ = \{B, C\}$$
$$C^+ = \{C\}$$

**定理**　设 $F$ 是属性集合 $U$ 上的一个函数依赖集，$X$ 和 $Y$ 是 $U$ 的子集，则 $F \Rightarrow X \to Y$ 的充分必要条件是 $Y \subseteq X^+$。

**证明**

1）充分性

设 $Y = \{A_1, A_2, \cdots, A_k\}$，且 $Y \subseteq X^+$。根据属性集闭包的定义，有 $F \Rightarrow X \to A_i (i=1,2,\cdots,k)$，由合并律知 $F \Rightarrow X \to Y$。

2）必要性

设 $F \Rightarrow X \to Y$，且 $Y = \{A_1, A_2, \cdots, A_k\}$。由分配律可知 $F \Rightarrow X \to A_i (i=1,2,\cdots,k)$，根据属性集闭包的定义，有 $A_i \in X^+ (i=1,2,\cdots,k)$，于是 $Y \subseteq X^+$。

**3. 函数依赖推理规则的有效性和完备性**

Armstrong 公理系统是有效的和完备的。

有效性指由 $F$ 出发根据 Armstrong 公理导出的每一个函数依赖 $X \to Y$ 一定在 $F^+$ 中；完备性指 $F^+$ 中的每一个函数依赖 $X \to Y$ 必定可以由 $F$ 出发根据 Armstrong 公理导出。

可见，"导出"与"蕴涵"是两个等价概念。

## 4. 闭包的计算

计算函数依赖闭包 $F^+$ 是一件很麻烦的事，因为它是一个 NP-C 问题，即若 $U = \{A_1, A_2, \cdots, A_n\}$，则计算函数依赖闭包 $F^+$ 的计算复杂度是 $o(2^n)$，当 $n$ 较大时，此计算在时间耗费上是不可忍受的。

但计算属性闭包 $X^+$ 并不太难。这样首先判断 $Y \subseteq X^+$，进而确定 $F \Rightarrow X \rightarrow Y$（即 $X \rightarrow Y \in F^+$），从而一定程度解决函数依赖闭包 $F^+$ 相关问题。

如何求解属性的闭包呢？看下面例子。

**例** 已知 $F = \{A \rightarrow B, B \rightarrow C, C \rightarrow D, B \rightarrow E, E \rightarrow F\}$，求 $A^+$、$B^+$、$C^+$ 和 $D^+$。

$$D^+ = \{D\}$$
$$C^+ = \{C, D\}$$
$$B^+ = \{B, C, D, E, F\}$$
$$A^+ = \{A, B, C, D, E, F\}$$

由此，总结出计算属性闭包 $X^+$ 的算法如下。

---

**该算法计算属性集 $X \subseteq U$ 关于函数依赖集 $F$ 的闭包 $X^+$**

**输入** 有限的属性集合 $U$ 以及它上面的函数依赖集合 $F$ 和 $U$ 的子集 $X$

**输出** $X$ 关于 $F$ 的闭包 $X^+$。

步骤 1：初始化。

  令 $S_0 = \phi$，$S_1 = X$，$F' = \phi$。

步骤 2：寻找新属性，并入原属性集。

  while $S_0 \neq S_1$

  （1）$S_0 = S_1$

  （2）$F' = \{Y \rightarrow Z \mid (Y \rightarrow Z) \in F \wedge Y \in S_1 \wedge Z \notin S_1\}$

  （3）$F = F - F'$

  （4）$S_1 = S_1 \cup Z \quad \forall (Y \rightarrow Z) \in F'$

  endwhile

步骤 3：输出属性闭包 $X^+$。

  输出 $S_1$，它就是 $X^+$。

---

## 5. 函数依赖集的等价和覆盖

从前面讨论可以知道，尽管 $F$ 与 $F^+$ 不同，但两者所含信息是等价的（相等的）。

**定义** （函数依赖集等价定义，函数依赖集覆盖定义）关系模式 $R(U)$ 上的两个函数依赖集 $F$ 和 $G$，如果满足 $F^+ = G^+$，则称 $F$ 和 $G$ 是等价的。同时，称 $F$ 覆盖 $G$（或 $G$ 覆盖 $F$）。

**定理** $F^+ = G^+$ 的充分必要条件是 $F \subseteq G^+$，$G \subseteq F^+$。

**证明**

1）必要性

因为 $F \subseteq F^+$，而 $F^+ = G^+$，所以 $F \subseteq G^+$。类似地，$G \subseteq F^+$。

2）充分性

因为 $F \subseteq G^+$，所以 $F^+ \subseteq (G^+)^+$，而 $(G^+)^+ = G^+$，于是 $F^+ \subseteq G^+$。类似地，可由 $G \subseteq F^+$ 导出 $G^+ \subseteq F^+$。故 $F^+ = G^+$。

由此可以得到判断两个函数依赖集 $F$ 和 $G$ 是否等价的方法如下。

1）判断 $F \subseteq G^+$

对于 $F$ 中的每个函数依赖 $Y \to Z$，求出 $Y$ 相对于 $G$ 的属性闭包 $Y_G^+$，若 $Z \in Y_G^+$，则 $Y \to Z$ 也在 $G^+$ 中。

2）判断 $G \subseteq F^+$

对于 $G$ 中的每个函数依赖 $Y \to Z$，求出 $Y$ 相对于 $F$ 的属性闭包 $Y_F^+$，若 $Z \in Y_F^+$，则 $Y \to Z$ 也在 $F^+$ 中。

3）结论

如果 1）和 2）均成立，可知 $F^+ = G^+$，于是 $F$ 和 $G$ 等价。

**定理** 每个函数依赖集 $F$ 都可以被一个右部只有单属性的函数依赖集 $G$ 所覆盖。

**样例** $F = \{A \to B, B \to CD\}$ 被 $G = \{A \to B, B \to C, B \to D\}$ 覆盖。

**证明** 令 $G = \{X \to A | (X \to Y) \in F \wedge A \in Y\}$，则由分解律和合并律容易证明 $F$ 和 $G$ 相互覆盖。

设 $(X \to A) \in G$，因为 $A \in Y$ 且 $(X \to Y) \in F$，所以 $(X \to A) \in F^+$，于是 $G \subseteq F^+$。

反之，若设 $(X \to A) \in F$，根据 $G$ 的定义，显然 $(X \to A) \in G$，当然 $(X \to A) \in G^+$，于是 $F \subseteq G^+$。

故 $F$ 和 $G$ 等价，即相互覆盖。

**定义** 如果函数依赖集合 $F$ 满足如下条件。

（1）$F$ 中的每一个函数依赖的右部都是单属性，即全是 $(X \to A)$ 的形式，其中，$X \subseteq U$，$A \in U$。（每个函数依赖的右部不能进一步分解）

（2）对于 $F$ 中的每一个函数依赖 $(X \to A)$，有 $F - \{X \to A\}$ 与 $F$ 不等价。（无多余的函数依赖）

（3）对于 $F$ 中的每一个函数依赖 $(X \to A)$，若 $Z \subset X$，则 $(F - \{X \to A\}) \cup \{Z \to A\}$ 与 $F$ 不等价。（每个函数依赖的左部不能进一步分解）

则称 $F$ 为最小函数依赖。

如果 $E$ 和 $G$ 均为函数依赖集，且 $E$ 和 $G$ 等价（即相互覆盖），且 $G$ 是最小函数依赖集，则称 $G$ 是 $E$ 的一个最小覆盖。

**定理** 每个函数依赖集 $F$ 都有最小覆盖。

**证明** 关于存在性证明，可以采用构造法，即如果能找出构造 $F$ 的最小覆盖的方法，自然就证明了最小覆盖的存在性。

（1）根据分解律，将每个函数依赖分解为右部是单属性的函数依赖。

对 $F$ 中的任一函数依赖 $X \to Y$，如果 $Y = \{B_1, B_2, \cdots, B_k\}$（$k \geq 2$）就用 $X \to B_1$、$X \to B_2$、$\cdots$、$X \to B_k$ 替代 $X \to Y$。

（2）消去 $F$ 中冗余的函数依赖。

检查 $F$ 中每一个函数依赖 $X \rightarrow B$，如果 $F-\{X \rightarrow B\}$ 与 $F$ 等价，则从 $F$ 中去掉 $X \rightarrow B$。

（3）消去 $F$ 中每个函数依赖左部的冗余属性。

检查 $F$ 中每一个函数依赖 $X \rightarrow B$，设 $X = \{A_1, A_2, \cdots, A_m\}$，对其中每个 $A_i (i=1,2,\cdots,m)$ 进行如下检查处理：令 $Z = X - \{A_i\}$，若 $F$ 与 $(F - \{X \rightarrow B\}) \cup \{Z \rightarrow B\}$ 等价，则以 $Z = X - \{A_i\}$ 替代 $X$；否则，$X$ 不变。

以上三个步骤得到的函数依赖分别满足最小函数依赖定义中的三个对应条件，因此，最后得到的函数依赖一定是最小函数依赖 $F_{\min}$。

需要指出的是，检查 $F$ 中函数依赖的顺序如果不同，则得到的最小覆盖可能不一样，但它们是等价的。

## 4.3 关系模式的规范化

### 4.3.1 范式及其类型

在关系数据库模式的设计中，为了减少由函数依赖引起的更新异常和数据冗余问题，必须对关系模式进行合理的分解，这个分解过程就是"关系模式的规范化"过程，所谓"合理"的标准就是规范化理论中的范式（normal form）。

范式可以被认为是"合理"程度的标准，也可以被认为是满足该程度要求的所有关系模式集合。范式有多种，它们之间的隶属关系如下：

$$1NF \supset 2NF \supset 3NF \supset BCNF \supset 4NF \supset 5NF$$

将一个低级别范式的关系模式，通过模式分解转换为若干高一级范式的关系模式的过程被称为规范化（normalization）。

若某一个关系模式 $R$ 是第 $k$ 范式，则其可记为 $R \in kNF$。例如，$R \in 3NF$。

**1. 第一范式（1NF）**

**定义**（属性的不可再分割性）如果一个关系模式 $R(U)$ 的所有属性都是不可再分的基本数据项，则称 $R(U)$ 为第一范式，记为 $R(U) \in 1NF$。

在任何一个关系数据库系统中，所有的关系模式必须是第一范式的。不满足第一范式要求的数据库模式不能被称为关系数据库模式。

但是，关系模式中属性是否不可再分取决于这个属性在实际问题中的重要程度。例如，如果属性 Address 不重要，设计人员可以认为该属性已是不可再分的基本数据项。如果属性 Address 在该关系模式中非常重要，需要按照 Province、City、Street、Building、RoomNumber 等分类统计与分析，那么属性 Address 就不再是不可分的基本数据项。

通过前面的讨论可知，仅满足第一范式的关系并不是一个"好"的关系，其可能仍存在更新异常、冗余等问题。

**2. 第二范式（2NF）**

**定义**  （不存在非码属性对码的部分依赖）若 $R(U) \in 1NF$，且每一个非主属性完全依赖于某个码，则称 $R(U)$ 为第二范式，记为 $R(U) \in 2NF$。

前面曾经举例过的"不好"的关系模式 StudyInfo(Sno,Sname,DeptName,DeptHead,Cname,Grade) 是第一范式。其唯一的码为 {Sno,Cname}，但是显然有 $Sno \to Sname$ 和 $Sno \to DeptName$，于是存在 $\{Sno,Cname\} \xrightarrow{P} Sname$ 和 $\{Sno,Cname\} \xrightarrow{P} DeptName$，这就是非码属性对码的部分依赖，因此 $StudyInfo \notin 2NF$。正是这个原因，该关系模式存在大量数据冗余（每个学生每门课程都有一条记录）。

为减少数据冗余，可将关系模式 StudyInfo 分解为以下两个关系模式。

$$\text{StudentDept(Sno,Sname,DeptName,DeptHead)}$$
$$\text{Reports(Sno,Cname,Grade)}$$

在关系模式 StudentDept 中，每个学生只有一条记录，数据冗余大大降低（并未完全消除，如系与系主任对应关系）。其原因是这两个关系都不存在非码属性对码的部分依赖，于是都是第二范式。

但上述关系模式 StudentDept 仍存在插入异常（新成立的系无学生时无法输入系所对应的系主任）和删除异常（删除所有学生时连同系所对应的系主任也一并删除了）。存在这些问题的原因是关系模式 StudentDept 中存在"非码属性对码的传递依赖"，为此需要进一步将之规范化。

**3. 第三范式（3NF）**

**定义**  （不存在非码属性对码的传递依赖）若 $R(U) \in 2NF$，且每一个非主属性不传递依赖于某个码，则称 $R(U)$ 为第三范式，记为 $R(U) \in 3NF$。

上述已经属于 $2NF$ 的关系模式 StudentDept 仍存在一定的数据冗余（如系与系主任对应关系）以及插入异常和删除异常问题，为此需要进一步将 StudentDept 分解为两个关系模式，于是整体上有以下三个关系模式。

$$\text{Departments(DeptName,DeptHead)}$$
$$\text{Students(Sno,Sname,DeptName)}$$
$$\text{Reports(Sno,Cname,Grade)}$$

显而易见，这些关系模式均是第三范式。其实它们不仅是第三范式，还是 BC 范式（BCNF），其基本消除了更新异常和数据冗余问题。

**4. BC 范式（BCNF）**

BCNF（Boyce Codd Normal Form）由 Boyce 与 Codd 共同提出，其建立在 1NF 基础上（注意，虽然它的规范化程度比 3NF 好，但定义上却不是建立在 3NF 基础上）。

**定义**  （除码以外不存在其他决定因素）若 $R(U) \in 1NF$，对于 $R(U)$ 的任意一个函数依赖 $X \to Y$，若 $Y \not\subset X$，则 $X$ 必含有候选码，那么称 $R(U)$ 为 BC 范式，记为 $R(U) \in BCNF$。

以上的定义实际等价于：在满足 1NF 的关系模式 $R(U)$ 中，若每一个非平凡函数依赖的决定因素都包含有候选码，则 $R(U) \in BCNF$。

若关系模式 $R(U) \in BCNF$，则以下结论成立。

（1）$R(U)$ 的所有非主属性都完全依赖于每一个候选码，因此 $R(U) \in 2NF$。

（2）$R(U)$ 的所有主属性都完全依赖于不包含它的候选码。

（3）$R(U)$ 中没有属性完全依赖于任何一组非候选码属性。

**定理** 若 $R(U) \in BCNF$，则 $R(U) \in 3NF$。

**证明** 由结论（1）可知，若 $R(U) \in BCNF$，则 $R(U) \in 2NF$。下面证明：$R(U)$ 的任何一个非主属性集都不传递函数依赖于候选码，即 $R(U) \in 3NF$。

反证法：设 $R(U) \in BCNF$ 但 $R(U) \notin 3NF$，即存在一个非主属性集 $Z$ 传递函数依赖于某个候选码 $X$，根据传递函数依赖的定义，即存在某个属性集 $Y(Y \not\subset X, Z \not\subset Y)$，使 $X \rightarrow Y$、$Y \rightarrow Z$，且 $Y \not\rightarrow X$。由 $Y \not\rightarrow X$ 可知属性集 $Y$ 中不含候选码（否则，因为候选码决定任何属性，所以有 $Y \rightarrow X$，这与传递函数定义矛盾），即 $Y$ 中不含候选码但非平凡函数依赖 $Y \rightarrow Z$ 成立，由 BCNF 定义知 $R(U) \notin BCNF$，与假设矛盾，故 $R(U) \in 3NF$。

**注意**：$R(U) \in 3NF$ 并不意味着 $R(U) \in BCNF$。

**例** 设有关系模式 $SJP(S,J,P;(S,J) \rightarrow P,(J,P) \rightarrow S)$，讨论其范式。

（1）$S$、$J$、$P$ 无非单元素属性，于是 $SJP \in 1NF$。

（2）因为 $(S,J)$、$(J,P)$ 均为候选码，$S$、$J$、$P$ 中无非主属性，因而也不存在非主属性对码的部分依赖，所以 $SJP \in 2NF$。

（3）同（2），不存在非主属性对码的传递依赖，所以 $SJP \in 3NF$。

（4）除码 $(S,J)$、$(J,P)$ 以外无其他决定因素，故 $SJP \in BCNF$。

**例** 设有关系模式 $SCD(U,F)$，其中 $U$ 为属性全集，$F$ 为 $U$ 上的一组函数依赖，

$U = \{S^{\#}, AGE, DEPT, MN, C^{\#}, GS\}$

$F = \{S^{\#} \rightarrow AGE, S^{\#} \rightarrow DEPT, DEPT \rightarrow MN, (S^{\#}, C^{\#}) \rightarrow GS\}$

讨论其范式。

（1）属性全集中无非单元素值，于是 $SCD \in 1NF$。

（2）从 $F$ 可以导出 $(S^{\#}, C^{\#}) \rightarrow U$，$(S^{\#}, C^{\#})$ 为码。由于 $(S^{\#}, C^{\#}) \xrightarrow{P} AGE$，存在非码属性对码的部分依赖，于是 $SCD \notin 2NF$。

**例** 将上例中关系模式 $SCD(U,F)$ 分解为以下两个关系模式。

$SC(S^{\#}, C^{\#}, GS; (S^{\#}, C^{\#}) \rightarrow GS)$

$SD(S^{\#}, AGE, DEPT, MN; S^{\#} \rightarrow AGE, S^{\#} \rightarrow DEPT, DEPT \rightarrow MN)$

讨论其范式。

（1）各自属性均不可再分割，于是 $SC \in 1NF$，$SD \in 1NF$。

（2）① $SC:(S^\#,C^\#)$ 为候选码，$(S^\#,C^\#)\xrightarrow{F}GS$，不存在非码属性对码的部分依赖，于是 $SC\in 2NF$。

② $SD:S^\#\xrightarrow{F}U$，$S^\#$ 为候选码，$S^\#\xrightarrow{F}AGE,DEPT,MN$，不存在非码属性对码的部分依赖，于是 $SD\in 2NF$。

（3）① $SC:(S^\#,C^\#)$ 为候选码，$(S^\#,C^\#)\xrightarrow{F}GS$，不存在非码属性对码的传递依赖，于是 $SC\in 3NF$。

② $SD:S^\#\xrightarrow{F}U$，$S^\#$ 为候选码，$S^\#\xrightarrow{T}MN$，存在非码属性对码的传递依赖，于是 $SD\notin 3NF$。

（4）① $SC$：除码以外无其他决定因素，于是 $SC\in BCNF$。

② $SD$：因为 $SD\notin 3NF$，于是 $SD\notin BCNF$。

**例** 将上例中关系模式 $SD$ 进一步分解为：

$SD1(S^\#,AGE,DEPT;S^\#\to AGE,S^\#\to DEPT)$

$SD2(DEPT^\#,MN;DEPT^\#\to MN)$

容易证明，$SD1\in BCNF$，$SD2\in BCNF$。

上面几个例子的关系模式分解过程体现了数据库设计过程中关系模式的规范化过程。

**例** 讨论关系模式 $STJ(S,T,J;(S,T)\to J,(S,J)\to T,T\to J)$ 所属范式。

（1）关系模式 $STJ$ 中无非单元素属性，于是 $STJ\in 1NF$。

（2）关系模式 $STJ$ 中，候选码为 $(S,T)$，$(S,J)$，无非主属性，也不存在非主属性对码的部分依赖，于是 $STJ\in 2NF$。

（3）同（2），$STJ$ 中无非主属性，也不存在非主属性对码的传递依赖，于是 $STJ\in 3NF$。

（4）由于 $T\to J$，而 $T$ 却不是码，即除码外还有其他决定因素，于是 $STJ\notin BCNF$。

**例** 设有关系模式 $StudyTeach(Sno,Teacher,Cname)$，其中 $Sno$、$Teacher$、$Cname$ 分别表示学号、教师和课程名。假设每一位教师只教一门课，每门课有若干教师讲授，某一学生选修某一门课，就有一个确定的教师。试对其进行规范化。

由各个属性及其相互联系的语义可知：$(Sno,Cname)$ 和 $(Sno,Teacher)$ 是候选码，属性间的函数依赖如下。

$(Sno,Cname)\to Teacher$

$(Sno,Teacher)\to Cname$

$Teacher\to Cname$

显然，关系模式 $StudyTeach$ 的所有属性均不可分割，且都是主属性，因此它没有任何非主属性对候选码的部分或传递函数依赖，故 $StudyTeach\in 3NF$。但它不是 $BCNF$，因为 $Teacher$ 是决定因素，而 $Teacher$ 不包含候选码。

由于 $StudyTeach\in 3NF$ 而非 $BCNF$，它仍存在数据冗余和更新异常。如果将该关系模式分解为 $Study(Sno,Teacher)$ 和 $Teach(Teacher,Cname)$，则这两个关系模式都属于 $BCNF$。

BCNF 是在函数依赖的条件下对模式分解所能达到的最高分离程度。一个数据库逻辑模型中所有关系模式如果都属于 BCNF，那么在函数依赖范畴内，其已实现彻底的分离，并基本消除了数据冗余和更新异常（插入异常、删除异常）问题。

## 4.3.2 多值依赖

**1. 多值依赖的概念**

**例**  某学校为了存储系与教师的关系和系与学生的关系，建立关系模式 DeptInfo(DeptName,Teacher,Sname)，其含义如表 4.5 所示。

表 4.5  关系模式 DeptInfo

| DeptName | Teacher | Sname |
| --- | --- | --- |
| 计算机系 | 张华，朱红 | 李明，王方，江河 |
| 自动化系 | 黄山，刘林 | 刘平，程红 |

其中，系里拥有哪些教师与拥有哪些学生无关。根据上述含义，建立具体关系如表 4.6 所示。

表 4.6  规范化关系 DeptInfo(DeptName,Teacher,Sname)

| DeptName | Teacher | Sname |
| --- | --- | --- |
| 计算机系 | 张华 | 李明 |
| 计算机系 | 张华 | 王方 |
| 计算机系 | 张华 | 江河 |
| 计算机系 | 朱红 | 李明 |
| 计算机系 | 朱红 | 王方 |
| 计算机系 | 朱红 | 江河 |
| 自动化系 | 黄山 | 刘平 |
| 自动化系 | 黄山 | 程红 |
| 自动化系 | 刘林 | 刘平 |
| 自动化系 | 刘林 | 程红 |

没有理由只把一个老师和一个学生联系起来，而不是其他老师或学生。因此，表达教师和学生是系的独立属性这一事实的唯一方法是让每个教师和每个学生一起出现。但当我们以各种组合重复老师和学生的事实时，就会出现明显的冗余。

关系模式 DeptInfo(DeptName,Teacher,Sname) 中唯一的候选码是 (DeptName, Teacher, Sname)，即全码，所有属性均是主属性，因此，DeptInfo $\in$ BCNF。

显而易见，上述关系中存在数据冗余和更新（插入、删除）异常，其原因就是存在所谓的"多值依赖"。

**定义** 设 $R(U)$ 是属性集合 $U$ 上的一个关系模式，$X$、$Y$、$Z$ 是 $U$ 上的划分。若对于 $R(U)$ 的任一具体关系 $r$，$r$ 在属性 $(X,Z)$ 上的每一个值（对应多个元组）都有属性 $Y$ 上的一组值（多个）与之对应，且这组值仅仅决定于 $X$，而不决定于 $Z$，则称 $Y$ 多值依赖于 $X$，记作 $X \rightarrow\rightarrow Y$。

**例** 在上例关系模式 $DeptInfo(DeptName, Teacher, Sname)$ 中，存在多值依赖 $DeptName \rightarrow\rightarrow Teacher$ 和 $DeptName \rightarrow\rightarrow Sname$。例如，对于属性 $(DeptName, Sname)$ 上的一个值（计算机系，李明）（注：对应多条记录），就有 $Teacher$ 上的一组值 {张华，朱红} 与之对应，且这组值仅仅决定于属性 $DeptName$ 上的值，而与 $Sname$ 上的值无关。也就是说，对于 $(DeptName, Sname)$ 上的另一个值（计算机系，王方），它仍然对应于 $Teacher$ 上的同一组值 {张华，朱红}，尽管 $Sname$ 上的值已经从"李明"变成"王方"。

形成多值依赖的根本原因是属性（或属性集合）间的相互"独立性"。

**2. 多值依赖的性质**

对关系模式 $R(U)$，其属性间的多值依赖有如下性质。

（1）互补律：若 $X \rightarrow\rightarrow Y$，且 $X$、$Y$、$Z$ 是 $U$ 上的划分，则 $X \rightarrow\rightarrow Z$。

例如，对于关系模式 $DeptInfo(DeptName, Teacher, Sname)$，因为 $DeptName \rightarrow\rightarrow Teacher$，且 $U = \{DeptName, Teacher, Sname\}$，所以 $DeptName \rightarrow\rightarrow Sname$。

多值依赖的互补性也被称为对称性。

（2）函数依赖导出多值依赖：若 $X \rightarrow Y$，则 $X \rightarrow\rightarrow Y$。

函数依赖可以被看作是多值依赖的特例。此时 $Z = \phi$，当 $X \rightarrow Y$ 时，对 $X$ 的每一个值 $x$（由于 $Z = \phi$，因此其对应一个元组，是多个元组的特例），$Y$ 有一个（一个是多个的特例）确定的值 $y$ 与之对应，所以 $X \rightarrow\rightarrow Y$。

（3）传递律：若 $X \rightarrow\rightarrow Y$，且 $Y \rightarrow\rightarrow Z$，则 $X \rightarrow\rightarrow (Z-Y)$。

（4）增广律：若 $X \rightarrow\rightarrow Y$，且 $V \subseteq W$，则 $WX \rightarrow\rightarrow VY$。

（5）自反律：若 $Y \subseteq X$，则 $X \rightarrow\rightarrow Y$。

（6）多值依赖导出函数依赖：若 $X \rightarrow\rightarrow Y$，$Z \subseteq Y$，$Y \cap W = \phi$，$W \rightarrow Z$，则 $X \rightarrow Z$。

（7）合并律：若 $X \rightarrow\rightarrow Y$，$Y \rightarrow\rightarrow Z$，则 $X \rightarrow\rightarrow YZ$。

（8）分解律：若 $X \rightarrow\rightarrow Y$，$X \rightarrow\rightarrow Z$，则 $X \rightarrow\rightarrow (Y-Z)$，$X \rightarrow\rightarrow (Z-Y)$。

**3. 平凡（非平凡）多值依赖**

对关系模式 $R(U)$，设 $X$，$Y$ 是 $U$ 的子集，且 $X \rightarrow\rightarrow Y$，若 $Z = U - X - Y = \phi$，则称 $X \rightarrow\rightarrow Y$ 为平凡多值依赖，否则称为非平凡多值依赖。

**4. 第四范式（4NF）**

**定义** （除码外无其他多值依赖决定因素）设关系模式 $R(U) \in 1NF$，若对于 $R(U)$ 的每一个非平凡多值依赖 $X \rightarrow\rightarrow Y(Y \nsubseteq X)$，$X$ 都含有候选码，则称 $R(U)$ 为第四范式，记为 $R(U) \in 4NF$。

**定理** 若 $R(U) \in 4NF$，则 $R(U) \in BCNF$。

**证明** 设 $R(U) \in 4NF$，而 $R(U) \notin BCNF$，则必存在某个函数依赖 $X \to Y(Y \nsubseteq X)$，且 $X$ 中没有候选码。下面分两种情况讨论。

（1）若 $X \cup Y = U$，则由于 $X \to Y(Y \nsubseteq X)$，所以 $X$ 必含候选码，这与 $X$ 中没有候选码的结论矛盾。

（2）若 $X \cup Y \neq U$，所以 $Z = U - X - Y \neq \phi$，则由 $X \to Y(Y \nsubseteq X)$ 可以导出多值依赖 $X \to\to Y(Y \nsubseteq X)$，且这个多值依赖还是非平凡的。由于 $X$ 中没有候选码，由定义知 $R(U) \notin 4NF$，这与假设矛盾。

由此可知，一个关系模式若属于 $4NF$，则必然属于 $BCNF$。

**例** 关系模式 $DeptInfo(DeptName, Teacher, Sname)$ 不属于 $4NF$。

这个关系模式唯一候选码是 $(DeptName, Teacher, Sname)$，且 $DeptInfo$ 中有两个多值依赖 $DeptName \to\to Teacher$ 和 $DeptName \to\to Sname$。

若令 $U = \{DeptName, Teacher, Sname\}$，$X = \{DeptName\}$，$Y = \{Teacher\}$，由于 $Z = U - X - Y = \{Sname\} \neq \phi$，于是 $DeptName \to\to Teacher$ 是非平凡多值依赖，但 $X$ 中显然不含有候选码。故 $DeptInfo(DeptName, Teacher, Sname) \notin 4NF$。

正是由于 $DeptInfo(DeptName, Teacher, Sname) \in BCNF$，但 $DeptInfo(DeptName, Teacher, Sname) \notin 4NF$，才导致该关系冗余过多和更新（插入、删除）异常。

至此，这里值得回顾一下多值依赖与 $4NF$ 概念。

**5. 再论多值依赖**（multivalued dependencies）**与 4NF**

对于 $R(U)$，$U = \{X, Y, Z\}$（这里 $X$、$Y$、$Z$ 可以是属性，也可以是属性集合），$Y$ 与 $Z$ 相互独立，所谓多值依赖（$X \to\to Y$ 和 $X \to\to Z$）指以下事实：某一个 $x \in X$，决定一组 $y \in Y$，也决定一组 $z \in Z$。这个 $x \in X$ 与该组 $y \in Y$ 的每一个值和该组 $z \in Z$ 的每一个值都构成各自一个元组。

若 $Z = \phi$，则其为平凡多值依赖；若 $Z \neq \phi$，则其为非平凡多值依赖。

$4NF$ 指以下事实：在 $1NF$ 基础上，如果 $R(U)$ 中存在非平凡多值依赖 $X \to\to Y$（当然也有 $X \to\to Z$），此时 $X$ 必然包含候选码。

注意：不见得有非平凡多值依赖就不是 $4NF$，只要这个非平凡多值依赖 $X \to\to Y$ 的左部 $X$ 中，包含候选码，它仍然是 $4NF$。

回到前面关于 $DeptInfo(DeptName, Teacher, Sname)$ 的讨论，正是由于 $DeptInfo(DeptName, Teacher, Sname) \notin 4NF$（存在非平凡多值依赖，且决定因素中不含候选码），导致数据冗余和更新异常。解决办法还是采用关系模式分解的方法，消去决定因素中不含候选码的那些非平凡多值依赖。

例如，可以把 $DeptInfo$ 分解为 $DeptTeacher(DeptName, Teacher)$ 和 $DeptStudent(DeptName, Sname)$，此时这两个关系模式都是 $1NF$，分别存在一个平凡多值依赖 $DeptName \to\to Teacher$ 和 $DeptName \to\to Sname$，但都不存在非平凡多值依赖。根据 $4NF$ 定义可知，上述两个关系模式都是 $4NF$。

函数依赖和多值依赖是两种最重要的数据依赖。如果只考虑函数依赖，则属于 BCNF 的关系模式规范化程度已经是最高的了。如果考虑多值依赖，则属于 4NF 的关系模式规范化程度是最高的。事实上，数据依赖中除函数依赖和多值依赖之外，还有其他的数据依赖，如连接依赖。函数依赖是多值依赖的一种特殊情况，而多值依赖又是连接依赖的一种特殊情况。但连接依赖不像函数依赖和多值依赖那样可由语义直接导出，而只能在关系的连接运算时才能反映出来。存在连接依赖的关系模式仍可能存在数据冗余过多和更新异常等问题。如果消除属于 4NF 的关系模式中存在的连接依赖，则可以使它们成为 5NF 的关系模式。由于连接依赖对数据库的性能影响已不太大，因此在数据库设计中几乎不需要考虑这种依赖的影响。

## 4.3.3 关系范式规范化的步骤

在关系数据库中，对关系模式的基本要求是满足 1NF，这样的关系模式就是合法的、允许的。但是，人们发现有些属于 1NF 的关系模式存在数据冗余和更新异常等问题，解决这些问题的方法就是规范化方法。

规范化的基本思想是逐步消除数据依赖中不合适的部分，通过模式分解使原先模式中属性之间的数据依赖联系达到某种程度的"分离"的目的，实现"一事一地"的模式设计原则，分解的最后是让一个关系描述一个概念、一个实体集或者实体间的一种联系，若多于一个概念就把它"分离"出去。因此所谓的规范化实际上就是概念的单一化。

人们认识以上原则是经历了一个过程的，概括起来如图 4.1 所示。

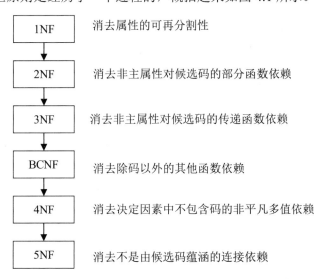

图 4.1 关系范式规范化

这些范式之间存在如下关系。

$$5NF \subset 4NF \subset BCNF \subset 3NF \subset 2NF \subset 1NF$$

规范化的步骤也是从 1NF 开始，逐渐分解使其符合更高范式。

一般地说，规范化程度过低的关系可能会存在插入异常、删除异常、修改复杂、数据冗余过多等问题，需要对其进行规范化，转换成高级别的范式。但这并不意味着规范化程度越高的关系模式对整个数据库的运行效率一定带来更好的效果。原因在于，分解后形成更多的关系，在进行一些复杂的查询操作时，就必须对这些关系进行连接运算，而分解前也许只要求作进一步分析，确定一个合适的、能够反映现实世界的模式，而不能把规范化的原则绝对化，分解至某一个范式时适可而止。一般将之分解至 $3NF$ 或 $BCNF$ 就相当满意了，如果确实因为"决定因素中不含候选码的非平凡多值依赖"而对数据库造成较大数据冗余或更新异常（包括更新操作复杂），再考虑是否需要进一步分解至 $4NF$。

**例** 考虑一个描述学生家庭住址的关系模式，即：

$$StudAddress(Sno, Sname, Street, City, PostCode)$$

其上的一组函数依赖为：

$$F = \{Sno \rightarrow Sname, Sno \rightarrow Street, Sno \rightarrow City, Sno \rightarrow PostCode, City \rightarrow PostCode\}$$

显然，唯一候选码为 $Sno$，由于 $City \rightarrow PostCode$ 而存在非主属性 $PostCode$ 对候选码的传递函数依赖 $Sno \xrightarrow{T} PostCode$，所以 $StudAddress \notin 3NF$。

按照规范化理论，这里当然可以把上述关系模式分解为：

$$Students(Sno, Sname, Street, PostCode)$$
$$Address(City, PostCode)$$

从而消除非主属性对候选码的传递函数依赖，使分解后的两个关系模式成为 $3NF$ 甚至 $BCNF$ 或更高范式。

然而在实际应用中，人们总是把属性 $City$ 和 $PostCode$ 作为一个整体来考虑，以便于查询。此外，某一城市的邮政编码一旦确定后很少更改，由此带来的更新异常（或更新复杂）问题并不突出。所以，人们一般并不进行上述关系模式的分解，而是使其停留在 $2NF$，虽然由此可能带来一点数据冗余或更新复杂问题，但非常有限，同时对查询效率的提高是显著的。

## 4.4 关系模式的分解特性

### 4.4.1 模式分解中存在的问题

设有关系模式 $R(U)$ 和 $R_1(U_1)$，$R_2(U_2)$，$\cdots$，$R_k(U_k)$，其中 $U = \{A_1, A_2, \cdots, A_n\}$，$U_i \subseteq U (i = 1, 2, \cdots, k)$，且 $U = U_1 \cup U_2 \cup \cdots \cup U_k$。令 $\rho = \{R_1(U_1), R_2(U_2), \cdots, R_k(U_k)\}$，则称 $\rho$ 是 $R(U)$ 的一个分解，也被称为数据库模式或模式集。用 $\rho$ 代替 $R(U)$ 的过程被称为关系模式的分解。

设关系模式 $R(U)$ 的一个具体关系为 $\tau$，数据库模式 $\rho$ 的一个具体取值可被记作 $\sigma = \{\tau_1, \tau_2, \cdots, \tau_k\}$，被称为数据库分解实例 $\sigma$，其中 $\tau_i$ 是 $\rho$ 中关系模式 $R_i(U_i)$ 的一个具体关系。

实际上，关系模式的分解不仅仅是属性集合的分解，还是对关系模式上函数依赖集以及关系模式对应的具体关系进行分解的具体表现。

**例** 设关系模式 $R(A,B,C)$，$F = \{A \to B, B \to C\}$，$r$ 是 $R(U)$ 满足 $F$ 的一个具体关系，如表 4.7 所示。

表 4.7 关系 $r$

| A | B | C |
|---|---|---|
| $a_1$ | $b_1$ | $c_1$ |
| $a_2$ | $b_1$ | $c_1$ |
| $a_3$ | $b_2$ | $c_2$ |
| $a_4$ | $b_3$ | $c_1$ |

（1）如果将关系模式 $R(U)$ 分解为 $\rho_1 = \{R_1(A), R_2(B), R_3(C)\}$，则对应关系 $r$ 将被分解为如表 4.8 所示的三个关系。

表 4.8 分解后的三个关系

| 关系 $r_1$ | 关系 $r_2$ | 关系 $r_3$ |
|---|---|---|
| A | B | C |
| $a_1$ | $b_1$ | $c_1$ |
| $a_2$ | $b_2$ | $c_2$ |
| $a_3$ | $b_3$ |  |
| $a_4$ |  |  |

虽然这三个关系都是 4NF，但这样的分解显然是不可取的。因为它不仅不能保持 $F$（即从分解后的 $\rho_1$ 无法得出 $A \to B$ 或 $B \to C$ 这种函数依赖），也不能使 $r$ 得到"恢复"（意指无法通过对关系 $r_1$、$r_2$、$r_3$ 的连接运算操作得到与 $r$ 一致的元组），甚至无法回答最简单的查询要求。

另外的一些可能分解方案由表 4.9 所示的部分组成。

表 4.9 另外的分解方案

| 关系 $r_4$ | | 关系 $r_5$ | | 关系 $r_6$ | |
|---|---|---|---|---|---|
| A | B | A | C | B | C |
| $a_1$ | $b_1$ | $a_1$ | $c_1$ | $b_1$ | $c_1$ |
| $a_2$ | $b_1$ | $a_2$ | $c_1$ | $b_2$ | $c_2$ |
| $a_3$ | $b_2$ | $a_3$ | $c_2$ | $b_3$ | $c_1$ |
| $a_4$ | $b_3$ | $a_4$ | $c_1$ | | |

（2）如果将关系模式 $R(U)$ 分解为 $\rho_2 = \{R_4(A,B), R_5(A,C)\}$，则对应关系 $r$ 分解为 $r_4$

和 $r_5$。此时 $r = r_4 \bowtie r_5$，所以 $r$ 可以得到恢复，这种分解被称为"无损连接分解"。但分解后不保持函数依赖 $B \to C$。

（3）如果将关系模式 $R(U)$ 分解为 $\rho_3 = \{R_5(A,C), R_6(B,C)\}$，则对应关系 $r$ 将被分解为 $r_5$ 和 $r_6$。此时 $r \neq r_5 \bowtie r_6$，所以 $r$ 不能得到恢复，且分解后不能保持函数依赖 $A \to B$。

（4）如果将关系模式 $R(U)$ 分解为 $\rho_4 = \{R_4(A,B), R_6(B,C)\}$，则对应关系 $r$ 分解为 $r_4$ 和 $r_6$。此时 $r = r_4 \bowtie r_6$，所以 $r$ 可以得到恢复（无损连接分解）。且分解后保持函数依赖 $F = \{A \to B, B \to C\}$。这是最好的一种分解（既能恢复原关系，又能保持函数依赖）。

## 4.4.2 无损连接

**定义** 设 $R(U)$ 是一关系模式，$F$ 是 $R(U)$ 满足的一个函数依赖集，将 $R(U)$ 分解成关系模式 $\rho = \{R_1(U_1), R_2(U_2), \cdots, R_k(U_k)\}$，$U = U_1 \cup U_2 \cup \cdots \cup U_k$。如果对 $R(U)$ 中每一个具体关系 $r$ 都有

$$\prod r = \prod_{U_1}(r) \bowtie \prod_{U_2}(r) \bowtie \cdots \bowtie \prod_{U_k}(r)$$

则可称这个分解 $\rho$ 相对于 $F$ 具有无损连接性（lossless join decomposition），简称 $\rho$ 为无损连接分解。

令 $m_\rho(r) = \prod_{U_1}(r) \bowtie \prod_{U_2}(r) \bowtie \cdots \bowtie \prod_{U_k}(r) = \bowtie_{i=1}^{k} \prod_{U_i}(r)$，则其被称为关系 $r$ 的投影连接变换式。一般情况下，$r \subseteq m_\rho(r)$，如果对 $R(U)$ 的任何具体关系 $r$，$r = m_\rho(r)$ 都成立，那么此时就是无损连接分解了。

**定理** 设 $R(U)$ 是一关系模式，$\rho = \{R_1(U_1), R_2(U_2), \cdots, R_k(U_k)\}$ 是 $R(U)$ 的一个分解，$r$ 是 $R(U)$ 的任一具体关系，令 $r_i = \prod_{U_i}(r) (i = 1, 2, \cdots, k)$，那么有：

（1）$r \subseteq m_\rho(r)$。

（2）若令 $s = m_\rho(r)$，则 $\prod_{U_i}(s) = r_i (i = 1, 2, \cdots, k)$。

（3）$m_\rho(m_\rho(r)) = m_\rho(r)$。

**证明**

（1）设 $t$ 为关系 $r$ 中的任一个元组，于是 $t_i = t[U_i]$ 在关系 $r_i = \prod_{U_i}(r)(i = 1, 2, \cdots, k)$ 中，根据自然连接的定义，可知 $t = t_1 t_2 \cdots t_k$ 在 $\bowtie_{i=1}^{k} \prod_{U_i}(r)$ 中，即 $t \in m_\rho(r)$，所以 $r \subseteq m_\rho(r)$。

（2）由于 $r \subseteq m_\rho(r)$，可得到 $\prod_{U_i}(r) \subseteq \prod_{U_i}(m_\rho(r))$，即 $r_i \subseteq \prod_{U_i}(s)$。剩下只需证明 $\prod_{U_i}(s) \subseteq r_i$。

任取元组 $u_i \in \prod_{U_i}(s)$，则存在元组 $t \in s$，使得 $t[U_i] = u_i$。由于 $s = m_\rho(r) = \bowtie_{i=1}^{k} \prod_{U_i}(r)$，因此 $t[U_i] \in r_i$（$i = 1, 2, \cdots, k$），即 $u_i \in r_i$，可见 $\prod_{U_i}(s) \subseteq r_i$。于是 $\prod_{U_i}(s) = r_i (i = 1, 2, \cdots, k)$。

(3) 由于 $\prod_{U_i}(s) = r_i \, (i=1,2,\cdots,k)$，于是有
$$m_\rho(m_\rho(r)) = m_\rho(s) = \underset{i=1}{\overset{k}{\bowtie}} \prod_{U_i}(s) == \underset{i=1}{\overset{k}{\bowtie}} r_i = m_\rho(r)$$。

## 4.4.3 无损连接分解的测试

无损连接分解对于恢复原关系而言至关重要，那么如何保证关系模式的分解具有无损连接性呢？这就要求对模式进行分解时必须利用该模式属性间函数依赖的性质，并通过适当方法判别其分解具有无损连接性。

**算法**（无损连接分解的测试）

**输入** 关系模式 $R(U)$，其中 $U = \{A_1, A_2, \cdots, A_n\}$，$R(U)$ 上的一组函数依赖集 $F$，$R(U)$ 上的一个分解 $\rho = \{R_1(U_1), R_2(U_2), \cdots, R_k(U_k)\}$，其中 $U = U_1 \cup U_2 \cup \cdots \cup U_k$。

**输出** $\rho$ 相对于 $F$ 是否具有无损连接分解的判断。

（1）（构造初始表格）构造一个 $k$ 行 $n$ 列的表格，每列对应一个属性 $A_j \, (j=1,2,\cdots,n)$，每行对应一个关系模式 $R_i(U_i) \, (i=1,2,\cdots,k)$。如果 $A_j$ 在 $U_i$ 中，那么在表格的第 $i$ 行第 $j$ 列处填上 $a_j$，否则填上 $b_{ij}$。

（2）反复修改表格，伪代码如下。

```
for ( (X→Y)∈F )
{       if （表格中 2 行或以上的 X 分量相等，且 Y 分量不相等）
        {       if （Y 分量中有一个是 a_j）
{ 其余也改成 a_j；
}else
{ 用下标 i 较小的 b_{ij} 替换其余的值；
}
        }
}
```

（3）输出结果，伪代码如下。

```
if （表格中有一行全是 a_1, a_2, ⋯, a_n）
{ ρ 相对于 F 是无损连接分解；
}else
{ 不是无损连接分解。
}
```

**例** 设关系模式 $R(A,B,C,D,E)$，其上的一组函数依赖集为 $F = \{A \to C, B \to C, C \to D, DE \to C, CE \to A\}$，现将其分解为 $\rho = \{R_1(A,D), R_2(A,B), R_3(B,E), R_4(C,D,E), R_5(A,E)\}$，试判断该分解是否为无损连接分解。

（1）构造初始表，如表 4.10 所示。

表 4.10　初始表

|  | A | B | C | D | E |
|---|---|---|---|---|---|
| $R_1(A,D)$ | $a_1$ | $b_{12}$ | $b_{13}$ | $a_4$ | $b_{15}$ |
| $R_2(A,B)$ | $a_1$ | $a_2$ | $b_{23}$ | $b_{24}$ | $b_{25}$ |
| $R_3(B,E)$ | $b_{31}$ | $a_2$ | $b_{33}$ | $b_{34}$ | $a_5$ |
| $R_4(C,D,E)$ | $b_{41}$ | $b_{42}$ | $a_3$ | $a_4$ | $a_5$ |
| $R_5(A,E)$ | $a_1$ | $b_{52}$ | $b_{53}$ | $b_{54}$ | $a_5$ |

（2）在表 4.10 中考察 $A \rightarrow C$，得到表 4.11。

表 4.11　考察 $A \rightarrow C$ 的结果

|  | A | B | C | D | E |
|---|---|---|---|---|---|
| $R_1(A,D)$ | $a_1$ | $b_{12}$ | $b_{13}$ | $a_4$ | $b_{15}$ |
| $R_2(A,B)$ | $a_1$ | $a_2$ | $b_{13}$ | $b_{24}$ | $b_{25}$ |
| $R_3(B,E)$ | $b_{31}$ | $a_2$ | $b_{33}$ | $b_{34}$ | $a_5$ |
| $R_4(C,D,E)$ | $b_{41}$ | $b_{42}$ | $a_3$ | $a_4$ | $a_5$ |
| $R_5(A,E)$ | $a_1$ | $b_{52}$ | $b_{13}$ | $b_{54}$ | $a_5$ |

（3）在表 4.11 中考察 $B \rightarrow C$，得到表 4.12。

表 4.12　考察 $B \rightarrow C$ 的结果

|  | A | B | C | D | E |
|---|---|---|---|---|---|
| $R_1(A,D)$ | $a_1$ | $b_{12}$ | $b_{13}$ | $a_4$ | $b_{15}$ |
| $R_2(A,B)$ | $a_1$ | $a_2$ | $b_{13}$ | $b_{24}$ | $b_{25}$ |
| $R_3(B,E)$ | $b_{31}$ | $a_2$ | $b_{13}$ | $b_{34}$ | $a_5$ |
| $R_4(C,D,E)$ | $b_{41}$ | $b_{42}$ | $a_3$ | $a_4$ | $a_5$ |
| $R_5(A,E)$ | $a_1$ | $b_{52}$ | $b_{13}$ | $b_{54}$ | $a_5$ |

（4）在表 4.12 中考察 $C \rightarrow D$，得到表 4.13。

表 4.13　考察 $C \rightarrow D$ 的结果

|  | A | B | C | D | E |
|---|---|---|---|---|---|
| $R_1(A,D)$ | $a_1$ | $b_{12}$ | $b_{13}$ | $a_4$ | $b_{15}$ |
| $R_2(A,B)$ | $a_1$ | $a_2$ | $b_{13}$ | $a_4$ | $b_{25}$ |
| $R_3(B,E)$ | $b_{31}$ | $a_2$ | $b_{13}$ | $a_4$ | $a_5$ |
| $R_4(C,D,E)$ | $b_{41}$ | $b_{42}$ | $a_3$ | $a_4$ | $a_5$ |
| $R_5(A,E)$ | $a_1$ | $b_{52}$ | $b_{13}$ | $a_4$ | $a_5$ |

（5）在表 4.13 中考察 $DE \rightarrow C$，得到表 4.14，如下所示。

表 4.14 考察 $DE \rightarrow C$ 的结果

|  | A | B | C | D | E |
|---|---|---|---|---|---|
| $R_1(A,D)$ | $a_1$ | $b_{12}$ | $b_{13}$ | $a_4$ | $b_{15}$ |
| $R_2(A,B)$ | $a_1$ | $a_2$ | $b_{13}$ | $a_4$ | $b_{25}$ |
| $R_3(B,E)$ | $b_{31}$ | $a_2$ | $a_3$ | $a_4$ | $a_5$ |
| $R_4(C,D,E)$ | $b_{41}$ | $b_{42}$ | $a_3$ | $a_4$ | $a_5$ |
| $R_5(A,E)$ | $a_1$ | $b_{52}$ | $a_3$ | $a_4$ | $a_5$ |

（6）在表 4.14 中考察 $CE \rightarrow A$，得到表 4.15，如下所示。

表 4.15 考察 $CE \rightarrow A$ 的结果

|  | A | B | C | D | E |
|---|---|---|---|---|---|
| $R_1(A,D)$ | $a_1$ | $b_{12}$ | $b_{13}$ | $a_4$ | $b_{15}$ |
| $R_2(A,B)$ | $a_1$ | $a_2$ | $b_{13}$ | $a_4$ | $b_{25}$ |
| $R_3(B,E)$ | $a_1$ | $a_2$ | $a_3$ | $a_4$ | $a_5$ |
| $R_4(C,D,E)$ | $a_1$ | $b_{42}$ | $a_3$ | $a_4$ | $a_5$ |
| $R_5(A,E)$ | $a_1$ | $b_{52}$ | $a_3$ | $a_4$ | $a_5$ |

（7）由于 $F = \{A \rightarrow C, B \rightarrow C, C \rightarrow D, DE \rightarrow C, CE \rightarrow A\}$ 中所有函数依赖已被检查完毕，所以表 4.15 为最后结果表。因为第三行 $a_1$、$a_2$、$a_3$、$a_4$、$a_5$，因此关系模式 $R(A,B,C,D,E)$ 的分解 $\rho$ 为无损连接分解。

**定理** 如果 $R(U)$ 的分解为 $\rho = \{R_1(U_1), R_2(U_2)\}$，其中 $U = U_1 \cup U_2$，$F$ 为 $R(U)$ 所满足的函数依赖集合，则分解 $\rho$ 是无损连接分解的充分必要条件为 $(U_1 \cap U_2) \rightarrow (U_1 - U_2)$ 或 $(U_1 \cap U_2) \rightarrow (U_2 - U_1)$ 成立。

**证明** 首先，借助无损连接分解测试算法的思路，将 $R(U)$ 的属性划分成三部分：$(U_1 \cap U_2)$、$(U_1 - U_2)$ 和 $(U_2 - U_1)$。于是，构造的初始表如表 4.16 所示。

表 4.16 构造的初始表

|  | $(U_1 \cap U_2)$ | $(U_1 - U_2)$ | $(U_2 - U_1)$ |
|---|---|---|---|
| $R_1(U_1)$ | aa⋯a | aa⋯a | bb⋯b |
| $R_2(U_2)$ | aa⋯a | bb⋯b | aa⋯a |

注：表中 a,b 省略了下标。

（1）充分性。如果 $(U_1 \cap U_2) \rightarrow (U_1 - U_2)$ 在 $F$ 中，根据算法可将第二行中对应 $(U_1 - U_2)$ 列的"bb⋯b"改成"aa⋯a"，于是第二行全部变成"aa⋯a"，则 $\rho$ 是无损连接分解。

同理，如果 $(U_1 \cap U_2) \rightarrow (U_2 - U_1)$ 在 $F$ 中，可将第一行全部变成"aa⋯a"，也可得到 $\rho$ 是无损连接分解的结论。

另外，如果 $(U_1 \cap U_2) \to (U_1 - U_2)$ 不在 $F$ 中，但在 $F^+$ 中，此时借助 Armstrong 公理同样可以得到上述初始表，进而得到同样结论。$(U_1 \cap U_2) \to (U_2 - U_1)$ 不在 $F$ 中，但在 $F^+$ 中的情况与此类似，这里不再赘述。

（2）必要性。如果分解是无损连接分解，则初始表的两行中必然至少有一行全为"aa…a"。如果第一行全部是"aa…a"，根据算法可知，一定是因为有 $(U_1 \cap U_2) \to (U_2 - U_1)$ 才导致这样结果；同理，如果第二行全部是"aa…a"，根据算法可知，一定是因为有 $(U_1 \cap U_2) \to (U_1 - U_2)$ 才导致这样结果。

上述定理表明，当模式 $R(U)$ 可以分解为两个模式 $\rho = \{R_1(U_1), R_2(U_2)\}$（其中 $U = U_1 \cup U_2$）时，如果其公共属性 $(U_1 \cap U_2)$ 可通过函数决定 $U_1$ 或 $U_2$ 中的其他属性（$(U_1 - U_2)$ 或 $(U_2 - U_1)$）时，这样的分解是无损连接分解。

**例** 设关系模式 $R(A, B, C)$，其上的一组函数依赖为 $F = \{A \to B\}$，试判断以下两个分解是否为无损连接分解：

$\rho_1 = \{R_1(A, B), R_2(A, C)\}$  $\rho_2 = \{R_1(A, B), R_3(B, C)\}$

（1）分析 $\rho_1 = \{R_1(A, B), R_2(A, C)\}$。

$U_1 = \{A, B\}$，$U_2 = \{A, C\}$，公共属性为 $A$，根据 $F = \{A \to B\}$ 其显然符合 $(U_1 \cap U_2) \to (U_1 - U_2)$，可见 $\rho_1 = \{R_1(A, B), R_2(A, C)\}$ 是无损连接分解。

（2）分析 $\rho_2 = \{R_1(A, B), R_3(B, C)\}$。

$U_1 = \{A, B\}$，$U_2 = \{B, C\}$，公共属性为 $B$，根据 $F = \{A \to B\}$，其既不符合 $(U_1 \cap U_2) \to (U_1 - U_2)$，也不符合 $(U_1 \cap U_2) \to (U_2 - U_1)$，可见 $\rho_2 = \{R_1(A, B), R_3(B, C)\}$ 不是无损连接分解。

## 4.4.4 保持函数依赖的分解

前面讨论的无损连接分解对于恢复原关系或保障查询信息的一致而言是至关重要的。然而这仍然还不够，如果分解后的关系模式不能保持原有的函数依赖，那么其就丢失了一部分完整性约束信息，也就可能导致数据库中的数据不一致（不完整）。

设 $F$ 是属性集 $U$ 上的函数依赖集，$Z$ 是 $U$ 上的一个子集，$F$ 在 $Z$ 上的投影用 $\pi_Z(F)$ 表示，即 $\pi_Z(F) = \{X \to Y \mid (X \to Y) \in F^+, X \subseteq Z, Y \subseteq Z\}$。

**定义** 设关系模式 $R(U)$ 的一个分解为 $\rho = \{R_1(U_1), R_2(U_2), \cdots, R_k(U_k)\}$，其上的一组函数依赖集为 $F$，如果 $F^+ = \left(\bigcup_{i=1}^{k} \pi_{U_i}(F)\right)^+$，则可称分解 $\rho$ 保持函数依赖集 $F$，简称 $\rho$ 保持函数依赖。

由以上定义可知，检验一个分解是否保持函数依赖，其实就是检验函数依赖集 $G = \bigcup_{i=1}^{k} \pi_{U_i}(F)$ 是否覆盖函数依赖集 $F$，也就是检验：对任意一个函数依赖 $(X \to Y) \in F$，

是否可由 $G$ 根据 Armstrong 公理导出。由前面 4.2.4 节中定理可知,也就是检验 $Y \subseteq X_G^+$ ( $X_G^+$ 表示在函数依赖集 $G$ 下属性集 $X$ 的闭包)。于是,得到如下算法。

**算法** 分解是否保持函数依赖测试。

**输入** $R(U,F)$ 和 $\rho = \{R_1(U_1), R_2(U_2), \cdots, R_k(U_k)\}$。

**输出** 分解 $\rho$ 是否保持函数依赖集 $F$ 的判断结果。

(1)(初始化)令 $G = \bigcup_{i=1}^{k} \pi_{U_i}(F)$, $F = F - G$, $r = true$。

(2)遍历检查,伪代码如下。

for ( $(X \to Y) \in F$ )
{ 计算 $X_G^+$
if ( $Y \not\subseteq X_G^+$ )
{ $r = false$;
  break;
}
}

(3)输出结果,伪代码如下。

if ( $r = true$ )
{
分解 $\rho$ 保持函数依赖集 $F$;
}else
{
分解 $\rho$ 不保持函数依赖集 $F$;
}

**例** 设有关系模式 $R(A,B,C,D)$, $F = \{A \to B, B \to C, C \to D, D \to A\}$,模式 $R(A,B,C,D)$ 的一个分解为 $\rho = \{R_1(A,B), R_2(B,C), R_3(C,D)\}$,判断 $\rho$ 是否保持函数依赖 $F$。

由函数依赖集 $F$ 和分解 $\rho$ 可知以下依据。

$$F_1 = \pi_{\{A,B\}}(F) = \{A \to B, B \to A\}$$
$$F_2 = \pi_{\{B,C\}}(F) = \{B \to C, C \to B\}$$
$$F_3 = \pi_{\{C,D\}}(F) = \{C \to D, D \to C\}$$

根据算法,得到以下结果。

(1) $G = \{A \to B, B \to A, B \to C, C \to B, C \to D, D \to C\}$,
$F = F - G = \{D \to A\}$, $r = true$。

(2)对于函数依赖 $D \to A$,闭包 $D_G^+ = \{A,B,C,D\}$,由于 $\{A\} \subseteq D_G^+$,故该函数依赖仍然蕴涵在 $G$ 中。

(3) $F$ 中无其他函数依赖需要检查,此时 $r = true$,所以分解 $\rho$ 保持函数依赖 $F$。

关系模式的分解有以下几个重要事实：

（1）若要求分解保持函数依赖，那么模式分解总可以达到3NF，但不一定能达到BCNF。

（2）若要求分解既保持函数依赖又保持无损连接性，那么模式分解可以达到3NF，但不一定能达到BCNF。

（3）若要求分解保持无损连接性，那么一定可以达到4NF。

## 4.4.5 分解成 3NF 的模式集

**算法** 将一个关系模式转换为3NF的、保持函数依赖的分解。

**输入** 关系模式$R$，属性集合$U$，$R$上的函数依赖集$F$。

**输出** $R$的一个分解$\rho = \{R_1(U_1), R_2(U_2), \cdots, R_k(U_k)\}$，其中的每个$R_i(U_i)$都是3NF的，且$\rho$保持函数依赖$F$。

（1）求出函数依赖集$F$的最小覆盖，并仍记为$F$，令$\rho = \varphi$。

（2）若$F$中存在$X \to Y$使$XY = U$，则令$\rho = \rho \cup \{R(U)\}$，转步骤（5）。

（3）若$F$中的某些属性$U'$在$F$的所有函数依赖的左部和右部都不出现，则把这些属性构成一个关系模式$R(U')$，并令$\rho = \rho \cup \{R(U')\}$。

（4）对$F$中所有以$X$为左部的函数依赖$X \to Y_1, X \to Y_2, \cdots, X \to Y_k$，构成关系模式$R(XY_1Y_2\cdots Y_k)$，另$\rho = \rho \cup \{R(XY_1Y_2\cdots Y_k)\}$，$F = F - \{X \to Y_1, X \to Y_2, \cdots, X \to Y_k\}$（$F$的修改为循环控制用，循环终止条件$F = \varphi$）。

（5）输出$\rho$。

**定理** 上述算法将一个关系模式分解为保持函数依赖的3NF模式集。

**证明** 从算法中步骤（4）可以看出，原关系中所有函数依赖都保留在分解后的某个关系中，可见分解能够保持函数依赖。

由于原关系所有属性均不可再分割，所以分解后关系也具有属性不可分割性；步骤（3）形成的关系中无候选码，也就不存在"非码属性对码的部分依赖或传递依赖"；步骤（4）形成的关系，从$R(XY_1Y_2\cdots Y_k)$和其上的函数依赖集合$X \to Y_1, X \to Y_2, \cdots, X \to Y_k$可以看出，都具有唯一的候选码，也不存在"非码属性对码的部分依赖或传递依赖"。于是，无论步骤（3）或步骤（4）形成的关系都是3NF的。

**定理** 设$\rho = \{R_1(U_1), R_2(U_2), \cdots, R_k(U_k)\}$是上述算法得到的一个分解。设$X$是原关系$R(U)$的一个候选码，若存在某个$U_i$，使$X \subseteq U_i$，则令$\tau = \rho$；否则令$\tau = \rho \cup \{R_X(X)\}$。则$\tau$也是$R(U)$的一个分解，其中所有模式都是3NF，且这个分解具有无损连接和保持函数依赖两个特性。

**例** 设关系模式$R(A,B,C,D,E,P)$，它满足的函数依赖集$F = \{A \to B, AE \to P, CD \to A, CE \to D, BC \to D\}$已是最小函数依赖集。由算法可得$R(A,B,C,D,E,P)$的一个分解

$$\rho = \{R_1(A,B), R_2(A,E,P), R_3(C,D,A), R_4(C,E,D), R_5(B,C,D)\}$$

这个分解显然将原有的函数依赖保留下来，且每个分解都是3NF的。

原关系模式的唯一候选码为$(C,E)$，因为$\{C,E\} \subseteq U_4 = \{C,E,D\}$，根据定理可知$\rho = \{R_1(A,B), R_2(A,E,P), R_3(C,D,A), R_4(C,E,D), R_5(B,C,D)\}$是原关系模式的一个分解，其中所有模式都是3NF，且这个分解具有无损连接和保持函数依赖两个特性。

除了以上算法外，还有将关系模式分解成BCNF的算法，请参考相关资料。

## 4.4.6 关系模式的设计原则

将关系模式$R(U,F)$分解成数据库模式$\rho = \{R_1(U_1), R_2(U_2), \cdots, R_k(U_k)\}$，一般应满足下面四个要求。

（1）$\rho$中的每个关系模式$R_i$应有某种范式性质（3NF或BCNF）。

（2）$\rho$应具有无损连接性。

（3）$\rho$仍然保持函数依赖集$F$。

（4）最小性：指$\rho$中的模式个数应最少，且模式中属性总数应最少。

数据库设计者在进行关系数据库设计时，应尽可能使数据库模式保持最好的特性。模式分解不单是把关系模式分解为数据库模式，也包括把数据库模式分解为另一个数据库模式。分解的关键问题是要"等价"。

一个好的模式设计方法应符合下列三条原则：表达性、分离性和最小冗余性。

（1）表达性。涉及两个数据库模式等价性问题，即数据等价和依赖等价，其分别用无损连接和保持函数依赖来衡量。

（2）分离性。指属性间相互独立时，应该用不同的关系模式表达，即分解后的各个模式应尽可能做到概念单一。实际上分离就是清除更新异常和数据冗余现象，如果能达到这个目的，就实行分离，分离的基准就是一系列范式。分离与函数依赖均要考虑，尤其在不可兼得时，更需注意取舍，结合具体问题灵活掌握。

（3）最小冗余性。要求分解后的数据库能表达原数据库所有信息的前提下，使数据库模式$\rho = \{R_1(U_1), R_2(U_2), \cdots, R_k(U_k)\}$中的模式个数应最少，且模式中属性总数应最少。目的是要清除不必要冗余，减少占用的存储空间，提高操作效率。

值得注意的是在实际应用中不一定要达到最小冗余，因为有时带点冗余对提高查询（检索）效率是有好处的（减少连接运算或二级查询）。

## 本章小结

本章由关系模式的存储异常问题引出了函数依赖的概念，其中包括完全函数依赖、部分函数依赖和传递函数依赖，这些概念是规范化理论的依据和规范化程度的准则。

规范化就是对原关系进行投影，消除决定属性不是候选码的任何函数依赖。

一个关系只要其分量都是不可分的数据项，就可被称作规范化关系，也被称作 1NF；消除 1NF 关系中非主属性对码的部分函数依赖，得到 2NF，消除 2NF 关系中非主属性对码的传递函数依赖，得到 3NF，消除 3NF 关系中主属性对码的部分函数依赖和传递函数依赖，便可以得到一组 BCNF 关系。

规范化过程可逐渐消除存储异常，使数据冗余尽量小，便于实现插入、删除和更新等数据操作。规范化的基本原则就是遵从概念单一化"一事一地"的原则，即一个关系只描述一个实体或者实体间的一种联系。规范化的投影分解方法不是唯一的，对于 3NF 的规范化，分解既要具有无损连接性，又要保持函数依赖性。

## 练习与思考

4.1 理解并给出下列术语的定义。

函数依赖、部分函数依赖、完全函数依赖、传递依赖、候选码、主码、外码、全码（All-key）、1NF、2NF、3NF、BCNF、多值依赖、4NF。

4.2 建立一个关于系、学生、班级、学生会等信息的关系数据库。

学生：学号、姓名、出生年月、系名、班号、宿舍区。

班级：班号、专业名、系名、人数、入校年份。

系：系名、系号、系办公地点、人数。

学生会：学生会名、成立年份、办公地点、人数。

语义如下：一个系有若干专业，每个专业每年只招一个班，每个班有若干学生。一个系的学生住在同一宿舍区。每个学生可参加若干学生会，每个学生会有若干学生。学生参加某学生会有一个入会年份。

请给出关系模式，写出每个关系模式的极小函数依赖集，指出其是否存在传递函数依赖，针对函数依赖左部是多属性的情况，讨论函数依赖是完全函数依赖还是部分函数依赖。指出各关系模式的候选码、外码，判断有没有全码存在。

4.3 为什么要进行关系模式的分解？分解应遵守的准则是什么？

4.4 全码的关系是否必然属于 3NF？为什么？是否也必然属于 BCNF？为什么？

4.5 试举出 3 个多值依赖的实例。

4.6 下面结论哪些是正确的，哪些是错误的。对于错误的结论，请给出理由或给出一个反例说明。

（1）任何一个二元关系都是属于 3NF 的。

（2）任何一个二元关系都是属于 BCNF 的。

（3）任何一个二元关系都是属于 4NF 的。

（4）若 R.A → R.B，R.B → R.C，则 R.A → R.C。

（5）若 R.A → R.B，R.A → R.C，则 R.A → R.(B,C)。

（6）若 R.B → R.A，R.C → R.A，则 R.(B,C) → R.A。

（7）若 R.(B,C) → R.A，则 R.B → R.A，R.C → R.A。

# 第 5 章
# 关系数据库的规范化设计

**本章学习提要与目标**

数据库设计是数据库应用的一个重要环节,是信息系统开发和建设的核心技术。本章主要介绍关系数据库设计的规范化理论以及数据库设计各个阶段的目标、方法和应注意的事项。通过学习本章,读者应能将这些原则和设计思想应用于数据库应用系统的开发中。

随着计算机技术的不断发展,应用系统向着复杂化、大型化的方向迈进。数据库是整个系统的核心,它的设计直接关系到系统的执行效率和稳定性。因此在软件系统开发中,数据库设计应遵循必要的数据库范式理论,以减少冗余、保证数据的完整性与正确性。只有在合适的数据库产品上设计出合理的数据库模式,才能降低整个系统的开发和维护难度,提高系统的实际运行效率。

## 5.1 数据库的设计概述

数据库设计(database design)是指对于一个给定的应用环境,构造最优的数据库模式,建立数据库及其应用系统,使之能够有效地存储数据,满足各种用户的应用需求。数据库的设计是为用户和各种应用系统提供一个高效率的运行环境。效率包括两个方面:一是数据库的存取效率;二是存储空间的利用率。

### 5.1.1 数据库设计的特点

数据库是信息系统的核心和基础,其可以把信息系统中大量的数据按一定的模型组织起来,提供存储、维护、检索的功能,使信息系统可以方便、及时、准确地从中获得所需的信息。数据库设计是信息系统开发和建设的重要组成部分,是一项庞大的工程,涉及数据库、计算机科学、程序设计、软件工程以及应用领域的综合知识和技术。在实际应用中,数据库的设计工作在很大程度上取决于设计者的经验,必须反复探寻,逐步求精,逐步优化。

数据库设计和一般的软件系统的设计、开发、运行和维护有许多相通之处,但也有其自身的一些特点。

**1. 数据库建设是硬件、软件和管理的结合**

所谓管理其实就是技术和管理的界面,就是说在数据库建设的过程当中需要一定的技术和管理,而管理需要体现出这些内容的界面,是凌驾于软件之上的一层。也就是说数据库的建设少不了最基础的硬件建设,建立于硬件基础上的、必要的软件处理,以及利用软件开发的管理,有了这三者的结合,才真正能够构成一个完整的数据库。当然数据库最根本的内容还是基础数据,这也就是很多数据库设计方面的文章上常提到的"三分技术,七分管理,十二分的基础数据",由此可以看出基础数据的重要性。

**2. 数据库设计应该与应用系统设计相结合**

数据库应用系统必须满足用户的信息需求和处理需求,因此在整个设计过程中要把数据库的设计和对数据库中数据处理的设计紧密结合起来,这两个方面的需求分析、抽象、设计、实现将在各个阶段同时进行,相互参照,相互补充,最终得以完善。

结构特性(数据)设计:设计数据库框架或数据库结构,设计结果要得到一个合理的数据模型,其主要涉及实体和属性及其相互联系、域和完整性约束,包括模式和子模型的设计等,设计最后要建立数据库。

行为特性(处理)设计:设计应用程序、事务处理等。在分析用户需要处理哪些数据的基础上完成对各个功能模块的设计,如完成对数据的查询、修改、删除、统计等。

良好的结构设计有利于处理,合适的行为处理对于结构的稳定和共享是有重要意义的。

## 5.1.2 数据库的设计方法

早期数据库设计采用手工与经验相结合的方法,设计质量与设计人员的经验和水平有直接关系。由于缺乏科学理论和工程方法的支持,工程的质量难以保证。数据库运行一段时间后常常会不同程度地发现各种问题,增加了维护的代价。

长时间以来,人们努力探索,提出了各种数据库设计方法,这些方法运用软件工程的思想,提出了各种设计准则和规程,其都属于规范设计方法。规范设计方法的本质仍是手工设计方法,其基本思想是过程迭代和逐步求精。

规范设计方法中比较著名的是新奥尔良(New Orleans)方法,它将数据库设计分为四个阶段:需求分析(分析用户要求)、概念设计(信息分析和定义)、逻辑设计(设计实现)和物理设计(物理数据库设计)。其后,姚(S. B. Yao)等又将数据库设计分为五个步骤。之后又有鲍尔默(I. R. Palmer)等主张把数据库设计当成一步接一步的过程,并采用一些辅助手段实现每一过程。此外,还有基于 E-R 模型的数据库设计方法、基于 3NF(第三范式)的设计方法、基于抽象语法规范的设计方法等,这些都是在数据库设计的不同阶段实现的具体技术和方法。

为提高数据库设计效率,多年以来,数据库工作者和数据库厂商一直在研究和开发数据库设计工具。经过多年的努力,数据库设计工具已经实用化和产品化,可同时进行数据库设计和应用程序设计。目前市面上有很多数据库辅助工具(CASE 工具),例如,以下四种。

（1）Rational 公司的 RationalRose。支持关系型数据库逻辑模型的生成，包括 Oracle7、Sybase、SQL Server、Watcom SQL 和 ANSI SQL。

（2）CA 公司的 Erwin。主要用来建立数据库的概念模型和物理模型。它能用图形化的方式，描述出实体、联系及实体的属性，其支持 IDEF1X 模型，可通过使用自带建模工具自动生成、更改和分析 IDEF1X 模型，不仅能得到优秀的业务功能和数据需求模型，而且可以实现从 IDEF1X 模型到数据库物理设计的转变。

（3）Sybase 公司的 PowerDesigner。采用基于 E-R 的数据模型，分别从概念数据模型（conceptual data model）和物理数据模型（physical data model）两个层次对数据库进行设计。

（4）Oracle 公司的 Oracle Designer。支持面向对象和 E-R 的建模方式。在一个有效的 E-R 模型或面向对象模型中，其数据库设计转换工具可以自动生成第一个数据库方案，且具有完整的表、列、索引和参照完整性约束。

设计人员可根据需要选用相应的数据库设计建模工具，快速完成数据库的设计。

## 5.1.3 数据库设计的基本步骤

目前数据库设计一般采用生命周期（life cycle）法，它将整个数据库设计分解成目标独立的六个阶段。

**1. 需求分析阶段**

准确了解与分析用户需求（包括数据需求与处理需求）。这一阶段是整个设计过程的基础，是最困难的、最耗费时间的一步。

**2. 概念结构设计阶段**

这一阶段是整个数据库设计的关键。通过对用户需求进行整合、归纳与抽象，形成一个独立于具体 DBMS 的概念模型。

**3. 逻辑结构设计阶段**

将概念结构转换为某个 DBMS 所支持的数据模型，并以关系数据库规范化理论为指导，对数据模型进行优化处理。

**4. 数据库物理设计阶段**

为逻辑数据模型选取一个最匹配应用环境的物理结构（包括存储结构和存取方法）。

**5. 数据库实施阶段**

运用 DBMS 提供的数据语言、工具及应用程序开发语言，根据逻辑设计和物理设计的结果建立数据库，编制与调试应用程序，组织数据入库，并进行试运行。

**6. 数据库运行和维护阶段**

数据库应用系统经过试运行后即可投入正式运行。在数据库系统运行过程中必须不断地对其进行评价、调整与修改。

当然，上述设计步骤既是数据库设计的过程，同时也是数据库应用系统的设计过程。

### 5.1.4 数据库各级模式的形成过程

根据数据库设计的不同时期，可以划分各级模式。在需求分析阶段综合不同用户的应用需求；在概念设计阶段形成独立于机器特点、独立于各个 DBMS 产品的概念模式（E-R 图）；在逻辑设计阶段将 E-R 图转换成具体的数据库产品支持的数据模型，如关系模型，形成数据库逻辑模式，然后根据需要和安全建立视图，形成外模式；在物理设计阶段根据 DBMS 的特点和处理，建立存储安排、索引等，形成内模式。

## 5.2 数据库设计的全过程

前面已经提到，数据库设计目前一般采用生命周期法，它将整个数据库设计分解成目标独立的若干阶段：需求分析、概念设计、逻辑设计、物理设计、数据库的实施、数据库的运行与维护。

其中，需求分析和概念设计可以独立于任何数据库管理系统进行，而逻辑设计和物理设计则与选用的 DBMS 密切相关。

### 5.2.1 需求分析

当前数据库应用越来越广泛，数据库系统也变得越来越庞大，这就使数据库设计工作异常复杂。作为地基的需求分析是否做得充分与准确，决定了在其上构建数据库大厦的效率和质量，也关系到整个系统的成败、优劣。

**1. 需求分析的目标**

需求分析阶段应该对整个应用系统做全面、详细的调查，通过详细调查现实世界要处理的对象（组织、部门和企业等），充分了解原系统（手工系统或计算机系统）的工作概况，明确用户的信息要求、处理要求、安全性与完整性要求，并把这些要求写成用户和系统开发人员都能够接受的文档。

**2. 需求分析的步骤**

进行需求分析首先是调查用户的实际要求，与用户达成共识，然后分析与表达这些需求。

需求分析的过程一般如下。

（1）调查组织机构总体情况。通过调查组织机构情况弄清所设计的数据库系统与哪些部门有关，为分析信息流程做准备。

（2）熟悉业务活动。了解各个部门输入和使用什么数据、如何加工处理这些数据、输出什么信息、输出到什么部门、输出结果的格式是什么。

（3）明确用户需求。在熟悉业务活动的基础上协助用户明确其对新系统的各种要求：数据库中需要存储哪些数据、应完成什么处理功能、数据的存取控制要求以及数据自身或数据之间有哪些约束限制等。

（4）确定系统边界。确定哪些功能由计算机完成，哪些功能由人工完成。由计算机完成的功能就是新系统应实现的功能。

在调查过程中，要分析用户活动、了解组织机构情况、明确用户需求，这就需要分别同各类用户打交道，展开需求调研工作。具体的调研方法有：跟班作业、开调查会、请专人介绍、询问、设计调查表请用户填写、查阅记录等。

调查了解了用户需求以后，还需要进一步分析和表达用户的需求，自顶向下的结构化分析方法（Structured Analysis，SA）就是一种简单实用的方法，该方法从最上层的系统组织机构入手，采用逐层分解的方式分析系统，并把每一层用数据流图（Data Flow Diagram，DFD）和数据字典（Data Dictionary，DD）描述出来。数据流图表达了数据和处理过程的关系，而系统中的数据则借助数据字典来描述。

**3. 数据字典**

数据字典是各类数据描述的集合，它是关于数据库中数据的描述（即元数据）而不是数据本身。数据字典通常包括数据项、数据结构、数据流、数据存储和处理过程五个部分（至少应该包含每个属性的数据类型和每个表的主码、外码）。

（1）数据项。数据项是不可再分的数据单位，对数据项的描述通常包括以下内容。

数据项描述＝{数据项名,数据项含义说明,别名,数据类型,长度,取值范围,取值含义,与其他数据项的逻辑关系}

（2）数据结构。数据结构反映了数据之间的组合关系。一个数据结构可以由若干个数据项组成，也可以由若干个数据结构组成，或由若干个数据项和数据结构混合组成。对数据结构的描述通常包括以下内容。

数据结构描述＝{数据结构名,含义说明,组成：{数据项或数据结构}}

（3）数据流。数据流是数据结构在系统内传输的路径，对数据流的描述通常包括以下内容。

数据流描述＝{数据流名,说明,数据流来源,数据流去向,组成：{数据结构},平均流量,高峰期流量}

（4）数据存储。数据存储是数据结构停留或保存的地方，也是数据流的来源和去向之一，对数据存储的描述通常包括以下内容。

数据存储描述＝{数据存储名,说明,编号,流入的数据流,流出的数据流,组成：{数据结构},数据量,存取方式}

（5）处理过程。数据字典中只需描述处理过程的说明性信息，通常包括以下内容。

处理过程描述＝{处理过程名,说明,输入：{数据流},输出：{数据流},处理：{简要说明}}

数据字典是在需求分析阶段建立的，并在数据库设计过程中不断改进、充实和完善的。

## 5.2.2 概念设计

在需求分析阶段已经对整个应用系统做了全面、详细的调查，收集了应用系统下的基础数据，确定了用户对系统的功能需求。之后，还需要对这些数据进行归纳、抽象，建立起一个整体模型，反映出这些基础数据之间的关联性。

**1. 概念设计目标**

概念设计是在需求分析阶段产生的数据流图和数据字典基础上，对基础数据进行综合抽象，从而形成反映企业组织信息需求的概念数据模型。这个模型应当能够易于被用户理解，并且独立于具体的数据库管理系统。对于概念模型的要求有以下几点。

（1）概念模型是对现实世界的抽象和概括，它应真实、充分地反映现实世界中事物和事物之间的联系，有丰富的语言表达能力，能表达用户的各种需求，包括描述现实世界中各种对象及其复杂的联系、用户对数据对象的处理要求。

（2）概念模型应简洁、明晰、独立于机器、容易被理解，方便数据库设计人员与用户交换意见，使用户能积极参与数据库的设计工作。

（3）概念模型应易于变动。当应用环境和应用要求发生改变时，概念模型应较易修改和补充。

（4）概念模型应很容易向关系、层次或网状等各种数据模型转换。易于从概念模式导出为与 DBMS 有关的逻辑模式。

**2. 概念设计步骤**

概念设计的任务一般可分为三步：进行数据抽象，设计局部概念模式；将局部概念模式整合成全局概念模式；评审。

（1）进行数据抽象，设计局部概念模式。局部用户的信息需求是构造全局概念模式的基础，因此，需要先从个别用户的需求出发，为每个用户建立一个相应的局部概念结构。在建立局部概念结构时，常常要对需求分析的结果进行细化、补充和修改，如有的数据项要分为若干子项，有的数据定义需要重新核实等。

设计概念结构时，常用的数据抽象方法是"聚集"和"概括"。聚集是将若干对象和它们之间的联系组合成一个新的对象；概括是将一组具有某些共同特性的对象合并成更高一层意义上的对象。

（2）将局部概念模式整合成全局概念模式。整合各局部概念结构就可得到反映所有用户需求的全局概念结构。在整合过程中，主要工作是处理各局部模式对各种对象定义不一致的问题，包括同名异义、异名同义和同一事物在不同模式中被抽象为不同类型的对象（例如，有的作为实体，有的又作为属性）等问题。在把各局部结构进行初步合并后，结果可能还会存在冗余数据和冗余联系。所谓的冗余数据是指可由基本数据导出的数据；冗余联系是指可由其他联系导出的联系。为此需要对用户的信息需求做进一步分析，以确定是否消除这些冗余现象。需要说明的是，并非所有的冗余信息都必须消除，有时为了提高某些应用的效率，不得不以冗余信息作为代价。

（3）评审。消除了所有冲突后，就可把全局结构提交评审。评审分为用户评审与

DBA 及应用开发人员评审两部分。用户评审的重点在于确认全局概念模式是否准确、完整地反映了用户的信息需求和现实世界事物的属性间的固有联系；DBA 和应用开发人员评审则侧重于确认全局结构是否完整、各种成分划分是否合理、是否存在不一致性以及各种文档是否齐全等。文档应包括局部概念结构描述、全局概念结构描述、修改后的数据清单和业务活动清单等。如果存在问题，应当从设计局部 E-R 图开始重新进行概念设计，没有问题则进入逻辑设计阶段。

### 3. 概念设计工具

目前在概念设计阶段，E-R 模型是被广泛使用的设计工具。E-R 模型用实体、联系和属性的概念来表示数据。

（1）实体。

实体是现实世界中可区别于其他对象的"事件"或"物体"，其可以是物理存在的对象，也可以是抽象存在的对象。例如，每个人都是一个实体，每个银行账户也是一个实体，贷款也被看作实体。同一类实体构成实体集，例如，某个银行的所有客户的集合可被定义为实体集 Customer，同样，实体集 Loan 表示某个银行所发放的所有贷款的集合。实体类型是对实体集中实体的定义。一个实体集可以看成是任意时刻某个特定实体类型的所有实体的集合，它是动态变化的一个值集，而实体类型一旦被确定下来，就是相对稳定的，它描述了具有相同结构的实体集的模式。

在 E-R 模型中，实体类型（在不引起歧义的情况下常简称为实体）用方框表示，方框内注明实体的命名。这里建议在需求分析阶段用中文表示实体名，到设计阶段再根据需要将之转成英文形式，这样有利于软件工作人员和用户之间的交流。

（2）属性。

实体通过一组属性来表示，属性是实体集中每个成员具有的描述性性质。例如，客户实体集 Customer 可能具有属性 Customer_id、Customer_name、Customer_address；贷款实体集 Loan 可能具有属性 Loan_number、Branch_name、Amount。在一个实体中，能够唯一标识实体的属性或属性集被称为实体的主码。例如，对某个特定的客户实体 *C1*，它的 Customer_id 为"0503002"，Customer_name 为"钱小平"，Customer_address 为"山东省青岛市府前街 8 号，266001"。这里属性 Customer_id 用来唯一标识客户，因为可能会有不止一个客户有相同的名字或地址。图 5.1 表示了客户实体 *C1* 及其属性值。

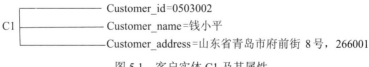

图 5.1 客户实体 C1 及其属性

E-R 模型中的属性可以分为如下的几种类型。

①简单属性和复合属性。简单属性是指不能被划分为更小部分的属性。而复合属性则是可被划分为更小的具有独立意义部分的属性。这些更小的部分为更基本的属性。例如，图 5.1 中客户实体的属性 Customer_address 可以进一步划分为 Province（省份），City（城市），StreetAddress（街道地址）和 PostalCode（邮编），相应的属性值分

别可以是"山东""青岛""府前街8号"和"266001"。复合属性可以形成分层结构，如图5.2所示，StreetAddress可进一步划分为Street（街道），Number（号）和ApartmentNumber（公寓号）。

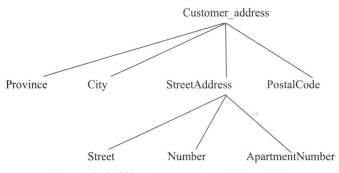

图5.2 复合属性Customer_address的分层结构

②单值属性和多值属性。如果某属性对每一个特定实体都只有一个属性值，这样的属性被称为单值属性，例如，对某个特定的客户实体而言，其Customer_name属性只对应一个具体的名字。有些情况下，一个实体的某个属性可能具有多个值，例如，假设客户实体有一个属性Phone（电话），每个员工可以有0个、1个或多个电话，因此不同的员工实体在Phone属性上可能有不同数目的值，这样的属性被称为多值属性。

③存储属性和派生属性。某些情况下，两个或两个以上属性值可以是相关的，其中一个属性的值可以从其他相关属性或实体派生出来。例如，假设客户实体具有年龄属性Age和出生日期属性BirthDate，则由当前日期和该实体的BirthDate值可以计算出其Age属性的值。这时属性Age被称为派生属性，属性BirthDate被称为存储属性。派生属性的值不需要存储，在需要时可以被计算出来。

④空值。某些情况下，一个特定实体的某个属性可能没有适当的值。例如，地址中的属性ApartmentNumber只有住宅是公寓才具有一个适当的值，对应其他类型的住宅，其属性ApartmentNumber可能不具有适当的值，此时应将该属性赋以空值（NULL）。

当不能确定一个特定实体的属性值时，也可以使用空值。例如，当不知道一个客户的姓名时，可以为属性Customer_name赋以空值。在这种情况下，这个值是缺失了，因为每个客户都必须有名字。又如，假设客户实体有一个住宅电话HomePhone属性，当不知道该实体的住宅电话时，可以为HomePhone属性赋以空值。在这种情况下，不能确定该属性值是否存在。

一个实体类型通常具有这样一个或多个属性的集合，任意实体集中每个单独的实体在这些属性上都具有不同的值，即这些属性的组合在任一个实体集中可以唯一地标识一个实体，这样的属性集被称为超码。例如，CUSTOMER实体类型的Customer_id属性足以将不同的客户实体区分开来，因此Customer_id是一个超码。类似地，Customer_id和Customer_name的组合也是一个超码，即超码中可能包含一些无关紧要的属性。最小超码的任意真子集都不能成为超码，其被称为候选码，如CUSTOMER实体类型中的Customer_id属性就是一个候选码。

有些实体类型具有多个候选码，那么在设计数据库时可从多个候选码中任意选出一个作为主码。如果指定某个属性集是一个实体类型的主码，那么主码的唯一性对于该实体类型的所有实体集而言将同样有效。因此，这是一个约束，其可以防止任何两个实体在任何时候具有相同的主码值，此性质并非某个特定实体集所有，而是适用于该实体类型的所有实体集，这种主码约束来源于被建模的事物在现实世界受到的约束。

在 E-R 模型中，属性用椭圆框表示，椭圆框内需注明属性的命名，并用线段将属性与其实体相连，主码属性以下画线标明，复合属性与其组成属性由线段连接，如 CUSTOMER 实体类型的复合属性 Customer_address，它包括属性 Province、City、StreetAddress 和 PostalCode，其中 StreetAddress 本身又是一个复合属性，它由 Street、Number 和 ApartmentNumber 组成。多值属性用双线的椭圆框表示，如 CUSTOMER 的 Phone 属性。派生属性用虚线的椭圆框表示，如 Age 属性，它可以由 BirthDate 属性派生出来。包含复合属性、多值属性及派生属性的 E-R 图，如图 5.3 所示。

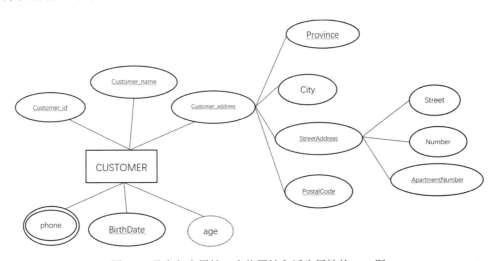

图 5.3　具有复合属性、多值属性和派生属性的 E-R 图

（3）联系。

现实世界中，实体不是孤立的，联系表示一个或多个实体之间的关联关系。联系中的每个参与实体类型都充当一定的角色。角色名称表示来自该实体类型的一个参与实体在每个联系中所扮演的角色，用来帮助解释联系所表达的含义。当所有的参与实体类型都互异时，角色名称将不是必需的，因为每个实体类型的名称都可以作为角色名称。但是当参与联系的实体类型并非互异时，即同一个实体类型以不同的角色不止一次地参与一个联系的时候，角色名称对于区分每次参与的不同含义来说是至关重要的。这样的联系被称为递归联系。例如，考虑记录银行员工各种信息的实体类型 EMPLOYEE，联系类型 MANAGES（管理）把实体类型 MANAGER（经理）和 WORKER（工作人员）联系起来，实体类型 MANAGER 和 WORKER 都来自同一个实体类型 EMPLOYEE。因此，实体类型 EMPLOYEE 在联系类型 MANAGES 中参与了两次：一次是以 MANAGER（经理）的角色，另一次是以 WORKER（工作人员）的角色。

联系是实体之间的一种行为，因此其一般用动词来命名，如"储蓄""借贷"等。联系也会有属性,用于描述联系的特征,例如,实体 CUSTOMER(客户)和 ACCOUNT(账户)之间的联系 DEPOSITS(储蓄)可以与一个属性 Access_date 关联起来,表示一个客户访问某个账户的日期。

联系上的约束限制了参与到相应联系集的那些实体可能的组合。这些约束来自联系所表示的现实世界。例如,在某个银行中,一个账户只能属于一个客户,而一个客户可以拥有多个账户,这时就需要在实体类型 CUSTOMER 和 ACCOUNT 之间的联系类型 DEPOSITS 中表达这个约束。在此,要讨论两类主要的联系约束:映射基数和参与约束。

①映射基数。尽管映射基数可以用于描述多元联系,但这里主要讨论二元联系的映射基数。二元联系的映射基数确定了一个实体能够参与的联系实例的个数。对于实体类型 A 和 B 之间的二元联系类型 R 来说,可能的映射基数有以下几种。

一对一。A 中的一个实体至多参与一个联系实例,B 中的一个实体也至多参与一个联系实例,记为 1:1。例如,考虑实体类型 CUSTOMER 和 LOAN 之间的联系类型 BORROWS。如果一个客户只能借贷一笔贷款,而一笔贷款也只能属于一个客户,那么 BORROWS 就是一个 1:1 的二元联系。

一对多。A 中的一个实体可以参与多个联系实例,而 B 中的一个实体至多只能参与一个联系实例,记为 1:$n$。例如,如果一笔贷款只能属于一个客户,而一个客户可能有多笔贷款,那么实体类型 CUSTOMER 和 LOAN 之间的联系类型 BORROWS 就是一个 1:$n$ 的二元联系。

多对一。多对一与一对多实际上是一种映射情况,如果 A 与 B 之间的联系是 1:$n$ 的,则 B 与 A 之间的联系是 $n$:1 的。

多对多。A 中的一个实体可以参与多个联系实例,B 中的一个实体也可以参与多个联系实例,记为 $m$:$n$。例如,如果一个客户有多笔贷款,而一笔贷款可以属于多个客户(如贷款可以被多个商业伙伴共有),那么实体类型 CUSTOMER 和 LOAN 之间的联系类型 BORROWS 是一个 $m$:$n$ 的联系,如图 5.4 所示。

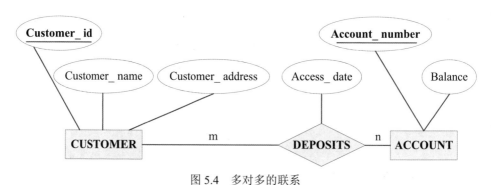

图 5.4 多对多的联系

②参与约束。如果实体类型 $E$ 的任意实体集中的每个实体都至少参与到联系类型 $R$ 相应联系集的一个联系实例中,则称实体类型 $E$ 全部参与联系类型 $R$。如果实体类型 $E$ 中只有部分实体参与到联系类型 $R$ 的联系实例中,则称实体类型 $E$ 部分参与联系类型 $R$。例如,如果每个 LOAN 实体都必须通过 BORROWS 联系同某个 CUSTOMER 实体相关,则

LOAN 全部参与联系 BORROWS。相反地，一个人不管是否从银行贷款都可能成为银行的客户，因此可能只有部分 CUSTOMER 实体通过 BORROWS 和某个 LOAN 实体相关联，称实体类型 CUSTOMER 部分参与联系 BORROWS。

在 E-R 图中，联系用菱形框表示，并需用线段将其与相关的实体连接起来，如果该联系有属性的话，属性则用椭圆框来表达，并用线段将属性与其联系连接在一起。联系类型可以是多对多的、一对多的、多对一的或一对一的，为了表明这些映射基数，在连接每个参与实体类型和联系类型之间的线段上需注明 1、$m$ 或 $n$。

关于联系类型的参与约束，在 E-R 图中需用双线来表示一个实体类型全部参与了某个联系类型，即该实体类型的任一实体集的每个实体都至少参与到该联系类型相应联系集的一个联系实例中。例如，考虑实体类型 CUSTOMER 和 LOAN 之间的联系类型 BORROWS。在图 5.5 中，从 LOAN 到 BORROWS 的双线说明实体类型 LOAN 全部参与联系类型 BORROWS，即每笔贷款都至少和一个客户相关联。

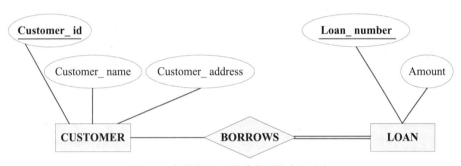

图 5.5　实体类型对联系类型的全部参与

通过在连接实体类型与联系类型的线段上标注角色名称，E-R 图也可以表示递归联系。图 5.6 给出了一个递归联系 MANAGES 的 E-R 图，实体类型 EMPLOYEE 分别以 MANAGER 和 WORKER 的角色参与到联系类型 MANAGES 中，并且从 MANAGER 到 WORKER 的联系 MANAGES 是一对多的，即 MANAGER 角色中的每个员工可以管理 WORKER 角色中的多个员工，而 WORKER 角色中的每个员工至多受 MANAGER 角色中的一个员工管理。

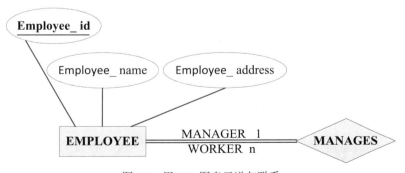

图 5.6　用 E-R 图表示递归联系

（4）弱实体类型及其 E-R 图表示。

一个实体类型的属性如果不足以形成主码，则可称其为弱实体类型。相反地，具有主码的实体类型被称为强实体类型。例如，考虑实体类型 PAYMENT（还贷），该实体类型具有属性 Payment_number（从 1 开始的连续还贷序号）、Payment_date（还贷日期）和 Payment_amount（还贷额）。其中 Payment_number 是为每一笔贷款产生的从 1 开始的连续数字，两笔不同的贷款的 PAYMENT 实体可以具有相同的 Payment_number、Payment_date 和 Payment_amount 属性值，但它们应该是不同的实体。因此，PAYMENT 实体类型没有主码，是一个弱实体类型。

虽然弱实体类型没有主码，但设计数据库时可以通过与另一个实体类型之间的关联来识别弱实体类型的各个实体，这里提到的另一个实体类型被称为识别实体类型。弱实体类型和识别实体类型之间的联系被称为弱实体类型的识别联系。在这个例子中，PAYMENT 的识别实体类型是 LOAN，将 PAYMENT 实体与其对应的 LOAN 实体关联在一起的联系 LOAN-PAYMENT 是识别联系。前面提到，两笔不同贷款的 PAYMENT 实体可以具有相同的属性值，只有在确定了和每个 PAYMENT 实体相关的特定 LOAN 实体后，才能把这两个 PAYMENT 实体区别开来。

如果缺乏识别实体，那么弱实体类型是无法被识别的。因此弱实体类型通常是全部参与识别联系，并且从弱实体类型到识别实体类型之间的识别联系是多对一的。例如，PAYMENT 全部参与 PAYMENT 和 LOAN 之间的联系 LOAN-PAYMENT，该联系是多对一的，即每一个 PAYMENT 实体必须属于且只能属于一笔贷款，而每笔贷款拥有各自的相关联的多个 PAYMENT 实体。

弱实体类型通常具有一个部分码，这个属性集合能够唯一标识出属于同一个识别实体的弱实体。例如，弱实体类型 PAYMENT 的部分码是属性 Payment_number，因为对每笔贷款而言，还贷序号 Payment_number 唯一标识了为该贷款而付的一笔款项。

弱实体类型的主码由它的识别实体类型的主码和该弱实体类型的部分码共同组成。例如，弱实体类型 PAYMENT 的主码是 {Loan_number, Payment_number}，其中，Loan_number 是识别实体类型 LOAN 的主码，Payment_number 是弱实体类型 PAYMENT 的部分码，用以区分同一笔贷款的不同 PAYMENT 实体。

在 E-R 图中，可以用双线矩形框来表示弱实体类型，用双线菱形框来表示识别联系，部分码属性由虚线标明。如图 5.7 所示，弱实体类型 PAYMENT 通过识别联系 LOAN-PAYMENT 与识别实体类型 LOAN 相关联。LOAN 与 PAYMENT 之间的识别联系 LOAN-PAYMENT 是一对多的，弱实体类型 PAYMENT 全部参与 LOAN-PAYMENT，Payment_number 是 PAYMENT 的部分码。

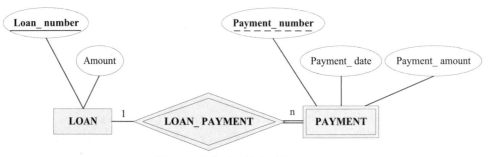

图 5.7　具有弱实体类型的 E-R 图

（5）E-R 模型设计的指导原则。

①实体类型与属性。一般来讲，实体有进一步的性质描述，而属性则无，例如，EMPLOYEE 是一个实体类型，因为它需要用 Employee_id、Employee_name 和 Employee_address 等属性进一步描述，而 Employee_name 作为一个实体不合适，它只能作为 EMPLOYEE 的一个属性。

②联系类型与属性。属性不应该隐含联系。例如，将贷款号 Loan_number 作为实体类型 CUSTOMER 的属性是不正确的，即使每个客户只能有一笔贷款也是如此。因此，应该用借贷联系 BORROWS 明确表示出 CUSTOMER 和 LOAN 两个实体类型之间的关联，而不是将这种联系隐含在属性中。

③实体类型与联系类型。一个对象表示为实体类型还是联系类型并不总是非常清楚的。如前所述，这里用实体类型 LOAN 表示银行贷款。现在不将贷款作为一个实体类型，而将其作为客户 CUSTOMER 和支行 BRANCH 两个实体类型之间的一个联系类型 C-B，联系 C-B 具有属性 Loan_number（贷款号）和 Amount（金额）。

如果每笔贷款只能为一个客户所有，并且只对应一个支行，那么这种用联系 C-B 来表示贷款是能满足设计要求的。否则，这样的设计就会产生一些问题。例如，对于多个客户共有一笔贷款这种常见的情况，在联系集中需要多个联系实例（customeri，branch，loan_number，amount）来表示贷款的每个持有人 customeri，其中，customeri 和 branch 分别表示实体类型 CUSTOMER、BRANCH 中的实体，联系实例（customeri，branch，loan_number，amount）表示 customeri 在支行 branch 中有一笔贷款号为 loan_number、金额为 amount 的贷款。可以看出，若 i 个客户共有该笔贷款，则需要 i 个联系实例来表示它，而这些联系实例中的属性值 loan_number 和 amount 都是相同的，即数据 loan_number 和 amount 被重复存储了，这将会造成空间的浪费以及今后更新可能不一致等问题。而将贷款用实体类型 LOAN 表示就不会产生这样的问题。

一般来说，当描述发生在实体类型之间的行为时采用联系类型，否则采用实体类型，这可以作为确定用实体类型还是联系类型时可采用的一个原则。

④多值属性与弱实体类型。在某些情况下，数据库设计人员会选择将一个弱实体类型表示为其标识实体类型的一个多值属性。例如，在前面的例子中，可以为实体类型 LOAN 增加一个多值属性 Payment，它是一个由 Payment_number、Payment_date 和 Payment_amount 组成的复合属性，表示每笔贷款的还贷情况。

一般来说，如果弱实体类型只参与识别联系，而且其属性不多，那么在建模时可以将其表示为一个多值属性。否则，如果弱实体类型还参与到其他联系类型或者其属性较多时，那么在建模时应该将其表示为一个弱实体类型。

⑤E-R 模型的正确命名。为实体类型、属性和联系类型等 E-R 模型元素命名时，应该尽可能选择与现实世界对象相一致的、有意义的名称。名称可以用汉字或英文单词表达。

一般来说，由于实体类型的名称适用于该实体类型的所有单个实体，所以实体类型要使用单数名称而不使用复数名称。例如，用 CUSTOMER 而不用 CUSTOMERS 表示客户实体类型。

命名实体类型通常用名词，而命名联系类型用动词。为便于区分，实体类型和联系类型的名称全部用大写字母表示，属性名的第一个字母大写。例如，用 CUSTOMER 或客户来命名实体类型，用 BORROWS 或借贷来命名联系类型。另外，为增加 E-R 图的可读性，选择的联系类型名称应该尽量使 E-R 图可以被由上到下，由左向右的顺序读取。

当然，上述命名规则只是惯常做法，并不是必须的。总之，命名规则的目标是能正确描述现实世界中的对象，并且简洁、清晰、可读性好。

### 5.2.3 逻辑设计

通过概念设计得到的结果是与 DBMS 无关的概念模式，它无法直接在计算机上实现，要将其转化为计算机上的数据库系统还需再经过逻辑设计。

**1. 逻辑设计目标**

逻辑设计的目标是把概念设计阶段设计好的全局 E-R 模式转换成与具体 DBMS 数据模型相符合的逻辑结构（包括数据库模式和外模式）。这些模式在功能、完整性和一致性约束及数据库的可扩充性等方面均应满足用户的各种要求。在这里仅讨论 E-R 图向关系模型的转换。

**2. 逻辑设计步骤**

逻辑设计是要把概念模式转换成 DBMS 能接受的模式，在转换过程中要对模式进行评价和性能测试，以便获得较好的模式设计。

（1）初始模式设计。这一步是根据一定的转换规则，将 E-R 模式的实体类型或联系类型转换成与具体 DBMS 无关的初始关系模式。在比较复杂的情况下，实体可能分裂或合并成新的关系模式。其转换规则如下。

① 一个实体类型转换为一个关系模式。实体的属性就是关系的属性，实体的码就是关系的码。

② 一个 1:1 联系可以被转换为一个独立的关系模式，也可以与任意一端对应的关系模式合并。如果转换为一个独立的关系模式，则与该联系相连的各实体的码以及联系本身的属性均将被转换为关系的属性，每个实体的码均是该关系的候选码。如果与某一端对应的关系模式合并，则需要在该关系模式的属性中加入另一个关系模式的码和联系本身的属性。

③ 一个 1:n 联系可以被转换成一个独立的关系模式，也可以与 n 端对应的关系模式合并。如果转换为一个独立的关系模式，则与该联系相连的各实体的码以及联系本身的属性均将被转换为关系的属性，而关系的码为 n 端实体的码。如果与 n 端对应的关系模式合并则需要在该关系模式中加入 1 端关系模式的码和联系本身的属性。

④ 一个 m:n 联系可以被转换为一个关系模式。与该联系相连的各实体的码以及联系本身的属性均将被转换为关系的属性，而关系的码则为各实体码的组合。

（2）特定模式设计。将第一步形成的初始关系模式转换成具体 DBMS 下的关系数据模型。由于不同的 DBMS 系统特性各异，并且运行在不同环境的计算机上，因此没有一个普遍的转换规则，转换的主要依据是 DBMS 的功能、限制等。对于关系模型来说，这种转换通常都比较简单。

（3）关系模式优化。逻辑设计的结果不是唯一的。为了进一步提高数据库应用系统的性能，还需对数据库模式进行评价和优化。评价和优化数据模式的工具包括规范化理论和性能分析等方法。

对关系数据模型进行优化的过程包括以下几步。

①确定数据依赖。按照需求分析阶段所得到的语义，分别写出关系模式中的属性之间的数据依赖。

②按照数据依赖的理论对关系模式逐一进行分析，考查是否存在部分函数依赖、传递函数依赖、多值依赖等，确定各关系模式分别属于第几范式。

③结合范式分析结果，并根据实际应用情况对其进行性能分析，确定是否要对它们进行合并或分解。一方面通过规范化理论可以找出模式中可能存在的异常问题，并通过模式分解达到较高的范式级别；另一方面也可能由于实际应用中对查询速度的要求，对某些访问频率较高的关系模式进行合并或增加冗余属性（查询中经常涉及的属性）来减少连接操作的次数，以提高应用系统的运行效率。

（4）子模式设计。子模式是模式的逻辑子集，这在关系数据库中一般借助视图概念实现。子模式是应用程序和数据库系统的接口，可以根据局部应用要求和 DBMS 的特点来设计。视图是一种逻辑意义上的表，它是从一个或多个基本表中选出满足一定条件的数据所组成的"虚表"。利用这一机制可设计出更符合局部应用的子模式。

视图具有以下特性。

①重定义属性名。设计视图时可以重新定义某些属性的名称，使其与用户习惯保持一致。属性名的改变并不影响数据库的逻辑结构（事实上，这里的新的属性名也是"虚"的）。

②方便查询。由于视图已经基于局部用户对数据进行了筛选，因此屏蔽了一些多表查询的连接操作，使用户的查询更直观、简洁。

③提高数据安全性和共享性。利用视图可以隐藏一些不想让别人操作的信息，提高了数据的安全性。同时由于视图允许不同用户以不同方式看待相同的数据，从而提高了数据的共享性。

④提供一定的数据逻辑独立性。视图一般不随数据库逻辑模式的调整、扩充而变化，因此它提供了一定的数据逻辑独立性。基于视图操作的应用程序在一定程度上也不受逻辑模式变化的影响。

## 5.2.4 物理设计

**1. 物理设计目标**

对给定的关系数据模型选取一个可实现、有效的物理数据库结构的过程被称为物理设计。其主要任务是：确定文件组织、分块技术、缓冲区大小以及管理方式、数据库在存储器上的分布等。

## 2. 物理设计步骤

数据库的物理设计通常分为两步。

(1) 确定数据的物理结构。

物理结构依赖于数据库管理系统和硬件系统。因此，设计人员必须充分了解数据库管理系统的内部特征（特别是存储结构和存取方法），必须充分了解应用环境（特别是应用的处理频率和响应时间要求），充分了解外存设备的特性。

①确定数据的存储结构。确定数据库存储结构时要综合考虑存取时间、存储空间利用率和维护代价三个方面的因素。这三个方面常常是相互矛盾的，例如，消除一切冗余数据虽然能够节约存储空间，但往往会导致检索代价的提升。因此，必须进行权衡，选择一个折中方案。

为了提高某个属性（或属性组）的查询速度，可利用"聚簇"（cluster）技术把这个或这些属性上有相同值的元组集中存放在一个物理块中，如果存不下，则可以将之存放到预留的空白区域或链接多个物理块。聚簇以后，聚簇码相同的元组集中在一起了，因而不必再在每个元组中重复存储聚簇码值，只要在一组中存放一次就行了，因此可以节省一些存储空间。聚簇不但适合单个关系，也适合多个关系。但是，聚簇只能提高某些特定应用的性能，而且建立与维护聚簇的开销是很大的。

②设计数据的存取路径。存取路径分为主存取路径与辅存取路径，前者用于主码检索，后者则用于辅助码检索。对关系数据库管理系统来说，存取路径的设置主要是建立索引的问题。

索引是数据库中独立的存储结构，也是数据库中独立的数据库对象，它对 RDBMS 的操作效率有很重要的影响。其主要作用是提供一种无须扫描每个页而快速访问数据页的方法。这里的数据页就是存储表格数据的物理块。"好"的索引可以大大提高对数据库的访问效率，它的作用就如书籍的目录一样，在检索数据时起到至关重要的作用。

另外，由于索引的维护是由 DBMS 自动完成的，这就需要花费一定的系统开销，所以索引虽然可以提高（甚至大大提高）检索速度，但也并非建立得越多越好。如果索引太多，特别是一些不可利用的索引将提高维护索引结构的代价，最终势必加重系统负担，反而降低系统性能。

③确定数据的存放位置。为了提高系统性能，数据应该根据应用情况将易变部分与稳定部分、经常存取部分和存取频率较低部分分开存放。

例如，数据库数据备份、日志文件备份等，由于这些操作只在故障恢复时才使用，而且数据量很大，故可以考虑将这类数据存放在磁带上。目前计算机都有多个磁盘，可将表和索引分别放在不同的磁盘上。在查询时，由于两个磁盘驱动器分别在工作，因此可以保证物理读写速度比较快，也可将较大的表分别存放在两个磁盘上，以加快存取速度。

④确定系统配置。数据库管理系统提供了一些存储分配参数供设计人员和数据库管理员对数据库进行物理优化。这些配置变量包括：同时使用数据库的用户数，同时打开的数据库对象数，使用的缓冲区长度、个数、时间片大小，数据库的大小，装填因子，锁的数目等。这些变量值将影响存取时间和存储空间的分配，在物理设计时应根据应用环境确定

这些变量值，以使系统性能最优。

（2）物理结构的评价。

物理设计过程中需对时间效率、空间效率、维护代价和各种用户要求进行权衡，选择出一个较优的、合理的物理结构。如果该结构不合理，则需要修改设计。

## 5.2.5 数据库的实施

**1. 数据库的实施的任务**

物理数据库设计完成后，设计人员就要用数据库管理系统提供的数据定义语言和其他使用程序将数据库逻辑设计和物理设计结果严格描述出来，成为 DBMS 可以接受的源代码，再经过调试产生目标模式。

**2. 数据库的实施**

数据库的实施包括以下工作。

（1）定义数据库结构。确定数据库的逻辑结构和物理结构后，就可以利用数据库管理系统提供的数据定义语言来严格描述数据库结构。

（2）数据装载。数据库实施阶段的主要任务是载入数据。对于大中型系统来说，由于数据量极大，用人工方式组织数据入库将会耗费大量人力、物力，而且很难保证数据的正确性。因此，应该设计一个数据输入子系统，由计算机辅助数据的入库工作。

（3）编写、调试应用程序。在组织数据入库的同时就可以编写、测试应用程序了。测试的目的是检验程序的工作是否正常，即对于正确的输入，程序能否产生正确的输出；对于非法输入，程序能否正确地将之鉴别出来，并做拒绝处理等。测试应用程序时，由于数据入库尚未完成，可先使用模拟数据。

（4）数据库试运行。完成数据载入和应用程序的初步设计、调试后，即可进入数据库试运行阶段，或称联合调试。数据库试运行期间，应利用各种软件工具（如性能监视器、查询分析器等）对系统性能进行监视、分析。如果运行效率不能达到用户的要求，就要分析是应用程序本身的问题还是数据库设计的缺陷。对于应用程序的问题，要以软件工程的方法予以排除；对于数据库设计的问题，则可能还需要返工，检查数据库的逻辑设计是否存在问题。这样的过程也许需要反复多次，直到最终各项指标都能够满足正式运行的要求。

## 5.2.6 数据库的维护

**1. 数据库维护的任务**

在数据库成功地实施之后就进入数据库维护阶段，数据库维护是一项长期而细致的工作。一方面，系统在运行过程中可能产生各种软硬件故障；另一方面，数据库只要运行使用，就需要对其进行监控、评价、调整、修改。这一阶段的工作主要由 DBA 来完成，如果系统需要大的改动，则需要数据库设计开发人员参与。

**2. 数据库维护的主要工作**

数据库维护的主要工作有以下几点。

（1）数据库安全性、完整性控制。根据用户的实际需要授予不同的操作权限，根据应用环境的改变修改数据对象的安全级别，经常修改口令或保密手段，这是 DBA 维护数据库安全的工作内容。

维护数据的完整性也是 DBA 的主要工作之一。一般来说，数据库应用程序应提供相应的功能，扫描并修正一些"敏感"数据，保证数据的一致性。同时随着应用环境的改变，数据库完整性约束条件也会发生改变，DBA 应根据实际情况做出相应的修正。

（2）数据库的转储与恢复。在系统运行过程中，可能存在无法预料的自然或人为的意外情况，如电源故障、磁盘故障等，导致数据库运行中断，甚至破坏数据库部分内容。许多大型的 DBMS 都提供了故障恢复功能，但这种恢复大都需要 DBA 配合才能完成。因此，需要 DBA 定期对数据库和数据库日志进行备份，以便发生故障时能尽快地将数据库恢复到某个一致性的状态。

（3）数据库性能监控、分析与改进。对数据库性能进行监控、分析是 DBA 的重要职责。利用 DBMS 提供的系统性能监控、分析工具，对系统性能做出综合评价，记录并保存详细的系统参数、性能指标，为数据库的改进、重组、重构等提供重要的一手资料。

（4）数据库的重组与重构。一般说来，数据库运行一段时间之后，其物理存储结构会因为不断地增、删、改操作而变得不尽合理了，如有效记录之前出现空间残片，插入记录不一定按物理相连而可能是用指针连接，从而使 I/O 占用时间增加，导致运行效率有所下降。此时，需要 DBA 执行一些系统命令来改善这种情况。这种改善并改变数据库物理存储结构的过程叫数据库重组。数据库重组改变的是数据库物理存储结构，而不是逻辑结构和数据库的数据内容。

随着系统的运行，用户的管理需求或处理有了变化，将导致实体及实体间的联系也发生相应的变化，使原有的数据库设计不能很好地满足新的需求，从而不得不适当调整数据库的模式和内模式，这就是数据库的重构。如果数据库设计是由人工完成的，那么数据库重构会变得很困难。但在有了数据库辅助设计工具之后，设计人员可以直接在以前设计的概念模式、逻辑模式上进行修改，然后重新将它转换为物理模式，并将原有的数据转储，使其与新定义保持一致。

重构数据库的程度是有限的。若应用变化太大，已无法通过重构数据库来满足新的需求，或重构数据库的代价太大，则表明现有数据库应用系统的生命周期已经结束，应重新设计新的数据库系统，开始新数据库应用系统的生命周期。

## 本章小结

本章详细介绍了数据库的规范化理论和数据库设计的基本步骤、原则、工具、指导思想。

在关系数据库中，满足 1NF 是关系模式的最基本要求，但这样的关系模式有些会存在插入异常、删除异常、修改复杂、数据冗余等问题，上述问题的原因在于将各种有关联的数据集中在一个关系模式中,会使该模式中包含的语义信息过多。解决的办法就是利用关系数据库规范化理论对关系模式进行相应的分解,使每一个关系模式表达单一的概念。

规范化的基本思想是逐步消除数据依赖中不合适的部分,使模式中的各关系模式达到某种程度的"分离",即"一事一地"的模式设计原则。关系模式的规范化过程是通过对关系模式的分解来实现的,即把一个低一级范式的关系模式分解成为多个高一级范式的关系模式。但与此同时,数据库中的关系也会增多,会对响应速度等方面造成负面影响,因此在实际工作中,不一定必须追求达到最高的范式,达到一定的范式要求就可以了。一般的设计要求达到 3NF 或 BCNF。

数据库设计目前一般采用生命周期法,它将整个数据库设计分解成目标独立的若干阶段:需求分析、概念设计、逻辑设计、物理设计、数据库的实施、运行与维护。其中的重点是概念结构的设计和逻辑结构的设计。

通过学习这一章,读者应该掌握本章讨论的基本方法,并且能在实际工作中运用这些思想,设计符合应用需求的关系数据库。

## 练习与思考

5.1 名词解释:函数依赖、部分函数依赖、完全函数依赖、传递函数依赖、主属性、1NF、2NF、3NF、BCNF。

5.2 试述关系数据库规范化的基本思想。

5.3 设有关系模式:R(职工名,项目名,工资,部门名,部门经理)。有关语义如下:每个职工可参加多个项目,各领一份工资;每个项目只属于一个部门管理;每个部门只有一个经理。

试写出关系模式 R 的基本函数依赖和候选码,并指出数据冗余之所在。

5.4 规范化理论对数据库设计有什么指导意义?

5.5 是不是规范化程度越高,关系模式结构就越好?为什么?

5.6 数据库设计由哪些基本步骤组成?

5.7 数据字典的内容和作用是什么?

5.8 将 E-R 图转换为关系模型应遵循什么样的原则?

5.9 数据库设计中的概念结构设计阶段的任务是什么?

5.10 某学校有若干系,每个系有若干班级和教研室,每个教研室有若干教员,其中有的教授和副教授每人各带若干研究生,每个班有若干学生,每个学生选修若干课程,每门课可由若干学生选修。根据语义设计 E-R 模型,并将设计的 E-R 模型转换为关系数据库模式。

5.11 某工厂生产多种产品,每种产品由不同的零件组装而成,有的零件可用在不同的产品上。产品有产品号和产品名两个属性,零件有零件号和零件名两个属性。根据语义设计 E-R 模型,并将设计的 E-R 模型转换为关系数据库模式。

5.12 现有员工和项目两个实体类型,员工实体类型有员工号、员工姓名、年龄等属性,项目实体类型有项目号、项目名称等属性。假设一个员工可以参加多个项目，一个项目可以有多个员工参与。员工可能同名。员工参与一个项目主要记录其所完成工作。根据语义设计 E-R 模型，并将设计的 E-R 模型转换为关系数据库模式。

5.13 建立索引的原则是什么？如何选择所建索引的类型？

5.14 什么是数据库的再组织和重构造？为什么要进行数据库的再组织和重构造？

# 第 6 章
# 数据库的维护管理

## 本章学习提要与目标

本章主要介绍数据库管理系统的事务管理、故障恢复和并发控制的基本原理及其在 SQL Server 2008 中的实现方法，使读者掌握数据库维护管理技术的基本原理，并能够熟练地掌握 SQL Server 2008 的维护管理技术。

事务是一系列的数据库操作，是数据库应用程序的基本逻辑单元。用户程序访问数据库时往往会将程序分割成一个个事务。作为一个共享的资源平台，数据库可以供多个用户使用。多个用户访问数据库本质上就是多个事务对数据执行操作。

## 6.1 事 务

从数据库用户的角度看，对数据库的一些操作集合通常是一个个独立的单元。例如，银行数据库中的转账业务，某客户要从其账户 A201 将 5000 元钱转至其另一个账户 A101，在客户看来整个转账过程是一次独立的操作，但在数据库系统中这需要由几个操作组成。显然，这些操作要么全做，要么因为出错而全部不做，也就是说这些操作是一个整体，或者说是一个逻辑工作单元，单元内的操作必须同进退。事务就是构成这样的单一逻辑单元的操作集合。

**1. 事务的概念**

事务是用户定义的一个数据操作序列，这些操作要么被全部执行，要么全部不能执行，是一个不可分割的工作单元。在关系数据库中，一个事务可以是一条 SQL 语句、一组 SQL 语句或整个程序。一般来说，一个程序会包含有多个事务，如前述的转账业务就构成了一个事务。

事务有两种类型：一种是显性事务，另一种是隐性事务。隐性事务的每一条数据操作语句都会自动地成为一个事务，而显性事务则是有显性的开始和结束标记的事务。处理显性事务需要使用 T-SQL 的事务处理语句。

在 T-SQL 中，处理事务的语句有四条。

（1）说明事务开始的语句格式如下。

BEGIN TRANSACTION [< 事务名 >]

该语句说明一个事务即将开始，其中 < 事务名 > 是可选项。

（2）说明事务结束的语句格式如下。

COMMIT [TRANSACTION < 事务名 >]

该语句说明一个事务已经结束，其中 TRANSACTION< 事务名 > 是可选项，它的作用是提交事务或确定事务已经完成，也就是事务中的所有操作都会保存到实际数据库中。

（3）设置保存点的语句格式如下。

SAVE TRANSACTION < 保存点 >

该语句将在事务中设置一个保存点，目的是在撤销事务时可以只撤销部分操作，以提高系统的效率。但是，如果某个事务回滚到一个保存点，那么该事务还必须继续完成，直到最后事务被提交或整个撤销。

（4）撤销事务的语句格式如下。

ROLLBACK TRANSACTION [< 事务名 >|< 保存点 >]

该语句可以撤销整个事务，也可以通过设置保存点撤销一部分事务，即撤销在该事务中对数据库所做的更新操作，使数据库回滚到事务开始之前或保存点之前的状态。

前面的转账例子用 T-SQL 事务处理语句可描述如下。

```
BEGIN TRANSACTION
    UPDATE Account SET balance=balance-5000
     WHERE account_number= 'A201'
    UPDATE Account SET balance=balance+5000
     WHERE account_number= 'A101'
COMMIT
```

当系统遇到故障再开机时，数据库管理系统会首先检查是否有未执行完的事务，如果有则自动执行撤销整个事务，使数据库回滚到该事务之前的正确状态。

**2. 事务的特性**

为了保证数据库的完整性，数据库系统要维护以下事务特性。

（1）执行的原子性（atomic）。一个事务中对数据库的所有操作是一个不可分割的序列，序列中的操作要么全部执行，要么什么也不做，不允许某一个或几个操作独立完成。

（2）结果的一致性（consistency）。事务执行的结果要使数据库从一个一致性状态转变到另一个一致性状态。只有当数据库中只包含成功事务提交的结果时，数据库才处于一致性状态。当事务被成功提交时，数据库将从事务开始前的一致性状态转为事务结束后的一致性状态；如果由于某种因素，事务中的操作有一部分成功，一部分失败，为避免数据库产生不一致状态，系统会自动将事务中的已完成的操作撤销，使数据库回到事务开始前的状态。因此事务的原子性和一致性是密切相关的。

（3）彼此的隔离性（isolation）。在多个事务并发执行时，各个事务应像被独立执行一样而不受其他事务干扰。

（4）作用的持久性（durability）。一个事务一旦完成其全部操作，它对数据库的所有更新应该永久地被反映在数据库中。即使数据库因故障而受到破坏，DBMS 也应该能够恢复。

事务的以上四个特性通常被称为 ACID 特性。保证事务的 ACID 特性是数据库系统的重要任务之一。ACID 特性可能在下述两种情况下遭到破坏。

（1）多个事务并发执行时，各自的操作交叉进行。

（2）由于各种故障而使事务被强行中止。

因此，数据库管理系统必须提供相应的机制来保证事务的 ACID 特性，这些工作分别由并发控制子系统和数据库恢复子系统来完成。下面先介绍数据库恢复子系统，并发控制子系统将在后文介绍。

## 6.2 数据库的备份

尽管数据库系统中采取了各种保护措施来防止数据库的安全性和完整性被破坏，但软、硬件的故障、操作员的失误以及恶意事件的发生仍不可避免。这些故障轻则影响数据库的正确性，重则破坏数据库，造成数据的全部或部分损坏。因此，数据库管理系统必须具有将数据库从错误状态恢复到一个已知正确状态的功能，这就是数据库的恢复。对于一个完善的数据库管理系统来说，恢复子系统是必不可少的。在故障发生后，恢复子系统负责将数据库恢复到故障发生前的某个一致的状态，在任何情况下保持事务的原子性和持久性，确保数据不丢失、不被破坏。

### 6.2.1 数据库备份的概念和方法

**1. 数据库备份的概念及意义**

数据库恢复涉及两个关键问题：第一，如何建立冗余数据；第二，如何利用这些冗余数据实施数据库恢复。本小节介绍建立冗余数据的过程，即进行数据备份的过程，下一小节介绍利用备份的数据进行恢复的过程。

数据库备份是指系统管理员定期或不定期地将数据库部分或全部内容复制到磁带或另一个存储介质上保存起来的过程。这些复制的数据被称为后备副本。当数据库遭到破坏后，系统可以利用后备副本进行数据库的恢复（但只能恢复到备份时的状态）。要使数据库恢复到发生故障时刻前的状态，必须重新运行从备份之后到发生故障之前所有的更新事务。

数据库备份是在数据丢失的情况下能及时恢复重要数据，是防止数据丢失的一种重要手段。一个合理的数据库备份方案应该能够在数据丢失时有效地恢复重要数据，同时也要考虑技术实现难度和利用资源的效率。

## 2. 数据库备份方法

针对不同数据库系统的应用情况，SQL Server 2008 提供了四种数据库备份方法。

### 1）完整数据库备份

完整数据库备份是指备份整个数据库，包括所有的数据以及数据库对象。这种备份生成的备份文件大小和需要的时间是由数据库中数据的容量决定的。完整数据库备份在还原时可以直接从备份文件还原到备份时的状态，不需要其他文件的支持，操作简单；但其不能恢复备份结束以后到意外发生之前的操作数据。又因为其是对数据库的完整备份，所以这种备份方法不仅速度慢，而且将占用大量的磁盘空间。多数系统一般将完整数据库备份安排在凌晨进行，因为此时整个数据库系统几乎不进行其他事务操作，这样可以提高数据库备份的速度。

### 2）差异数据库备份

差异数据库备份是指备份从上次完全备份后发生了更改的数据。这种备份生成的备份文件大小和需要的时间取决于自上次完全备份后数据库的数据变化情况。因为差异备份只备份发生了更改的数据，所以在做差异备份前必须至少进行一次完全备份。而还原的时候，系统也必须先还原差异备份前一次的完全备份，才能在此基础上进行差异备份数据的还原。但由于差异备份的数据量较小，备份和恢复所用的时间较短，对 SQL Server 服务性能的影响也较小，因此其可以相对频繁地执行，以减少数据的丢失。

### 3）事务日志备份

事务日志备份是指备份自上次备份后对数据库执行的所有事务的一系列记录，这个上次备份可以是完全备份、差异备份、日志备份。这种备份生成的备份文件最小，需要的时间也最短，对 SQL Server 服务器性能的影响也最小，适宜经常执行。但在日志备份前至少应执行一次完全备份；而还原的时候也必须先还原完全备份，再还原差异备份（如果有的话），最后按照日志备份的先后顺序依次还原各次日志备份的内容。

由上可见，差异备份与事务日志备份不同的是其只能将数据库恢复至进行最后一次差异备份完成时的那一刻，而无法像事务日志备份那样提供恢复到出现意外前的某一指定时刻的无数据损失备份。

### 4）文件和文件组备份

是指单独备份组成数据库的文件或文件组，在还原时可以只恢复数据库中遭到破坏的文件或文件组，而不需要恢复整个数据库。这种备份方法使用的概率通常比较少，常用于对重要数据的备份。它要求在数据库设计时就做好规划，把需要单独做特别备份的表进行分组，给它们分配不同的文件组，这样才能在做备份的时候单独备份这些数据。

## 6.2.2 数据库备份设备

### 1. 备份设备的概念

备份设备是 SQL Server 用来存储数据库或事务日志备份副本的存储介质。它可以是本地计算机的磁盘文件、远程服务器上的磁盘文件、磁带以及命名管道。在创建一个备份设备时,要给该设备指定一个物理设备名和一个逻辑设备名。物理设备名主要用来标识备份设备的名称,供操作系统对备份设备进行管理,其通常为以文件方式存储的完整路径名,如 D:\Backup\StudentScore\StuScore.bak;而逻辑设备名是物理设备的别名,它将被永久地记录在 SQL Server 的系统表中,如上述物理设备名对应的逻辑设备名可为 Backup_StuScore。

#### 2. 备份设备的类型

1)磁盘备份设备

磁盘备份设备是指被定义成备份文件的硬盘或其他磁盘存储媒介。引用磁盘备份设备与引用任何其他操作系统文件是一样的。系统可以将服务器的本地磁盘或共享网络资源的远程磁盘定义成磁盘备份设备。磁盘备份设备根据需要可大可小,最大时相当于磁盘上可用的闲置空间。

建议不要将备份与数据库放在同一个物理磁盘上。如果这两者被放在一起,当包含数据库的磁盘设备发生故障时,备份数据库可能会一并遭到破坏,这将会导致数据库无法被恢复。

2)磁带备份设备

磁带备份设备的用法与磁盘设备相同。但 SQL Server 中仅支持本地磁带设备,不支持远程磁带设备,即使用时必须将其物理地安装到运行 SQL Server 实例的计算机上。

3)命名管道备份设备

SQL Server 提供了把备份放在命名管道(name pipe)上的能力,允许第三方软件供应商提供命名管道备份设备来备份和恢复 SQL Server 数据库。但要注意,命名管道备份设备不能通过企业管理器创建和管理。

## 6.2.3 制定数据库备份计划

为了完整、安全地备份数据库,应在执行具体备份操作之前根据系统环境和实际需要制订一个切实可行的备份计划,以确保数据库的安全。制订计划时一般需要了解如下内容。

(1)数据丢失的允许程度?
(2)允许的故障处理时间?
(3)业务处理的频繁程度?
(4)服务器的工作负荷?
(5)可接受的备份/恢复处理技术难度?
(6)数据库的大小?
(7)数据库大小的增长速度?
(8)哪些表中的数据变化是频繁的,哪些表中的数据是相对固定的?
(9)哪些表中的数据是很重要的、不允许丢失的?哪些表中的数据是允许丢失一部分的?
(10)什么时候大量使用数据库、频繁地插入和更新数据?

（11）现有的数据库备份资源（磁盘、磁带、光盘）有哪些？

（12）有无可能为数据库备份投入新的设备或资金？

# 6.3 数据库的恢复

## 6.3.1 数据库恢复的概念

数据库恢复是指把遭到破坏、丢失的数据或出现重大错误的数据库恢复到原来正常的状态。数据库能够恢复到什么状态是由备份决定的。

数据库恢复是数据库管理系统的一项重要管理工作，从某种意义上讲，数据库的恢复比备份更加重要，因为数据库备份是在正常的工作环境下进行的，而数据库恢复是在非正常状态下进行的，如硬件故障、软件瘫痪以及误操作等。有两种情况需要执行恢复数据库的操作。

（1）数据库或数据损坏。

因为用户误删了数据库里的关键数据，或数据库文件被意外损坏，以及服务器的硬盘驱动器损坏等情况。

（2）因维护任务或数据的远程处理需要从一个服务器向另一个服务器迁移数据库。

数据库恢复是数据库备份的逆向操作，是将先前所做的数据库备份加载并应用事务日志重建数据库的过程。执行恢复操作可以重新创建备份数据库完成时数据库中存在的相关文件，但备份后数据库接收的所有修改将因不能被恢复而丢失。

当系统运行过程中发生故障，利用数据库后备副本和日志文件就可以将数据库恢复到故障前的某个一致性状态。数据库发生故障的原因多种多样，包括事务内部故障、系统故障和介质故障等。针对不同的故障，数据库管理系统有不同的恢复策略。

## 6.3.2 数据库恢复模型及策略

SQL Server 2008 支持如下三种恢复模型。

（1）简单恢复模型。使用简单恢复模型，数据只能恢复到最新的完整数据库备份或差异备份的时间点，而不能将数据库还原到故障点或特定的时间点。

（2）完全恢复模型。完全恢复模型为数据提供了最大的保护性和灵活性。该模型依靠事务日志提供完全的可恢复性，并有效地防止故障所造成的数据损失，有将数据库恢复到故障点或特定时间点的能力。为保证这种恢复程度，包括大容量操作（如 SELECT INTO、CREATE INDEX 和大容量装载数据）在内的所有操作都将被完整地记入日志。

（3）大容量日志记录恢复模型。大容量日志记录模型为数据提供了最大的保护性。

该模型为某些大规模操作（如创建索引或大容量复制）提供了更高的性能和最少的日志使用空间。

### 1. 事务故障的恢复

事务故障指事务因不可预知的原因而夭折，其可能的原因有以下几点。

（1）事务因无法执行而自行夭折。例如，非法输入、除数为零、资源不够等。

（2）操作员因操作错误或改变主意而要求撤销事务。例如，本应拨款给账户 A，在输入时错拨给账户 B 了，只能撤销事务。

（3）由于系统调度上的因素而中止执行某些事务。例如，系统发生死锁，必须中止一些事务才能解除。

事务故障一定发生在事务提交之前，这意味着事务没有达到预期的终点，这时数据库可能处于不正确的状态。恢复数据库的方法是：在不影响其他事务运行的情况下反向扫描日志文件，强行撤销（undo）该事务中的全部操作，使该事务就像没发生过一样。

### 2. 系统故障的恢复

系统故障是指系统停止运转，须重新启动的故障。其可能的原因包括硬件故障（如 CPU 故障）、操作系统故障、掉电等。系统故障会导致内存数据丢失，但数据库中的数据未必遭破坏。

系统故障虽然不如事务故障那样常见，但其发生的可能性还是很大的。系统故障的恢复方法是：首先重新启动操作系统和 DBMS，然后正向扫描日志文件，找出故障发生前已提交的事务，将其重做（redo），同时找出故障发生时未完成的事务，并撤销这些事务。

### 3. 介质故障的恢复

介质故障指外存故障，如磁盘损坏等。在正常情况下这类故障是很少发生的，但其破坏性很大。

介质故障发生后，磁盘上的物理数据和日志文件均会遭到破坏，这是最严重的一种故障，其恢复工作也是最麻烦的。恢复的方法如下。

（1）重装数据库，使数据库管理系统能正常运行。

（2）装入最新的数据库后备副本，若是采用动态备份，则还需加上备份过程中对应的日志文件，使数据库恢复到备份结束时的一致性状态。

（3）扫描日志文件，重做建立该副本到发生故障之间已完成的事务。

这样，数据库就可恢复到故障前的某个一致性状态。

利用副本从介质故障中恢复数据是很费时的，而且这会要求日志提供最近备份后提交的所有事务对数据库的更新记录，日志中的数据量也是很大的。小型 DBMS 一般不支持这样的恢复，但大型 DBMS 为了保证数据安全，必须付出这些代价。

前面两类故障的恢复是 DBMS 自动运行的，但介质故障产生后，不可能完全由系统自动完成恢复工作，必须由 DBA 重装数据库副本和各有关日志文件副本，然后命令 DBMS 完成具体的恢复工作。

## 6.4 并发控制

用户访问数据库的方式有两种：一种是某一时刻只有一个事务使用数据库，其他事务等待，这种方式被称为串行方式。如果一个事务涉及大量的数据输入/输出，则数据库在大部分时间里将处于闲置状态。因此，为了充分利用系统资源、发挥数据库共享的特点、改善用户程序的响应时间，人们往往采取另一种方式，允许多个事务同时使用数据库，即采用并发方式。但这种方式会产生多个事务同时存取同一数据对象的情况。若对并发操作不加控制，事务彼此之间就可能产生相互干扰，会造成数据存取的错误。例如，对同一数据，一个用户要查询而另一个用户要修改，如果并发执行，则可能会导致数据的不一致。为了解决此类问题，DBMS 提供了事务和锁机制。

### 6.4.1 并发操作可能出现的问题

多个事务对数据库的并发操作可能彼此互相干扰，破坏事务和数据库的一致性。这种不一致表现在三个方面：丢失修改、读"脏"数据和不可重复读。

**1. 丢失修改**

丢失修改是指两个事务 $T_1$ 和 $T_2$ 读入同一数据并修改，$T_2$ 提交的修改结果破坏 $T_1$ 提交的修改结果，导致 $T_1$ 的修改被丢失，如图 6.1 所示。

| $T_1$ | $T_2$ | 数据库值 |
|---|---|---|
| Read(A) | Read(A) | 100 |
| A：=A−60 | A：=A*2 | |
| | | 40 |
| Write(A) | Write(A) | 200 |

图 6.1 丢失修改

**2. 读"脏"数据**

读"脏"数据是指事务 $T_1$ 修改某一数据后将其写回数据库，事务 $T_2$ 读到 $T_1$ 修改后的值后，事务 $T_1$ 由于某种因素被回滚（roll back），这时 $T_1$ 修改的数据被恢复原值，这样 $T_2$ 读到的数据就与数据库中的数据不一致，是不正确的数据，其被称为"脏"数据，如图 6.2 所示。

| $T_1$ | $T_2$ | 数据库值 |
|---|---|---|
| Read(B) | | 100 |
| B:=B−30 | | |
| Write(B) | | 70 |
| | Read(B) | |
| | 使用 B=70 | |
| roll back | | 100 |

图 6.2 读"脏"数据

### 3. 不可重复读

不可重复读是指事务 $T_1$ 读取数据后，事务 $T_2$ 对其执行更新操作，使 $T_1$ 无法再现前一次的读取结果，如图 6.3 所示。

| $T_1$ | $T_2$ | 数据库值 |
|---|---|---|
| Read(A) <br> Read(B) <br> 求和 A+B |  | A=100 <br> B=50 <br> A+B=150 |
|  | B=B*2 <br> Write(B) | B=100 |
| Read(A) <br> Read(B) <br> 求和 A+B |  | A=100 <br> B=100 <br> A+B=200 |

图 6.3　不可重复读

产生上述三种数据不一致的主要原因是并发操作破坏了事务的隔离性。并发控制就是要用正确的方式调度并发操作，使一个事务的执行不受其他事务的干扰，从而避免数据的不一致。

## 6.4.2　并发控制的实现技术

在数据库环境下，进行并发控制的主要方式是使用封锁机制，即加锁。所谓加锁就是事务 T 在对某个数据对象（如表、记录等）操作之前，先向系统发出请求对其加锁。加锁后事务 T 就对该数据对象有了一定的控制权，在事务 T 释放它的锁之前，其他的事务对该对象的操作会受到一定的限制。

#### 1. 锁的基本类型

锁有两种基本类型：排他锁和共享锁。

排他锁（exclusive lock，X 锁）又被称为写锁。若事务 T 对数据对象 A 加上 X 锁，则数据库系统将只允许 T 读取和修改 A，其他事务对 A 不能再加任何类型的锁，直到 T 释放 A 上的 X 锁为止。这就保证了其他事务在 T 释放 A 上的锁之前不能再读取和修改 A。

共享锁（share lock，S 锁）又被称为读锁。若事务 T 对数据对象 A 加上 S 锁，则事务 T 可以读取 A 但不能修改 A，其他事务可以对 A 加 S 锁，但不能加 X 锁，直到 T 释放 A 上的 S 锁为止。这就保证了其他事务可以对 A 加 S 锁后读取 A，但在 T 释放 A 上的 S 锁之前不能对 A 加 X 锁进行修改。

排他锁与共享锁的控制方式可以用如图 6.4 所示的相容矩阵来表示，其中，列表示其他事务对某数据对象已拥有锁的情况，X 表示已加 X 锁，S 表示已加 S 锁，"—"表示没有加锁。行表示锁请求，X 表示申请 X 锁，S 表示申请 S 锁。N 表示不相容请求，Y 表示相容的请求。

其他事务拥有的锁

|     | X | S | — |
|-----|---|---|---|
| 锁请求 X | N | N | Y |
| 锁请求 S | N | Y | Y |

图 6.4　S 锁和 X 锁的相容矩阵

### 2. 封锁粒度

在关系数据库中，封锁对象既可以是数据库、关系、元组、属性或索引等逻辑单元，也可以是物理页、物理块等物理单元。封锁对象的大小被称为封锁的粒度。

封锁粒度与系统的并发度和并发控制的开销密切相关。一般而言，封锁的粒度越大，数据库所能封锁的数据单元就越少，并发度就越小，系统开销也越小。反之，封锁的粒度越小，并发度越高，但系统开销也就越大。

综合考虑封锁开销和并发度两个因素，理想的方法是在一个系统中同时提供多种封锁粒度供事务选择。例如，对需要处理大量元组的事务，可选择以关系为封锁粒度，对仅需处理某个属性的事务则可选择以属性为封锁粒度。

### 3. 死锁

一个事务如果申请锁而未获准，则其需等待其他事务释放锁，这就形成了事务间的等待关系。当事务中出现循环等待时，如果不加干预，则其会一直等待下去，这叫作死锁。一个典型的死锁例子：事务 $T_1$ 获得了数据 A 上的 S 锁，事务 $T_2$ 获得了数据 B 上的 S 锁，然后 $T_1$ 又请求对 B 加 X 锁，因 $T_2$ 已对 B 加了 S 锁，于是 $T_1$ 等待 $T_2$ 释放 B 上的锁。接着 $T_2$ 又申请对 A 加 X 锁，因 $T_1$ 已对 A 加了 S 锁，于是 $T_2$ 也只能等待 $T_1$ 释放 A 上的锁。这样就出现了 $T_1$ 和 $T_2$ 相互等待，两个事务永远不能结束的情况，以至于形成死锁。

解决死锁的办法有两种：一是检测死锁，发现死锁后解除死锁；二是预防死锁的发生。目前普遍采用的是检测并解除死锁的方法。其中，最简单的是超时法。如果一个事务的等待时间超过了固定的时限，就可以认为发生了死锁，这时应撤销该事务。另外还有一种被称为等待图法的方法，其在系统中将建立一个表示事务之间相互等待关系的图，如果 $T_1$ 事务在等待 $T_2$ 事务释放锁，则在等待图中添加一条有向边 <$T_1$, $T_2$>，当图中出现回路时，就可判定其发生了死锁，这时应选择其中撤销代价最小的事务将之撤销，以此来解除死锁。

### 4. 封锁协议

数据库管理系统对并发事务的调度是随机的，其存在多种调度策略。不同的调度策略使得各并发事务交叉执行的顺序不同，最后各事务所得结果也会不同。那么，这些结果中，哪些是正确的，哪些是不正确的？显然，串行调度是正确的，执行结果等价于串行调度的调度也是正确的。这就提出了一个判断准则：多个事务并发执行的结果是正确的，当且仅当其结果与按某一次序串行地执行各事务所得结果相同。这种调度策略被称为可串行化的并发调度。

为保证事务并发调度的可串行化和数据一致性，在运用封锁方法对数据对象加锁时还需要约定一些规则，如申请哪种锁、何时申请、何时释放等，这些规则被称为封锁协议。

适应不同应用的需求，对封锁方式提出不同的规则，就形成了各种不同的封锁协议。目前应用比较广泛的主要有两段锁协议和三级封锁协议。

（1）两段锁协议。所谓两段锁协议是指任何事务在对数据对象进行读写操作之前要先加锁，并且一个事务中所有的加锁动作都在解锁动作之前。

根据两段锁协议的要求，事务被分为两个阶段：第一个阶段是加锁阶段，在此阶段，事务可以对任何数据对象申请任何类型的锁，但是不能释放任何锁；第二阶段是解锁阶段，在此阶段，事务开始释放所获得的锁，但不能再申请加任何锁。

例如，事务 $T_1$ 的封锁序列如下。

$T_1$：Slock (A)…Slock (B)…Xlock(C)…Unlock (A)…Unlock (B)…Unlock (C)

事务 $T_2$ 的封锁序列如下。

$T_2$：Slock(A)…Unlock(A) …Slock (B) …Xlock (C) …Unlock (C) …Unlock (B)

事务 $T_1$ 的所有加锁动作 Slock 或 Xlock 都在解锁动作 Unlock 之前，所以 $T_1$ 遵守两段锁协议。事务 $T_2$ 在解锁动作 Unlock(A) 之后还有加锁动作，所以未遵守两段锁协议。

可以证明，若并发执行的所有事务均遵守两段锁协议，则对这些事务的任何并发执行都是可串行化的，或者说都是正确的。但要注意的是，两段锁协议是可串行化的充分条件，但不是必要条件。也就是说，一个可串行化的并发执行中，不一定所有事务都遵守两段锁协议。尽管两段锁协议不是可串行化的必要条件，但由于其协议简单，所以一般都用它来实现并发执行的可串行化。

（2）三级封锁协议。前面已经介绍过不正确调度可能会带来三种数据的不一致：丢失修改、读"脏"数据和不可重复读。三级封锁协议分别在不同程度上解决了这些问题。

①一级封锁协议。一级封锁协议要求事务在修改数据对象之前必须先对其加 X 锁，并保持到事务结束时才释放锁。

如果事务 $T_1$ 和 $T_2$ 遵守一级封锁协议，那么在修改数据对象 A 之前 $T_1$ 会先对其加 X 锁，直到事务结束才释放。$T_2$ 修改 A 前试图为 A 加 X 锁，此时其因为没有获准加锁而会一直等待，从而避免了丢失修改。

在一级封锁协议中，如果事务对数据对象仅仅是读取而不进行修改，则其不需要对数据对象加锁。所以在只对数据进行读取的时候，一级封锁协议不能保证可重复读和不读"脏"数据。

②二级封锁协议。二级封锁协议要求事务首先遵守一级封锁协议，其次要求事务在读取数据对象之前必须先对其加 S 锁，读完后方可释放 S 锁。

二级封锁协议除了可以防止丢失修改，还可进一步防止读"脏"数据。

二级封锁协议防止了读"脏"数据，但是由于事务读完数据即释放 S 锁，因此不能保证可重复读。

③三级封锁协议。三级封锁协议要求首先遵守一级封锁协议，其次要求事务在读取数据对象之前必须先对其加 S 锁，直到事务结束才释放 S 锁。

三级封锁协议除了可以防止丢失修改和防止读"脏"数据外，还可进一步防止不可重复读。

如果所有事务都遵守三级封锁协议，则对这些事务的任何并发执行都将是正确的，即不会出现丢失修改、读"脏"数据或不可重复读等数据不一致的情况。但需要注意的是，封锁级别越高，越可以避免更多的数据不一致性，但同时也提高了对数据并发访问的限制，降低了系统的整体效率。所以在实际应用中，要根据需要选择恰当级别的封锁协议，而不是一味追求最高级别。实际应用中不是所有的应用都需要完美的数据一致性。例如，学校要了解学生的体质情况，需调查学生的体重、身高平均值等，这些统计数据只有参考价值，而且学生这个群体是动态变化的，这些统计值也是随时间发展上下波动的，没有必要追求过分的精确度，在统计时即使读"脏"数据也是可以接受的。再如，读值不可重复这种不一致现象出现的概率本来就很低，在不少应用中，即使出现也是可以被允许的。

### 6.4.3　SQL Server 中事务的管理

在 SQL Server 中，对事务的管理包括以下三个方面的内容。

（1）封锁机制保证事务的排他性。封锁一个正在被事务修改的数据，防止其他用户访问到"不一致"的数据。

（2）日志机制使事务具有可恢复性。即使服务器硬件、操作系统或 SQL Server 本身崩溃，在重新启动后，SQL Server 仍可以利用事务日志继续执行所有未完成的事务，使系统恢复到系统崩溃前的状态。

（3）事务日志管理特性保证事务的原子性和一致性。当一个事务开始后，必须成功地完成，否则，SQL Server 将撤销自事务开始后所做的一切修改。

## 本章小结

保证数据一致性是对数据库最基本的要求。

事务是数据库的逻辑工作单元，只要 DBMS 能够保证系统中一切事务的原子性、一致性、隔离性和持久性，也就保证了数据库处于一致状态。

为了保证事务的原子性、一致性与持久性，DBMS 必须对事务故障、系统故障和介质故障进行恢复。数据库转储和登记日志文件是恢复中最经常使用的技术。恢复的基本原理就是利用存储在后备副本、日志文件和数据库镜像中的冗余数据来重建数据库。

数据库的备份和恢复是保证当数据出现故障时能够将数据库尽可能地恢复到正确状态的技术。数据备份的常用技术包括数据转储和登记日志文件。针对不同的故障，数据库管理系统有不同的恢复策略，包括事务故障的恢复、系统故障的恢复和介质故障的恢复。

数据库是一个共享资源，当多个用户并发存取数据库时就会产生多个事务同时存取同一条数据的情况。若对并发操作不加控制就可能会存取不正确的数据，破坏数据库的一致性。所以 DBMS 必须提供并发控制机制。数据的并发控制是指当同时执行多个事务时，为了保证彼此不受干扰，解决数据三类不一致性问题所采取的措施。数据的三类不一致性包括：丢失修改、读"脏"数据、不可重复读。并发控制的主要方法是封锁。根据对数据操作的不同，锁分为排他锁和共享锁。为了保证并发执行的正确性和数据一致性，人们定义了一系列封锁协议，主要包括两段锁协议和三级封锁协议。

在实际工作中，数据库管理员必须十分清楚每一个 DBMS 产品所提供的恢复技术、恢复方法，并且能够根据这些技术正确制订实际系统的恢复策略，以保证数据库系统的正确运行。

## 练习与思考

6.1 试述事务的概念及事务的四个特性。

6.2 为什么事务非正常结束时会影响数据库数据的正确？请举例说明。

6.3 数据库中为什么要有恢复子系统？它的功能是什么？

6.4 恢复数据库的基本技术有哪些？

6.5 数据库运行中可能产生的故障有哪几类？哪些故障影响事务的正确执行？哪些故障破坏数据库数据？

6.6 数据库转储的意义是什么？试比较各种数据库转储方法。

6.7 什么是日志文件？为什么要设立日志文件？

6.8 登记日志文件时为什么必须先写日志文件，后写数据库？

6.9 假设有描述顾客购物信息的两张表。顾客表和订购表，其结构如下。

顾客表（顾客 ID，顾客名，电话，地址）

订购表（商品 ID，商品名称，顾客 ID，订购数量，订货日期，交货日期）

写出实现如下约束的 SQL 语句。

（1）为顾客表添加主码约束，主码为顾客 ID。

（2）为订购表添加外码约束，限制订购表的顾客必须来自顾客表。

（3）限制订购表的"订货日期"必须早于"交货日期"。

（4）在订购表中插入元组时，其顾客 ID 必须在顾客表中出现。

6.10 数据库为什么要并发控制？

6.11 并发操作可能会产生哪几类数据不一致？用什么方法能避免各种不一致的情况？

6.12 什么是封锁？基本的封锁有几种？试述它们的含义。

6.13 什么是活锁？什么是死锁？

6.14 试述活锁产生原因和解决方法。

6.15 请给出预防死锁的若干方法。

# 第 7 章
# 数据库的运行控制

## 本章学习提要与目标

本章主要介绍数据库管理系统实施数据的完整性控制、安全性控制的基本原理及其在 SQL Server 2008 中的实现方法，使读者掌握数据库运行控制技术的基本原理，并能够熟练地掌握 SQL Server 2008 的运行控制技术。

数据库中的数据是由数据库管理系统统一管理和控制的。数据库的最大特点就是数据共享。为了实现数据共享、保证数据库系统的质量和可用性，数据库管理系统必须有一套严格的运行控制技术。数据库的运行控制技术包括数据的安全性控制、完整性控制、并发控制和数据的备份与恢复等。本章将介绍这些数据库管理系统的主要组成部分及 SQL Server 中是如何实现上述数据库运行控制功能的。

## 7.1 数据的完整性

数据的完整性是指数据库中的数据应始终保持正确的状态，防止不符合语义的错误数据被输入，以及避免无效操作所造成的错误结果。前文 2.1.3 节曾提及关系模型提供了四类完整性约束，与之相应地，为了维护数据库的完整，DBMS 必须提供一种机制来检查数据库中的数据是否满足完整性约束条件，以确保数据的正确性和相容性。数据库的完整性是通过 DBMS 的完整性子系统实现的。

数据库完整性子系统是根据"完整性规则集"工作的。完整性规则集是由数据库管理员或应用开发者事先向完整性子系统提供的有关数据约束的一组规则，每个规则由三部分组成。

（1）什么时候使用规则进行检查（又被称为规则的"触发条件"）。

（2）要检查什么样的错误（又被称为"约束条件"或"谓词"）。

（3）若检查出错误，该怎样处理（又被称为"ELSE 子句"，即规则被违反时要做的动作）。

## 7.1.1 完整性约束条件

完整性约束条件是指加在数据库上的、用来检查数据库中的数据是否满足语义规定的一些条件。作为模式的一部分，它们被存入数据库的数据字典中，以实现完整性控制机制。数据完整性约束条件可以分为：表级约束，即若干元组间、关系中以及关系之间联系的约束；元组级约束，即元组中的字段组和字段间联系的约束；属性级约束，即针对列的类型、取值范围、精度、排序等而制定的约束条件。

**1. 静态级约束**

1）静态属性级约束

静态属性级约束是对属性取值域的说明，为最常见、最简单的一类完整性约束，其包括以下几个方面。

（1）数据类型的约束。对数据的类型、长度、单位、精度等的约束。例如，学生姓名的数据类型为字符型，长度为8。

（2）数据格式的约束。例如，学生学号的前八位表示班级代号，后两位为顺序编号。其中班级代号的前两位为系部代号，接着两位为专业代号，然后是年份和学制，最后一位为顺序编号。

（3）取值范围或取值集合的约束。例如，成绩的取值范围为0～100；性别的取值集合为[男，女]。

（4）空值的约束。空值表示未定义或未知的值，它与零值和空格不同，有的列允许空值，有的则不允许。例如，学生学号通常不能取空值，而成绩可为空值。

（5）其他约束。例如，关于列的排序说明、组合列等。

2）静态元组级约束

静态元组级约束是对元组的属性组值的限定，即规定了属性之间的值或结构的相互制约关联的约束。

3）静态表级约束

在一个关系的各个元组之间或若干关系之间存在的各种联系或约束。常见静态表级约束有：①实体完整性约束；②参照完整性约束；③函数依赖约束；④统计约束。

**2. 动态级约束**

1）动态列级约束

动态列级约束是修改列定义或列值时应满足的约束条件，包括以下两个方面。

（1）修改列定义时的约束。例如，将原来允许空值的列改为不允许空值时，由于该列目前已存在空值，所以修改会被拒绝。

（2）修改列值时的约束。修改列值时新旧值之间要满足的约束条件。

2）动态元组级约束

动态元组级约束是指修改元组的值时元组中字段组或字段间需要满足某种约束。

3）动态表级约束

动态表级约束是加在关系变化前后状态上的限制条件。

## 7.1.2 完整性控制机制的功能及执行约束

数据库管理系统的完整性控制技术应具备以下主要功能。

（1）定义功能。提供完整性约束条件的定义。

（2）检查功能。检查用户执行的操作（特别是对数据库的更新操作）是否违反了完整性约束。

（3）违约处理功能。若用户的操作违反约束，则采取适当的处理方法。例如，拒绝操作、报告出错信息以及改正错误等。

在完整性控制技术中，当违反完整性约束时，一般的处理方法是拒绝导致破坏完整性的操作。但有些违反完整性约束的处理方式不能一味地拒绝，而应用附加操作保证数据库的状态是正确的。例如，对引用完整性的处理就是用附加操作来进行的。

如果要删除基本关系的某个元组（即一个主码值），可以指定系统在以下三种不同的处理方式中选择一种。

（1）受限删除。只有当依赖关系中没有一个外码值与要删除的基本关系中主码值相同时，系统才能在基本关系中执行删除操作，否则系统将拒绝执行删除操作。

（2）级联删除。在删除基本关系元组时将依赖关系中所有外码值与基本关系中被删主码值相同的元组一起删除，如果依赖关系同时又是另一个关系的被依赖关系，则这种删除操作会继续级联下去。

（3）置空值删除。删除基本关系元组时，将依赖关系中所有与基本关系中被删主码值相同的外码值置为空值。

究竟应该选择哪种操作完全取决于整个数据库系统应用程序的语义。

如果要修改基本关系的某个主码值，那么可以指定系统在下述三种不同的处理方式中选择一种。

（1）受限修改。只有当依赖关系中没有一个外码值与要修改的基本关系中主码值相同时，系统才能在基本关系中修改主码值，否则系统将拒绝此修改操作。

（2）级联修改。在修改基本关系中的某个主码值时，将依赖关系中所有与该主码值相同的外码值一并修改为新值。

（3）置空值修改。在修改基本关系中的某个主码值时，将依赖关系中所有与该主码值相同的外码值置为空值。

在进行违约处理时，上面提到的约束机制只能拒绝操作或做些简单的附加动作。要进行更复杂的操作或实施更灵活的检查控制，还需要触发器机制。触发器是一种在使用 UPDATE、INSERT 或 DELETE 命令对指定表中的数据进行修改时，由数据库管理系统自动执行的内嵌程序，其被用来保证数据的一致性和完整性。触发器与表紧密相连，可以看作是表定义的一部分。触发器可以建立在一个用户定义的表或视图上，但不能建立在临时表或系统表上。虽然触发器是建立在一个表上的，但是其可以针对多个表进行操作，而且可以包含复杂的 SQL 语句，因此，其可以进行复杂的逻辑处理，具有更精细和更强大的数据控制能力，故被主要用于定义和维护较为复杂的业务规则或要求。

## 7.1.3 SQL Server 中完整性控制机制的实现

SQL Server 提供列级约束、元组约束及关系约束的功能，以满足数据完整性约束中的三个内容，即实体完整性、参照完整性和用户定义完整性。

在 SQL Server 中，用户既可以使用企业管理器图形化地定义完整性约束，也可以使用 T-SQL 语句定义。下面介绍使用 T-SQL 语句定义完整性约束。

针对数据完整性的约束既可在定义表时设置，也可通过修改表来设置。下面以定义表为例，在用户定义的完整性中介绍主码约束、唯一性约束、非空值约束、CHECK 约束、DEFAULT 约束和外码约束的实现方法。

（1）主码约束。主码约束通过约束表中的一列或多列数据来保证数据唯一性。添加主码约束要注意如下事项。

① 每个表只能有一个主码约束。

② 用 PRIMARY KEY 约束的列取值不能有重复，而且不允许有空值。

例如，账户关系表 Account 的主码是 account_number 列，故可在定义表时用"PRIMARY KEY(account_number)"或"account_number CHAR(4) PRIMARY KEY"命令定义主码约束。前者是以子句的形式定义，又被称为表级约束；后者是在定义列时给出，只适合主码中仅包含一列的情况，又被称为列级约束。

（2）唯一性（UNIQUE）约束。它主要用于确保非主码的一列或多列上的数据具有唯一性。定义 UNIQUE 约束时需注意如下事项。

① 允许空值。

② 一个表可以定义多个 UNIQUE 约束。

在一个已有主码的表中使用 UNIQUE 约束是很有用的。例如，客户关系表 Customer 已将 customer_id 设置为主码，不能再设 customer_name 为主码，假设不存在客户重名的情况，那么就必须使用 UNIQUE 约束。表示如下。

customer_name CHAR(8) UNIQUE

（3）非空值约束。如果要求某个属性的值不允许为空值，那么可以在属性定义后加上关键字"NOT NULL"。

例如，账户关系表 Account 中，支行名要求不能为空的规则可以被表示如下。

branch_name CHAR(10) NOT NULL

（4）CHECK 约束。它将限制列的取值必须在指定的范围内，以此使数据库中存放的数据都是有意义的。使用 CHECK 约束时需注意以下事项。

① 系统在执行 INSERT 语句和 UPDATE 语句时将自动检查 CHECK 约束。

② CHECK 约束可约束同一个表中多个列之间的取值关系。

例如，账户关系表 Account 中，属性余额要求大于等于 1 元，用 CHECK 子句可表示如下。

CHECK(balance>=1.00)

或如下。

balance DECIMAL(10,2) CHECK(balance>=1.00)

后者只适合约束中仅包含一列的情况。

（5）DEFAULT 约束。DEFAULT 约束用于提供列的默认值，只有在向表中插入数据时系统才检查 DEFAULT 约束。

例如，设置账户关系表 Account 中的 balance 列的默认值为 1.00，表示如下。

balance DECIMAL(10,2) DEFAULT 1.00

（6）外码约束。它主要用来维护多个相关表之间相关数据的一致性。添加外码约束时要注意，外码所引用的列必须是有 PRIMARY KEY 约束或 UNIQUE 约束的列。例如，账户关系表 Account 的定义中可以用外码子句定义外码 branch_id:FOREIGN KEY(branch_id) REFERENCES Branch(branch_id)，表示 branch_id 在账户关系 Account 中是外码，在支行关系 Branch 中是主码。

一般地讲，当对基本关系和依赖关系的操作违反了外码约束，系统将选用默认策略，即拒绝执行。如果想让系统采用其他的处理方式则必须在创建表的时候显式地加以说明。例如，当删除 Branch 关系中的元组违反外码约束时，系统会拒绝删除操作；当修改 Branch 关系的某个主码值引起外码约束被破坏时，系统则将进行级联修改。可以如下表示。

```
FOREIGN KEY ( branch_id ) REFERENCES Branch( branch_id )
            ON DELETE NO ACTION
            ON UPDATE CASCADE
```

## 7.2 数据的安全性

数据库通常存储了大量的数据，这些数据可能是个人信息、客户清单或其他机密资料，如果有人未经授权非法侵入了数据库并窃取了查看和修改数据的权限，则其将会造成极大的危害，特别是银行、金融等系统。因此，安全性对任何一个数据库管理系统来说都是至关重要的。系统安全控制措施是否有效是数据库管理系统的主要技术指标之一。

所谓数据库的安全控制是指保护数据库防止未经授权的访问，以免数据的泄露、更改或破坏。数据库的完整性控制和安全性控制是保护的两个方面。完整性是防止合法用户使用数据库时输入不合语义的数据；安全性则是防止用户非法使用数据。

### 7.2.1 安全控制的一般形式

数据库的安全性是指保护数据库以防止因用户非法使用数据库造成数据泄露、篡改或破坏。例如，用户编写一段合法的程序绕过 DBMS 及其授权机制，通过操作系统直接存取、修改或备份数据库中的数据；又如，用户编写应用程序执行非授权操作，通过多次合法查询数据库从中推导出一些保密数据。另外，数据库的安全性还涉及对数据的保密。数据保密是指用户合法地访问到机密数据后能否对这些数据保密。这方面是由国家通过制定法律道德准则和政策法规来保证的。在一般的计算机系统中，安全措施是一级一级层层设置的。图 7.1 显示了计算机系统中从用户使用数据库应用程序开始一直到访问后台数据库数据需要经过的所有安全认证过程。

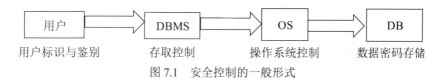

图 7.1 安全控制的一般形式

当用户要访问数据库中的数据时，首先要进入数据库系统。这时数据库管理系统对用户提供的身份进行验证，只允许合法的用户访问数据库。对合法的用户，数据库管理系统还要进行存取控制，验证此用户的操作权限，只允许用户执行合法的操作。操作系统一级也有自己的保护措施，例如，设置文件的访问权限等。存储在磁盘上的文件还可以加密，这样即使数据被人窃取也很难被读懂。由此可以看出，安全性问题并不是数据库系统所独有的，其还涉及操作系统的安全控制以及密码存储等技术。这些内容在相关课程中都有介绍，下面只讨论与数据库有关的安全技术。在数据库系统中，安全控制措施一般是逐级设置的，主要技术有如下几种。

**1. 身份标识和鉴别**

鉴别用户的身份标识是最外层的安全保护措施。数据库系统为每个用户提供互不相同的身份标识符供用户注册。任何用户访问数据库时都要经过系统核实，通过核实才能进入系统，这个核实工作就被称为用户鉴别。鉴别的方法多种多样，如下所示。

（1）口令。口令是最被广泛应用的方法。所谓口令就是注册时 DBMS 给予每个用户的一个字符串。系统内部用一张表来记录用户标识符及口令。为了防止熟悉系统的人窃取这张表，表中的口令宜用密码保存。

（2）只有用户具有的物品。钥匙就是属于这种类型的鉴别物。一些计算机系统用磁性卡片作为用户身份凭证，但此类系统必须有阅读磁卡的装置，而且磁卡也有丢失或被盗的危险。

（3）用户个人特征。签名、指纹、声波等都是用户个人特征。利用这些用户个人特征来鉴别用户非常可靠，但是其需要昂贵的设备，因而影响了推广和使用。

**2. 存取控制**

在数据库系统中，用户只能访问其有权访问的数据。为了保证这一点，必须预先对每个用户定义存取权限。对于通过鉴别的合法用户，系统根据存取权限对用户的各种操作请求进行合法性检查，确保用户只能存取其有权存取的数据。

存取权限有两个要素，即数据对象和操作类型。定义一个用户的存取权限就是要定义该用户可以在哪些数据对象上进行哪类操作。在 DBMS 中，定义存取权限被称为授权。在关系数据库中，数据对象可以是列、元组和基本表，也可以是视图、存储过程。

常见的权限有下列几种。

（1）读权限：允许用户读数据，但不能修改。
（2）插入权限：允许用户插入新的数据，但不能修改已有的数据。
（3）修改权限：允许用户修改数据，但不能删除数据。
（4）删除权限：允许用户删除数据。

根据需要，系统可以授予用户上述权限中的一个或多个，也可以不授予上述任何一个权限。

**3. 视图**

前面已经介绍了视图的概念，视图是给用户提供个性化数据库模式的一种手段。因为系统可以为不同的用户定义不同的视图，所以这样也可以达到访问控制的目的，但其安全保护功能不太精细。一般可以通过对视图授权，将视图和授权机制配合使用来限制用户的访问权限，保证数据库的安全。

SQL 中的视图机制使系统具有三个优点：数据安全性、数据独立性和操作简便性。视图机制可以把要保密的数据对无权存取这些数据的用户隐藏起来，以保证数据库的安全性。需要注意的是，视图机制更主要的功能在于提供数据独立性，其安全保护功能不太精细，往往远不能达到应用系统的要求。

**4. 审计**

上述安全措施都不是绝对可靠的。实际上，无论什么样的安全系统都不是无懈可击的，窃密者总有办法突破这些安全限制。当数据非常敏感时，人们经常采用审计的方法跟踪记录有关这些数据的访问活动。审计时系统会用一个特殊的文件来自动记录用户对数据库的操作。分析审查这些审计记录，就可以找出导致数据库出现安全问题的一系列事件，从而找到非法存取数据库的人。审计能够对非法窃取数据的人起到警示作用，使其不敢轻举妄动。

审计是需要在时间和空间上付出代价的，所以 DBMS 经常将其作为可选的配置，由 DBA 根据应用对安全的要求灵活地打开或关闭相关功能，以达到安全和效率的折中。

**5. 数据加密**

为了更好地保证数据库的安全性，系统可用密码存储口令和数据，并用密码传输以防止远程信息中途被非法截获。数据加密是根据一定的算法将原始数据（明文）变换为不可直接识别的格式（密文），从而使得不知道解密算法的人无法获得数据的内容。

加密方法主要有两种，如下所示。
（1）替换方法。该方法使用密钥将明文中的每一个字符转换为密文中的字符。
（2）置换方法。该方法仅将明文的字符按不同的顺序重新排列。

## 7.2.2 SQL Server 数据安全的实现

从 7.1 节介绍的主要技术能够看出，数据库系统的安全性管理可归纳为两方面的内容，一是针对用户能否登录系统和如何登录系统的管理；二是针对用户能否使用数据库中的对象和执行相应操作的管理。为此，SQL Server 2008 提供了一整套的安全机制，这些机制包括选择认证模式和认证过程、登录账号管理、数据库用户账号管理、角色管理、许可管理等内容。

## 7.2.3　SQL Server 安全体系结构

### 1. SQL Server 安全等级

迄今为止，SQL Server 2008 和大多数据库管理系统一样，都还是运行在某一特定操作系统平台下的应用程序，其安全性机制尚脱离不了操作系统平台，所以 SQL Server 2008 的安全性机制可分为如下四个等级。

（1）客户机操作系统的安全性。

（2）SQL Server 的安全性。

（3）数据库的安全性。

（4）数据库对象的安全性。

由此，对访问数据库的用户可进行以下四次安全性检验。

（1）在使用客户机通过网络访问 SQL Server 服务器时，首先要获得客户机操作系统的使用权。这是用户接受的第一次安全性检验。

需要说明的是，在能够实现网络互联的前提下，用户一般通过客户机上安装的 SQL Server 客户端访问服务器，并不直接登录运行 SQL Server 服务器的主机。而定义操作系统安全性则是操作系统管理员或网络管理员的任务。

（2）SQL Server 服务器级的安全性建立在控制服务器登录账号和密码的基础上，采用标准 SQL Server 登录和集成 Windows 登录两种方式。无论哪种方式，用户在登录时提供的登录账号和密码决定了其能否获得 SQL Server 的访问权，以及获得访问权后在访问 SQL Server 进程时可以拥有的权限。这是用户接受的第二次安全性检验。

管理和设计合理的登录方式是 DBA 的重要任务，也是 SQL Server 安全体系中 DBA 可以发挥主动性的第一道防线。

（3）当用户通过 SQL Server 服务器的安全性检验后，将直接面对不同的数据库入口。这是用户接受的第三次安全性检验。

在建立用户的登录账号信息时，SQL Server 会提示用户选择默认的数据库。以后用户每次连接服务器，都会自动转到该数据库上。对任何用户来说，master 数据库的大门总是敞开的，如果在设置登录账号时没有指定默认的数据库，则用户的权限将局限在 master 数据库内。

（4）数据库对象的安全性是核查用户权限的最后一个安全等级。在创建数据库对象时，SQL Server 自动把该数据库对象的拥有权赋予该对象的创建者。默认情况下，只有数据库的拥有者可以在该数据库下进行操作。当一个非数据库拥有者想访问数据库里的对象时，必须事先由数据库拥有者赋予用户对指定对象执行特定操作的权限。

上述每个安全等级都可被视为一个关卡，若没有设置关卡（即没有实施安全保护），或者用户拥有通过关卡的方法（即有相应的访问权限），则用户可以通过此关卡进入下一个安全等级，倘若通过了所有的关卡，用户就可访问数据库中相关对象及其所有的数据了。

**2. SQL Server 安全认证模式**

1）Windows 身份验证模式

该模式通过使用网络用户的安全特性控制登录行为，以实现与 Windows 系统登录的集成。用户只要能够通过 Windows 系统用户账号验证，即可连接到 SQL Server。Windows 身份验证模式可以提供更多的功能，如安全验证、密码加密、审核、密码过期、密码长度限定，以及在多次登录失败后锁定账号等，其对账号以及账号组的管理和修改也更为方便。但这种验证模式只适用于能够提供有效身份验证的基于 NT 的 Windows 操作系统，而无法用于其他操作系统。

2）混合身份验证模式（Windows 和 SQL Server 身份验证）

该模式可以允许某些非可信的 Windows 操作系统账户连接到 SQL Server，如 Internet 客户等，它相当于在 Windows 身份验证机制中加入了 SQL Server 身份验证机制。连接时系统将区分用户账号在 Windows 操作系统下是否可信，对可信连接用户直接采用 Windows 身份验证机制；对非可信连接用户，SQL Server 将通过检查是否存在正在登录的 SQL Server 账户，以及输入的密码是否与设置的密码相符等自行验证。对未设置的登录账户或密码不符的登录账户则使之身份验证失败，拒绝连接。应用程序开发人员或数据库管理人员可能更青睐于 SQL Server 混合模式，因为他们熟悉登录和密码功能；而 Windows 以外的客户端必须使用 SQL Server 身份验证机制。

**3. 角色和权限的管理**

1）角色管理

角色是 SQL Server 7.0 引入的用来集中管理数据库或服务器权限的概念，它代替了以前版本中用户组的概念。SQL Server 管理者将操作数据库的权限赋予角色，然后再将数据库用户或登录账户设置为某一角色，从而使数据库用户或登录账户拥有相应的权限。在 SQL Server 中有两种角色：服务器角色和数据库角色。

（1）服务器角色。

服务器角色又称"固定服务器角色"，主要用于在用户登录时授予的在服务器范围内的安全特权。在 SQL Server 中有八种固定服务器角色，其名称及权限如下所示。

① System Administrators：拥有 SQL Server 所有的权限许可。

② Server Administrators：管理 SQL Server 服务器端的设置。

③ Disk Administrators：管理磁盘文件。

④ Process Administrators：管理 SQL Server 系统进程。

⑤ Security Administrators：管理和审核 SQL Server 系统登录。

⑥ Setup Administrators：增加、删除连接服务器，管理扩展存储过程。

⑦ Database Creators：创建数据库，更新数据库。

⑧ BulkInsert Administrators：可以执行 BULK INSERT 语句。

（2）数据库角色。

数据库角色能够为某一用户或某一组用户授予不同级别的、管理或访问数据库以及数据库对象的权限，这些权限是数据库专有的，并且还可以使一个用户具有属于同一数据库的多个角色。SQL Server 提供了两种类型的数据库角色：固定数据库角色和用户自定义的数据库角色。

固定数据库角色：在 SQL Server 中有十种固定数据库角色，其名称及权限如下所示。
① public：维护全部默认许可。
② db_owner：数据库的所有者，可以对所拥有的数据库执行任何操作。
③ db_accessadmin：可以增加或者删除数据库用户、工作组和角色。
④ db_ddladmin：可以增加、删除和修改数据库中的任何对象。
⑤ db_securityadmin：可以管理全部权限执行语句许可和对象许可。
⑥ db_backupoperator：可以备份和恢复数据库。
⑦ db_datareader：可以对数据库中的任何表执行 SELECT 操作，从而读取所有表的信息。
⑧ db_datawriter：能够增加、修改和删除表中的数据，但不能进行 SELECT 操作。
⑨ db_denydatareader：不能读取数据库中任何表中的数据。
⑩ db_denydatawriter：不能对数据库中的任何表执行增加、修改和删除数据操作。

需要说明的是，数据库中的每个用户都属于 public 数据库角色，如果没有给用户专门授予对某个对象的权限，那么他们就使用指派给 public 角色的权限。

用户自定义的数据库角色：创建用户定义的数据库角色就是创建一组用户，这些用户具有一组相同的权限。如果用户需要在 SQL Server 中执行指定的一组操作并且不存在对应的 Windows NT 组，或者 DBA 没有管理 Windows NT 用户账号的权限，那么就可以在数据库中建立一个用户自定义的数据库角色。用户自定义的数据库角色有两种类型，即标准角色和应用程序角色。

标准角色通过对用户权限等级的认定而将用户划分为不用的用户组，使用户总是相对于一个或多个角色，从而实现管理的安全性。

应用程序角色是一种比较特殊的角色。当打算让某些用户只能通过特定的应用程序间接地存取数据库中的数据而不是直接地存取数据库数据，就应该考虑使用应用程序角色。当某一用户使用了应用程序角色时，他便放弃了已被赋予的所有数据库专有权限，他所拥有的只是应用程序角色被设置的角色。

2）权限管理
（1）权限的概念。

权限可以指定授权用户可以使用的数据库对象和这些授权用户可以对这些数据库对象执行的操作。用户在登录到 SQL Server 系统之后，其账号所归属的 NT 组或角色所被赋予的权限（许可）决定了该用户能够对哪些数据库对象执行哪种操作。在每个数据库中，用户的权限独立于用户账号和用户在数据库中的角色，每个数据库都有自己独立的权限系统，在 SQL Server 中包括三种类型的权限，即对象权限、语句权限和预定义权限。

对象权限是指对特定的数据库对象，即表、视图、字段和存储过程的操作权限，它决定了能对表、视图等数据库对象执行哪些操作，具体包括以下几种。

① SELECT 允许用户对表或视图执行 SELECT 语句。

② INSERT 允许用户对表或视图执行 INSERT 语句。

③ UPDATE 允许用户对表或视图执行 UPDATE 语句。

④ DELETE 允许用户对表或视图执行 DELETE 语句。

⑤ EXECUTE 允许用户对存储过程执行 EXECUTE 语句。

语句权限是指对数据库的操作权限，如是否可以执行一些数据定义语句，包括 BACK DATABASE（备份数据库）、LOG（备份日志）、CREATE DATABASE（创建数据库）、CREATE VIEW（创建视图）等。

预定义权限是指系统预定义的服务器角色、数据库拥有者、数据库对象所拥有的权限。这些权限不能被明确地赋予或撤销。

（2）使用 T-SQL 语句管理权限。

与用户权限管理有关的 T-SQL 语句主要有三个，它们分别是 GRANT 语句、REVOKE 语句和 DENY 语句。通过这三条语句，DBA 可以分别授予、撤销或拒绝用户执行某些语句（语句权限）或操作某些对象（对象权限）。

命令语法如下。

①授予语句权限：GRANT 语句权限名 [，…]TO{ 数据库用户名 | 用户角色名 }[，…]。

②授予对象权限：GRANT 对象权限名 [，…]ON{ 表名 | 视图名 | 存储过程名 }TO{ 数据库用户名 | 用户角色名 }[，…][ WITH GRANT OPTION]。

③收回语句权限：REVOKE 语句权限名 [，…]FROM{ 数据库用户名 | 用户角色名 }[，…]。

④收回对象权限：REVOKE 对象权限名 [，…]ON{ 表名 | 视图名 | 存储过程名 }FROM{ 数据库用户名 | 用户角色名 }[，…]。

⑤拒绝语句权限：DENY 语句权限名 [，…]TO{ 数据库用户名 | 用户角色名 }[，…]。

⑥拒绝对象权限：DENY 对象权限名 [，…]ON{ 表名 | 视图名 | 存储过程名 }TO{ 数据库用户名 | 用户角色名 }[，…]。

语法说明如下。

①在语句权限中的"语句权限名"有：CREATE DATABASE、CREATE TABLE、CREATE VIEW 等。如果要把所有语句的使用权限授予用户（或全部收回）可以使用 ALL 代替"语句权限名"。

②在对象权限中的"对象权限名"有 SELECT、INSERT、DELETE、UPDATE 等。如果要把所有操作权限都授予用户（或全部收回）可以使用 ALL 代替"对象权限名"。

③在授予对象权限中的 WITH GRANT OPTION 短语表示得到授权的用户可以将其获得的权限转授给其他用户。

**例** 为用户 u1 授予查询账户 Account 表的权限。

```
GRANT SELECT ON Account TO u1
```

**例** 为用户 u1，u2 和 u3 授予 Loan 表的查询权限和 amount 属性上的修改权限。

```
GRANT SELECT,UPDATE ( amount) ON Loan TO u1,u2,u3
```

这里被授予修改权限的属性列表出现在关键字 UPDATE 之后的括号里，如 UPDATE （amount）。如未列出属性列表则表示 UPDATE 权限授予关系中的所有属性。

**例** 授予用户 u1 创建视图的权限。

```
GRANT CREATE VIEW TO u1
```

除了对用户进行授权，SQL Server 的权限管理还可以对角色授权。

**例** 为出纳员角色 teller 授予 Account 表的查询和修改权限。

```
GRANT SELECT,UPDATE ON Account TO teller
```

默认情况下，被授予权限的用户或角色不能将该权限转授给其他用户或角色。如果要允许受权者将权限转授给其他用户或角色，则应在授权时在 GRANT 语句中加上 WITH GRANT OPTION 选项。

**例** 授予 u1 在关系 Branch 上的 SELECT 权限，并允许其将这一权限转授他人。

```
GRANT SELECT ON Branch to u1 WITH GRANT OPTION
```

用户 u1 得到这一权限后，可以通过如下的 GRANT 语句将其转授给用户 u2。

```
GRANT SELECT ON Branch to u2
```

**例** 收回用户 u1 对账户 Account 表的查询权限。

```
REVOKE SELECT ON Account FROM u1
```

**例** 收回用户 u1 创建视图的权限。

```
REVOKE CREATE VIEW FROM u1
```

**例** 拒绝用户 u1 插入、删除和修改 Account 表的权限。

```
DENY INSERT,DELETE,UPDATE ON Account TO u1
```

**例** 拒绝用户 u1 创建表的权限。

```
DENY CREATE TABLE TO u1
```

## 本章小结

数据库的完整性是指数据库中数据的正确性。由于数据库中的数据之间是相互联系的，因此数据库的完整性还包含数据的相容性。数据库管理系统的完整性控制技术是为了保证用户操作的正确性，维护数据库的一致性，防止数据库中存在不符合语义的数据所采取的控制措施。数据库的完整性包括三个方面：完整性约束定义机制、完整性检查机制和违背完整性约束条件时应采取的预防措施。

本章详细介绍了数据库安全性问题和实现技术。信息安全、计算机系统安全以及数据库系统安全是信息安全的重要内容。随着计算机特别是计算机网络的发展，数据的共享日益普通，数据的安全保密越来越重要。数据库的安全性问题和计算机系统的安全性是紧密联系的，计算机系统的安全性问题可分技术安全、管理安全和政策法律三大类。数据安全性是指保护数据库免受泄露、更改或破坏的能力。数据库的安全控制的方法通常包括用户标识和鉴别、存取控制、利用视图和审计等。本章讨论数据库的安全性，讨论数据库技术安全类问题，即从技术上保证数据库系统的安全性方法。

## 练习与思考

7.1 什么是数据库安全性？什么是数据库的完整性？

7.2 数据库安全性和计算机系统的安全性有什么关系？

7.3 试述实现数据库安全性控制的常用方法和技术。

7.4 什么是数据库中的自主存取控制方法和强制存取控制方法？

7.5 SQL 语言中提供了哪些数据控制（自主存取控制）的语句？请举例说明它们的使用方法。

7.6 数据库的完整性概念与数据库的安全性概念有什么区别与联系？

7.7 什么是数据库的完整性约束条件？其可分为哪几类？

7.8 DBMS 的完整性机制应具有哪些功能？

7.9 RDBMS 在实现参照完整性时需要考虑哪些方面的问题？

# 第 8 章
# T-SQL 程序设计

## 本章学习提要与目标

本章主要介绍 T-SQL 程序设计基础，包括标识符、各类运算符、变量、批处理、流程控制语句、函数等，然后介绍游标、存储过程、触发器的使用。通过学习本章，读者可以掌握变量的创建与应用，各类运算符的使用，并能利用流程控制语句实现用户自定义函数、存储过程和游标等的编码。

## 8.1 编程基础知识

### 8.1.1 常量和变量

**1. 常量**

常量，也被称为字面值或标量值，是表示一个特定数据值的符号。常量的格式取决于它所表示的值的数据类型。下面对一些常用常量做简要介绍。

1）字符串常量

字符串常量是括在单引号内的字母数字（a～z、A～Z 和 0～9）及特殊符号（如感叹号"!"、at 符号"@"等）的字符序列。默认情况下系统将为字符串常量指派当前数据库的默认排序规则，除非用户使用 COLLATE 子句为其指定排序规则。

如果单引号中的字符串包含一个嵌入的引号，那么可以使用两个单引号表示，而空字符串用中间没有任何字符的两个单引号表示。

字符串的示例如 'Cincinnati''O''Brien''Process X is 50% complete.' 等。

另外，还有一种 Unicode 字符串常量，其格式与普通字符串相似，但它前面有一个 N 标识符（N 代表 SQL-92 标准中的国际语言）。N 前缀必须是大写字母，例如：'Michél' 是字符串常量而 N 'Michél' 则是 Unicode 常量。Unicode 常量中的每个字符都占用两个字节的存储空间，而普通字符常量中的每个字符则占用一个字节的存储空间。系统同样为 Unicode 常量指派了当前数据库的默认排序规则，除非用户使用 COLLATE 子句为其指定排序规则。

2)十六进制常量

十六进制常量具有前辍 0x 并且是十六进制数字字符串，但不能使用引号。例如：0xAE、0x12Ef。

3) bit 常量

bit 常量使用数字 0 或 1 的序列表示，并且不使用引号。如果其包含了大于 1 的数字，那么这些数字将被转换为 1。

4) datetime 常量

datetime 常量使用特定格式的字符日期时间值表示，并应被单引号括起来。例如，'April 15, 1998"15 April, 1998"980415"04/15/98' 均为日期常量；而 '14:30:24"04:24 PM' 则为时间常量。

5) integer 常量

integer 常量由一串不含小数点的数字表示。例如，1894、2。

6) decimal 常量

decimal 常量由一串包含小数点的数字表示。例如，1894.1204、2.0。

7) float 和 real 常量

float 和 real 常量使用科学记数法表示。例如，101.5E5、0.5E-2。

8) money 常量

money 常量表示为以可选小数点和可选货币符号作为前缀的一串数字，并且不使用引号。例如，$12、$542023.14。

若要指明一个数是正数还是负数，则应该对数字常量应用"+"或"-"等一元运算符。这将创建一个代表有符号数字值的表达式。如果没有应用"+"或"-"符号，则数字常量默认为正数。

## 2. 变量

变量是编程语言必不可少的组成部分，是 SQL Server 系统或用户定义并可对其赋值的实体，T-SQL 语言支持两种形式的变量：一种是用户自己定义的局部变量，另外一种是系统提供的全局变量。

1) 局部变量

局部变量是一个能够拥有特定数据类型的对象，它的作用范围仅限于程序内部。局部变量可以作为计数器来计算循环执行的次数，或是控制循环执行的次数，还可以保存程序运行时的数据值或由存储过程返回的数据值等。

局部变量必须先用 DECLARE 语句声明后才可以使用，其声明的语法格式如下。

DECLARE @局部变量名 数据类型

其中，局部变量名必须以"@"符号开头。数据类型可以是任何由系统提供的或用户定义的数据类型。如果需要，用户还可以指定数据长度，如字符型数据的字符长度、实型数据的小数精度等。

**例** 在一个 DECLARE 语句中声明多个变量。

```
DECLARE @studname  char(8) , @maxscore float
```

局部变量被声明后，系统会自动将它初始化为 NULL 值。为局部变量赋值有两种方式：一种是使用 SET 语句；另一种是使用 SELECT 语句。

（1）使用 SET 语句赋值，其语法格式如下。

SET @ 局部变量名 = 表达式

（2）使用 SELECT 语句赋值，其语法格式如下。

SELECT @ 局部变量 = 表达式

[FROM < 表名 > [, ... n]

WHERE < 条件表达式 >]

其中，表达式与局部变量的数据类型要相匹配。

**例** 声明局部变量 Studno、Studname，并用 SET 语句为其赋值。

```
DECLARE @Studno Char(10), @Studname Char(8)
SET @Studno = '1011024101'
SET @Studname = '王加玲'
```

**例** 从 bScore 表中查询学号为 1011024101 的学生的成绩总分，并将其赋给变量 Sumscore。

```
USE StudentScore
DECLARE @Sumscore float
SELECT @Sumscore = Sum(Score)
FROM bScore
WHERE Stud_Id='1011024101'
GO
```

此例中的 SELECT 语句通过聚集函数将查询结果赋给局部变量。

需要注意的是，利用 SELECT 语句进行赋值时其查询返回的值只能有一个，如果在一个查询中返回了多个值，则只有最后一个查询结果会被赋给变量。

2）全局变量

全局变量是 SQL Server 系统内部使用的变量，其作用范围并不仅局限于某一程序，而是会被作用于任何程序。全局变量用来存储 SQL Server 的一些配置设定值和统计数据，大多数全局变量的值会被用来报告本次 SQL Server 启动后发生的系统活动。

用户可以在程序中用全局变量来测试系统的设定值或者 T-SQL 命令执行后的状态值。但用户不能建立全局变量，也不能对其赋值，通常只能将全局变量的值赋给局部变量，以便对其保存和处理。局部变量的名称不能与全局变量的名称相同，否则会在应用程序中出现不可预测的结果。全局变量的名称由 @@ 开头。

SQL Server 提供的全局变量分为两类。

（1）与每次同 SQL Server 连接和处理相关的全局变量。如 @@ROWCOUNT，表示返回受上一语句影响的行数。

（2）与内部管理所要求的关于系统内部信息有关的全局变量。如 @@VERSION，表示返回 SQL Server 当前安装的日期、版本和处理器类型。

## 8.1.2 批处理和流程控制语句

**1. 批处理**

批处理是从客户机传递到服务器上的一组完整的数据和 SQL 命令集合。一个批处理可以包含一条 SQL 指令，也可以包含多条 SQL 指令。批处理的所有语句被作为一个整体来进行分析、编译和执行，以节省系统开销。但如果批处理中存在语法错误，那么其中的所有语句都无法通过编译。

一系列顺序提交的批处理被称为脚本，一个脚本可以包含一个或多个批处理。为了在脚本中给批处理定界，SQL Server 用关键字 GO 标志一个批处理的结束。GO 本身并不是 T-SQL 的语句组成部分，当编译器读到 GO 时，它就会把 GO 前面的语句当作一个批处理，并将之打包成一个数据包发送给服务器。

在 SQL Server 中，批处理受到如下限制。

（1）大多数 CREATE 语句不能在同一个批处理中混合使用。换句话说，在同一个批处理中，用户不能既运行 CREATE TABLE 语句，也运行其他 CREATE 语句。

（2）不能在一个批处理中先用一个 ALTER TABLE 命令修改表结构（如添加新列），再在同一个批处理中引用刚修改的表结构（如将数据增加到该表中的新列）。这是因为 SQL Server 需要提前编译批处理并在该表中查找那些列，如果那些列还未生成，那么将导致编译失败。

（3）如果在同一个批处理中运行多个存储过程，则除第一个存储过程外，在调用其余存储过程时必须使用 EXECUTE 语句。

**例** 创建一个视图的批处理。

```
USE StudentScore
GO
CREATE VIEW ST_StuScore
AS
SELECT Stud_Id, Stud_Name, Stud_Sex, Member FROM bStudent
WHERE Class_Id='10110241'
GO
SELECT * FROM ST_StuScore
GO
```

这个例子先打开数据库 StudentScore，然后创建了一个仅包含班级代号为 10110241 的学生信息视图 ST_StuScore，最后使用此新建的视图进行了一次查询。所有的操作被分别存放在三个不同的批处理中。

**2. 流程控制**

T-SQL 语言与其他高级语言一样也提供了几个可以控制程序执行流程的语句。在 SQL Server 中，流程控制语句主要用来控制 SQL 语句、语句块或者存储过程的执行流程。使用这些流程控制语句可以让程序员像使用 C、Delphi 和 VB 等高级语言一样更好地组织和控制程序的执行。

1）BEGIN…END 语句

BEGIN…END 语句能够将多个 T-SQL 语句组合成一个语句块，并将它们视为一个单元进行处理。其语法形式如下。

BEGIN

   T-SQL 语句块

END

2）IF…ELSE 语句

IF…ELSE 语句是条件判断语句，其中，ELSE 子句是可选的。当 IF 后的条件成立时程序将执行其后的 T-SQL 语句；当条件不成立时，若有 ELSE 语句，程序就执行 ELSE 后的 T-SQL 语句；若无 ELSE 语句，则执行 IF 语句后的其他语句。SQL Server 允许用户嵌套使用 IF…ELSE 语句，而且嵌套层数没有限制。IF…ELSE 语句的语法形式如下。

IF < 条件表达式 >

   T-SQL 语句块 1

[ELSE

   T-SQL 语句块 2]

**例** 查询学生成绩表 bScore，如果其中存在学号为 3031023101 的学生，那么就输出该学生的全部成绩信息，否则显示"没有此学生的成绩！"。

```
USE StudentScore
GO
IF EXISTS (SELECT Stud_Id FROM bScore WHERE Stud_Id = '3031023101')
   SELECT * FROM bScore WHERE Stud_Id = '3031023101'
ELSE
   PRINT '没有此学生的成绩！'
```

默认情况下 IF 和 ELSE 只能对后面的一条语句起作用，如果 IF 或 ELSE 后面要执行的语句多于一条，就需要使用 BEGIN…END 语句将它们括起来组成一个语句块。

**例** 查询学生成绩表 bScore，如果其中存在课程号为 10001 的课程并且具有不及格的成绩记录，那么就显示"此课程存在不及格的成绩记录"，并查询出这些不及格的成绩信息。

```
USE StudentScore
IF EXISTS(SELECT * FROM bScore WHERE Course_Id = '10001' AND Score <60)
   BEGIN
      PRINT '此课程存在不及格的成绩记录'
      SELECT * FROM bScore WHERE Course_Id = '10001' AND Score <60
   END
```

3）CASE 语句

CASE 函数可以计算多个条件式，并返回其中一个符合条件的结果表达式。按照使用形式的不同，CASE 语句可以分为简单 CASE 语句和选择 CASE 语句。

（1）简单 CASE 函数的语法形式如下。

CASE＜条件表达式＞

  WHEN＜常量表达式＞THEN T-SQL 语句块

  […n]

  ELSE

END

**例** 判断学生信息表 bStudent 中 Member 列的值。如果为"是"，则返回"团员"；为"否"，则返回"非团员"，否则返回"未知的状态"。

```
USE StudentScore
GO
SELECT Stud_Id,Stud_Name,Member=
    CASE Member
            WHEN '是'  THEN  '团员'
              WHEN '否'  THEN  '非团员'
              ELSE  '未知的状态'
    END
FROM bStudent
```

（2）选择 CASE 函数的语法形式如下。

CASE

  WHEN＜条件表达式＞THEN T-SQL 语句块

  […n ]

  ELSE T-SQL 语句块

END

**例** 根据成绩表 bScore 中的成绩，输出每个分数段对应的等级。

```
USE StudentScore
GO
SELECT Stud_Id,Course_Id,ScoreGrade=
CASE
    WHEN Score>=90 AND Score<=100 THEN  '优秀'
    WHEN Score>=80 AND Score<90 THEN  '良好'
    WHEN Score>=70 AND Score<80 THEN  '中等'
    WHEN Score>=60 AND Score<70 THEN  '及格'
    ELSE '不及格'
END
    FROM bScore
```

4）WHILE…CONTINUE…BREAK 语句

WHILE…CONTINUE…BREAK 语句用于设置重复执行 SQL 语句或语句块的条件，只要指定的条件为真，就重复执行语句。其中，CONTINUE 语句可以使程序跳出本次循环，重新开始下一次的 WHILE 循环；而 BREAK 语句则使程序完全跳出循环，结束 WHILE 语句的执行。WHILE 语句的语法形式如下。

```
WHILE <条件表达式>
    T-SQL 语句块 1
    [ BREAK ]
    [T-SQL 语句块 2
    [ CONTINUE ] ]
```

与 IF…ELSE 语句一样,WHILE 语句只能执行一条 SQL 语句,如果希望包含多条语句,则要用 BEGIN…END 结构。

**例** 计算 1 到 100 中奇数的和。

```
DECLARE @Num Int,@Sum Int
SET @Num=0
SET @Sum=0
WHILE @Num<100
BEGIN
    SET @Num=@Num+1
    IF @Num%2=0
      CONTINUE
    ELSE
      SET @Sum=@Sum+@Num
END
PRINT @Sum
```

5) GOTO 语句

GOTO 语句可以使程序直接跳到有标号的语句处继续执行,而位于 GOTO 语句和标号之间的语句将不会被执行。GOTO 语句和标号可以用在语句块、批处理和存储过程中,标号可以是数字与字符的组合,但必须以":"结尾。GOTO 语句的语法形式如下。

GOTO <标号>

……

标号:

**例** 查询学生成绩表 bScore,如果其中存在学号为 3031023101 的学生,那么就显示"该学生的成绩存在",并查询出该学生所有课程的成绩,否则跳过这些语句,显示"没有此学生的成绩!"。

```
USE StudentScore
GO
IF (SELECT COUNT(*) FROM bScore
      WHERE Stud_Id = '3031023101') =0
  GOTO NOACTION
  BEGIN
    PRINT '该学生的成绩存在'
    SELECT Course_Id, Score FROM bScore
    WHERE Stud_Id = '3031023101'
    END
RETURN
```

```
NOACTION：PRINT '没有此学生的成绩！'
```

6）RETURN 语句

RETURN 语句用于无条件地从一个查询、存储过程或者批处理中退出，此时位于 RETURN 语句之后的其他语句将不会被执行。RETURN 语句与 BREAK 语句有一点区别，即 RETURN 语句可以返回一个整数。

7）注释语句

注释是程序代码中非执行的内容，其不参与程序的编译，主要用来说明程序代码的含义，提高程序代码的可读性，使程序代码日后维护更容易。

SQL Server 支持两种形式的注释语句，如下所示。

（1）"--"（两个连字符）用于单行的注释，从双连字符开始到行尾均为注释。多行注释则必须在每个注释行的开头使用双连字符。

（2）"/* … */"（正斜杠＋星号对）用于多行（块）的注释，"/*"表示注释的开始，"*/"表示注释的结束，它们必须成对出现，服务器不对位于 /* 和 */ 注释字符之间的文本进行处理。多行注释必须置于开始注释"/*"和结束注释"*/"之间。

**例** 一个演示合法的注释语句的例子。

```
USE StudentScore          -- 选择数据库
GO            -- 批处理结束
SELECT * FROM bStudent
GO
/* 下面是两条 SELECT 语句
第一条为从专业信息表中查询所有专业的详细信息 */
SELECT * FROM bMajor
GO
-- 第二条为从学生信息表中查询所有学生的学号与姓名
SELECT Stud_Id, Stud_Name  FROM bStudent
```

注意，多行注释"/* */"不能跨越批处理，整个注释必须包含在一个批处理内。

## 8.2 函数的使用

函数是由一条或多条 T-SQL 语句组成的代码段，用于实现一些常用的功能，编写好的函数可以被重复使用。

### 8.2.1 SQL Server 的内置函数

为了使用户对数据库进行查询或修改时更加方便、快捷，SQL Server 在 T-SQL 中提供了许多内置函数以供用户使用。使用时只需要在 T-SQL 语句中引用这些函数，并提供调用函数所需要的参数，服务器就会根据参数执行内置函数，并返回执行结果。T-SQL 提供的内置函数可以分为六类，包括算术函数、字符串函数、聚集函数、日期函数、系统函数和其他函数。其中前四种在第 5 章中已经介绍过，下面主要介绍后两种函数。

### 1. 系统函数

系统函数用于返回有关 SQL Server 系统、用户、数据库和数据库对象的信息，这些数据在管理和维护数据库系统等方面十分有用。用户在得到这些信息后，可以使用条件语句，根据返回的信息进行不同的操作。与其他函数一样，用户可以在 SELECT 语句的 SELECT 和 WHERE 子句以及表达式中使用系统函数。

有关数据库和数据库对象的常用系统函数有以下这些。

DB_ID([ 数据库名 ])：返回指定数据库的标志 ID。

DB_NAME([ 数据库 Id])：根据数据库的 ID 返回相应数据库的名字。

DATABASEPROPERTY( 数据库名 , 属性名 )：返回指定数据库在指定属性上的取值。

OBJECT_ID( 对象名 )：返回指定数据库对象的标志 ID。

OBJECT_NAME( 对象 Id)：根据数据库对象的 ID 返回相应数据库对象名。

OBJECT PROPERTY( 对象 Id, 属性名 )：返回指定数据库对象在指定属性上的取值。

COL_LENGTH( 数据表名 , 列名 )：返回指定表的指定列的长度。

COL_NAME( 数据表 Id, 列序号 )：返回指定表的指定列的名字。

**例**　返回 StudentScore 数据库的 bMajor 表中首列的名称。

```
USE StudentScore
SELECT COL_NAME(OBJECT_ID('bMajor'), 1)
```

运行结果如下。

```
Major_Id
```

### 2. 其他函数

SQL Server 还提供了一些其他函数，用于实现诸如判断指定日期是否为合法日期（ISDATE 函数）、表达式是否为数值型数据类型（ISNUMERIC 函数）或将表达式从一种数据类型变为另一种数据类型等功能。下面只对数据类型转换函数做介绍。

一般情况下，SQL Server 会自动处理某些数据类型的转换。例如，如果比较 Char 和 Datetime 表达式、Smallint 和 Int 表达式，或不同长度的 Char 表达式，SQL Server 可以将它们自动转换，这种转换被称为隐性转换。但是，在无法由 SQL Server 自动转换或 SQL Server 自动转换的结果不符合预期的情况下，就需要使用转换函数做显式转换。这种转换函数有两个：CAST 函数和 CONVERT 函数。

CAST 函数用来将表达式的值从一种数据类型转换成另一种数据类型，其语法形式如下。

CAST ( 表达式 AS 数据类型 )

CONVERT 函数不但允许用户将表达式的值从一种数据类型转换成另一种数据类型，而且还可以进一步规定目标数据类型的长度或精度，其语法形式如下。

CONVERT ( 数据类型 [( 长度 )], 表达式 )

## 8.2.2 用户自定义函数

**1. 用户自定义函数的分类**

除了使用系统提供的内置函数外,用户还可以根据需要自定义函数。用户自定义函数（user defined functions）是 SQL Server 2000 新增的数据库对象,它可以像内置函数一样在查询或存储过程等程序段中使用,也可以像存储过程一样通过 EXECUTE 命令执行,但不能用于执行一系列改变数据库状态的操作。

用户自定义函数可以通过 CREATE FUNCTION 语句创建,通过 ALTER FUNCTION 语句修改,通过 sp_helptext 系统过程来获取所创建函数的源代码。若要创建或更改在 CHECK 约束、DEFAULT 子句或计算列定义中引用用户定义函数的表,还必须具有函数的 REFERENCES 权限。

SQL Server 2000 的用户自定义函数可以接受零个或多个输入参数,其返回值既可以是数值型的数据,也可以是 Table 数据类型的数据。根据函数返回值形式的不同,SQL Server 将用户自定义函数分为下面三种类型。

（1）标量型函数（scalar functions）：返回一个确定类型的标量值。

（2）内联表值型函数（inline table-valued functions）：以表的形式返回一个值,其功能相当于一个参数化的视图。

（3）多语句表值型函数（multi-statement table-valued functions）：为标量型和内联表值型函数的结合体,其返回值也是一个表,但可以进行多次查询,对数据进行多次筛选与合并,弥补了内联表值型函数的不足。

**2. 创建用户自定义函数**

SQL Server 2000 为三种类型的用户自定义函数提供了不同的命令创建格式。

1）创建标量型函数

标量型函数有一个由 BEGIN…END 语句括起来的函数体,其包含一条或多条 T-SQL 语句。创建标量型用户自定义函数的语法格式如下。

CREATE FUNCTION 拥有者 . 函数名
( [ { @ 参数名 参数类型 [ = 默认值 ] } [ ,...n ] ] )
RETURNS 函数返回值类型
[ WITH Encryption ]
[ AS ]
BEGIN
　　函数体
　　RETURN 函数返回值
END
其说明如下。

（1）"参数名"为输入标量型参数的名称，前面要用"@"符号声明。用户可定义一个或多个参数的名称，每个参数的作用范围是整个函数。

（2）"参数类型"指定标量型参数的数据类型，可以为除 TEXT、NTEXT、IMAGE、CURSOR、TIMESTAMP 和 TABLE 类型外的其他数据类型。

（3）"函数返回值类型"指定标量型返回值的数据类型，可以为除 TEXT、NTEXT、IMAGE、CURSOR、TIMESTAMP 和 TABLE 类型外的其他数据类型。

（4）"Encryption"为加密选项，其可以加密创建的函数，使函数定义的文本以不可读的形式存储在 Syscomments 表中。

（5）BEGIN…END 语句块指定一系列的 T-SQL 语句，它们决定了函数的返回值。其中 RETURN 语句是必不可少的，用于返回函数值。

**例** 在 StudentScore 数据库中创建一个自定义函数，按出生日期计算年龄，然后从 bStudent 表中检索出含有年龄的学生信息（包括学号、姓名、性别和年龄）。

```
USE StudentScore
GO
CREATE FUNCTION dbo.Age
(@Birth Datetime, @Curdate Datetime)
RETURNS Int
AS
BEGIN
    RETURN Year(@Curdate)-Year(@Birth)
END
```

函数创建成功后，可以用下列 T-SQL 语句调用该函数。

```
SELECT Stud_Id, Stud_Name, Stud_Sex, dbo.Age(Birth, getdate()) AS Age
FROM bStudent
```

2）创建内联表值型函数

创建内联表值型用户自定义函数的语法格式如下。

CREATE FUNCTION [ 拥有者 .] 函数名

( [ { @ 参数名 参数类型 [= 默认值 ] } [ ,...n ] ] )

RETURNS Table

[ WITH Encryption ]

[ AS ]

　　RETURN (SELECT 语句 )

说明如下。

RETURNS Table 子句表明该用户自定义函数将返回一个表；而 RETURN 子句中的单个 SELECT 语句指明了其返回表中的数据。

**例** 在 StudentScore 数据库中创建一个自定义函数，根据输入的系部代号查询出该系所有班级的基本信息（包括班级代号、班级名称、专业代号和班级人数）。

```
USE StudentScore
```

```
GO
CREATE FUNCTION Depart_Class
(@DepartId Char(2))
RETURNS Table
AS
RETURN  (SELECT Class_Id, Class_Name, Major_Id, Class_Num
         FROM bClass WHERE Depart_Id = @DepartId)
```

函数创建成功后，可以用下列 T-SQL 语句调用该函数，其中指定 @DepartId 为 30。

```
SELECT * FROM Depart_Class('30')
```

3）创建多语句表值型用户自定义函数

创建多语句表值型用户自定义函数的语法格式如下。

CREATE FUNCTION [ 拥有者 .] 函数名

( [ { @ 参数名 参数类型 [= 默认值 ] } [ ,...n ] ] )

RETURNS @ 局部变量 Table < 表的定义 >

[ WITH Encryption ]

[ AS ]

BEGIN

　　函数体

　　RETURN

END

说明如下。

"局部变量"为一个 TABLE 类型的变量，用于存储返回表中的数据行，而其余参数与标量型用户自定义函数相同。

**例**　在 StudentScore 数据库中创建一个自定义函数，根据输入的班级代号查询出该班级所有学生的有关信息（包括学号、姓名、性别和班级名）。

```
USE StudentScore
GO
CREATE FUNCTION Class_Students
(@ClassId Varchar(8))
RETURNS @Student_Info  Table
(Stud_Id   Varchar(10),
 Stud_Name Varchar(8),
 Stud_Sex Char(2),
 Class_Name   Varchar(20))
AS
BEGIN
   INSERT @Student_Info
   SELECT Stud_Id, Stud_Name, Stud_Sex, Class_Name
   FROM bStudent, bClass
   WHERE bStudent.Class_Id = bClass.Class_Id
   RETURN
```

```
END
```

函数创建成功后，可以用下列 T-SQL 语句调用该函数，其中指定 @ClassId 为 30310231。

```
SELECT * FROM Class_Students('30310231')
```

**3. 修改和删除用户自定义函数**

使用 ALTER FUNCTION 命令可以修改用户自定义函数，此命令的语法与 CREATE FUNCTION 相同，因此使用 ALTER FUNCTION 命令其实相当于重构了同名的函数，用起来不太方便。同样，用户可以用 DROP FUNCTION 命令删除用户自定义函数，其语法格式如下。

DROP FUNCTION {[ 拥有者 .] 函数名 } [ ,...n ]

**例** 删除用户自定义函数 Age。

DROP FUNCTION dbo.Age

## 8.3 游标的使用

### 8.3.1 游标的基本概念

SQL 语言是面向集合的，一条 SELECT 语句所返回的多条记录的集合均被作为一个整体处理。而在实际开发中，尤其是在应用程序设计中，程序常常需要对 SELECT 语句所返回的结果集中的不同行做不同的处理，这就需要一种机制以便每次处理一行数据。用户可借助游标来进行面向单条记录的数据处理，以协调这两种不同的数据处理方式。游标是系统在服务器端为用户开设的一个数据缓冲区，其可存放 SQL 语句的执行结果，每个游标区都有一个名字，用户可以用 SQL 语句逐一从游标中获取记录，从而有选择地按行操作。

在数据库中，游标是一个十分重要的概念，其提供了一种对从表中检索出的数据进行操作的灵活手段。众所周知，关系数据库管理系统实质是面向集合的，在 SQL Server 中并没有一种描述表中单一记录的表达形式，除非使用 WHERE 子句限制只选中一条记录，因此人们必须借助游标来进行面向单条记录的数据处理。由此可见游标允许应用程序对查询语句 SELECT 返回的行结果集中每一行进行相同或不同的操作，而不是一次对整个结果集进行同一种操作，这增加了操作的灵活性。游标可以逐行处理数据，其具有以下优点：

①游标允许程序对由 SELECT 产生的结果集的每一行执行相同或不同的操作。
②允许定位在结果集的特定行。
③允许结果集中的当前行被修改。
④允许由其他用户修改的数据在结果集中可见。

⑤提供脚本、存储过程和触发器中使用的访问结果集中数据的 T-SQL 语句。

## 8.3.2 游标的种类

SQL Server 支持三种类型的游标：T-SQL 游标，API 游标和客户游标。

**1. T-SQL 游标**

T-SQL 游标由 DECLARE CURSOR 语句定义，主要用在 T-SQL 脚本、存储过程和触发器中。T-SQL 游标主要部署于服务器上，由从客户端发送给服务器的 T-SQL 语句或是批处理、存储过程、触发器中的 T-SQL 进行管理。

**2. API 游标**

API 游标支持在 OLE DB、ODBC 以及 DB_library 中使用游标函数，也主要部署于服务器上。每一次客户端应用程序调用 API 游标函数时，SQL Server 的 OLE DB 提供者、ODBC 驱动器或 DB_library 的动态链接库都会将这些客户请求传送给服务器以对 API 游标进行处理。SQL Server 支持四种 API 游标类型，即静态游标、动态游标、只进游标和键集驱动游标。

**3. 客户游标**

主要是在客户机上缓存结果集时才使用。在客户游标中，有一个缺省的结果集被用来在客户机上缓存整个结果集。客户游标仅支持静态游标而非动态游标，其常常仅被用作服务器游标的辅助。

由于 API 游标和 T-SQL 游标常被部署于服务器端，所以被称为服务器游标，也被称为后台游标；而客户端游标被称为前台游标。本章主要讲述服务器（后台）游标。

## 8.3.3 游标的基本操作

使用游标的五个基本步骤为：声明游标、打开游标、移动游标指针提取数据、关闭游标和释放游标。

**1. 声明游标**

正如使用其他类型的变量一样，在使用一个游标之前应该先声明它。声明一个游标主要包括两部分内容：游标名字和该游标所用到的 SQL 语句。其语法格式如下。

DECLARE <游标名>[SCROLL]

[STATIC | KEYSET | DYNAMIC | FAST_FORWORD]CURSOR

FOR <SELECT 语句>

[FOR Read Only | Update [Of 列名 [,...n ]]]

说明如下。

（1）SCROLL 表明所定义的游标具有以下所有取数的功能：FIRST 取第一条记录；LAST 取最后一条记录；PRIOR 取前一条记录；NEXT 取后一条记录。如未作出功能定义，则声明的游标只具有默认的 NEXT 功能。

（2）[STATIC ｜ KEYSET ｜ DYNAMIC ｜ FAST_FORWORD] 用于指定游标的类型。其中，STATIC 表示静态游标类型；KEYSET 表示键集驱动游标类型；DYNAMIC 表示动态游标类型；FAST_FORWORD 表示只进游标类型。

（3）SELECT 语句主要用来定义游标所要处理的结果集。在声明游标的 SELECT 语句中，不允许使用诸如 COMPUTE、COMPUTE BY 和 INTO 等关键字。

（4）Read Only 用来声明只读游标，这种游标不能更新数据。

（5）Update [Of 列名 [,...n ]] 用来定义该游标可以更新的列；如果没有 [Of 列名 [,...n ]]，则游标里的所有列都可以被更新。

### 2. 打开游标

声明了游标后，在使用它之前必须先打开它。其语法格式如下。

OPEN <游标名>

语法说明如下。

（1）打开游标实际上是执行相应的 SELECT 语句，并把指定表中的所有满足查询条件的记录放到内存缓冲区中，用户可从全局变量 @@CURSOR_ROWS 中读取游标结果集合中的行数。

（2）执行了"打开游标"后，游标处于活动状态，指针将指向查询结果集的第一条记录。

### 3. 移动游标指针提取数据

当用 OPEN 语句打开游标并在数据库中执行查询后，用户并不能立即使用结果集中的数据，必须再用 FETCH 语句来提取数据。使用游标提取某一行数据的语句格式如下。

FETCH [[FIRST ｜ LAST ｜ PRIOR ｜ NEXT] FROM] <游标名>
[INTO @ 变量 [,...n]]

说明如下。

（1）[FIRST ｜ LAST ｜ PRIOR ｜ NEXT] 用于指定推动游标指针的方式。其中 FIRST 为推向第一条记录；LAST 为推向最后一条记录；PRIOR 为向前回退一条记录；NEXT 为向后推进一条记录。默认值为 NEXT。

（2）使用 INTO 子句对变量赋值时，变量的数量、排列顺序和数据类型必须与 SELECT 语句中的目标列表达式一一对应。

（3）FETCH 语句通常用在一个循环结构中，通过循环执行 FETCH 语句逐条取出结果集中的行进行处理，并在取到最后一行后结束循环。判断行数的方法是检测全局变量 @@Fetch_Status 的值，当 @@Fetch_Status 值为 0 时表明提取正常，-1 表示已经取到了结果集的末尾，而其他值均表明操作出错。

### 4. 关闭游标

打开游标后，SQL Server 服务器会专门为游标开辟一定的内存空间存放游标操作的数据结果集，同时在用户使用游标时也会根据具体情况对某些数据进行封锁。所以，当不再使用游标时，用户一定要关闭游标，以通知服务器释放游标所占的资源。关闭游标的语法格式如下。

CLOSE <游标名>

游标被关闭后,其将不再和原来的查询结果集相联系。但被关闭的游标可以再次被打开,与新的查询结果相联系。

### 5. 释放游标

游标结构本身也会占用一定的资源,所以在使用完游标后,应及时将游标释放以回收被游标占用的资源。释放游标的语法格式如下。

DEALLOCATE <游标名>

游标被释放后,如果要再次使用游标,则必须重新声明该游标。

**例** 先声明一个用于查询信息系所有班级情况(包括班级代号、班级名称、班级人数和专业名称)的只读游标 Class_Cursor,然后再一条条地取出其中的数据。

```
-- 声明游标
DECLARE Class_Cursor CURSOR FOR
SELECT Class_Id, Class_Name, Class_Num, Major_Name FROM bClass,bMajor
WHERE bClass.Major_Id = bMajor.Major_Id AND Major_Id = '30'
FOR Read Only
-- 打开游标
OPEN Class_Cursor
-- 取第一条记录
FETCH NEXT FROM Class_Cursor
/* 用循环结构逐条取出结果集中的其余记录 */
WHILE ( @@Fetch_Status=0 )
BEGIN
    FETCH NEXT FROM Class_Cursor
END
```

当游标移到最后一行数据时,如果继续执行取下一行数据的操作,则将返回错误信息并结束循环。

## 8.3.4 修改和删除游标数据

若要利用游标修改或删除当前记录,则必须将该游标声明为可更新的游标,然后再用 UPDATE 语句或 DELETE 语句修改或删除记录。其语句格式分别如下。

<UPDATE 语句> WHERE Current Of <游标名>

<DELETE 语句> WHERE Current Of <游标名>

其中,"WHERE Current Of <游标名>"子句表示修改或删除的是该游标中最近一次取出的记录。

**例** 先声明一个用于查询学生成绩并可更新 Score 列的可更新游标 Score_Cursor,然后再对其上的 Score 列进行百分制到十分制的转换操作。

```
-- 声明游标
DECLARE Score_Cursor CURSOR FOR
SELECT Stud_Id, Course_Id, Score
FROM bScore
FOR Update Of Score
-- 打开游标
OPEN Score_Cursor
/*用循环结构逐条取出结果集中的记录并进行更新操作*/
FETCH NEXT FROM Score_Cursor
WHILE ( @@Fetch_Status=0 )
BEGIN
    Update bScore Set Score=Score/10
    WHERE Current Of Score_Cursor
FETCH NEXT FROM Score_Cursor
END
-- 关闭游标
CLOSE Score_Cursor
-- 释放游标
DEALLOCATE Score_Cursor
```

## 8.4 存储过程的使用

### 8.4.1 存储过程的基本概念

为了实现某个特定任务，可将一组 T-SQL 语句写好并用一个指定的名称保存在服务器上，以供用户、其他过程或触发器调用，并向调用者返回数据或实现数据的更改等任务。这组 Transact-SQL 就是存储过程，是一种数据库对象，其可以包含程序流、逻辑控制以及对数据库的查询，还可以接受参数、输出参数、返回单个或多个结果集以及状态集，并可重用或嵌套。

**1. 存储过程的优点**

用户可出于任何使用 SQL 语句的目的来使用存储过程，它具有以下优点。

1）代码执行效率高

存储过程只在创建时接受语法检查、编译及优化，以后每次执行时都可立即使用，无须重新编译，因此速度很快；而一般 SQL 语句每执行一次就需重新编译和优化一次，因此速度很慢。

2）模块化编程

在对数据库进行复杂操作时（如对多个表进行 UPDATE、INSERT、SELECT、DELETE 操作时），用户可将此复杂操作用存储过程封装起来与数据库提供的事务处理结合一起使用。存储过程被创建好后将被存储在数据库中，可由客户端重复调用，并可独立于应用程序，如果数据处理需求发生改变，用户只需更新存储过程，而不需修改应用程序代码。

3）数据查询效率高

存储过程和待处理的数据都被放在同一台运行 SQL Server 的服务器上，使用存储过程查询本地数据效率更高。

4）安全性高

用户可设定只有某些用户才具有对指定存储过程的使用权，允许用户单独执行存储过程而不给予其访问表的权限。

5）减少网络流量

存储过程可包含多条 T-SQL 语句，但客户端执行时只需向 SQL Server 发送一行代码，因此需要通过网络传输的数据少，可节省大量的网络带宽。

**2. 系统存储过程与用户存储过程**

1）系统存储过程

系统存储过程是由 SQL Server 系统创建的存储过程，用户可直接使用。系统存储过程被存储在 master 数据库中，以"sp_"开头命名。系统存储过程主要用于系统管理、用户登录管理、权限设置、数据库对象管理、数据复制等操作。常用的系统存储过程有以下几种。

sp_help：报告有关数据库对象（Sysobjects 表中列出的任何对象）、用户定义数据类型或系统所提供的数据类型的信息。

sp_addlogin：创建新的 SQL Server 登录，该登录允许用户使用 SQL Server 身份验证连接到 SQL Server 实例。

sp_password：为 Microsoft SQL Server 登录名添加或更改密码。

sp_cursor_list：报告当前为连接打开状态的服务器游标的属性。

sp_adduser：在当前数据库中添加新的用户。

sp_addrole：在当前数据库中创建新的数据库角色。

sp_addrolemember：为当前数据库中的数据库角色添加数据库用户、数据库角色、Windows 登录用户或 Windows 组。

sp_droplogin：删除 SQL Server 登录名。这样将阻止使用该登录名的用户对 SQL Server 实例进行访问。

sp_dropuser：从当前数据库中删除数据库用户。

sp_droprole：从当前数据库中删除数据库角色。

sp_droprolemember：从当前数据库的 SQL Server 角色中删除安全账户。

sp_addtype：创建别名数据类型。

2）用户自定义的存储过程

数据库用户可根据某一特定功能的需要，在用户数据库中创建存储过程，但为存储过程命名时不能以"sp_"开头。

## 8.4.2 存储过程的创建

用户创建存储过程可以使用 CREATE PROCEDURE 语句。但在创建之前需要考虑以下注意事项。

（1）不能将 CREATE PROCEDURE 语句与其他 SQL 语句组合到单个批处理中。

（2）存储过程是独立存在于表之外的数据库对象，其名称必须遵守标识符命名规则。

（3）创建存储过程的权限默认属于数据库拥有者，他可以将此权限授予其他用户。

下面是创建存储过程的语法格式。

CREATE PROCEDURE <存储过程名>
[{@ 存储过程的参数 数据类型 }[= 默认值 ][OUTPUT]][, ... n]
[WITH {RECOMPILE | ENCRYPTION}]
[FOR REPLICATION]
AS <SQL 语句>

说明如下。

（1）如果用户没有给 CREATE PROCEDURE 语句中声明的参数定义默认值，则这些参数值必须在执行过程时提供。参数的默认值必须是常量或 NULL，可以包含通配符。

（2）OUTPUT 表明参数将返回值，此值可以返回给调用过程。但 Text、Ntext 和 Image 类型不能用作 OUTPUT 参数。

（3）RECOMPILE 表示不在缓冲中保存存储过程的执行计划，但可以在使用临时值不希望覆盖缓存中的执行计划时使用。而 ENCRYPTION 则表示要对存储在表 syscomments 中的存储过程文本进行加密，以防止其他用户查看或修改。

另外，用 RETURN 语句结束存储过程是一种很好的程序设计习惯。

**1. 创建不带参数的存储过程**

**例** 在 StudentScore 数据库中创建一个存储过程 Major_Class，要求从专业信息表和班级信息表的连接中返回所有专业的班级信息，其中包括班级代号、班级名称、专业名称和学制。

```
USE StudentScore
GO
CREATE PROC Major_Class
AS
SELECT c.Class_Id, c.Class_Name,m.Major_Name,Length
FROM bMajor m JOIN bClass c
ON m.Major_Id = c.Major_Id
```

此示例存储过程没有使用任何参数，可以查询所有专业的所有班级信息。

从此例可以看出，由于 CREATE PROCEDURE 语句不能与其他 T-SQL 语句在同一个批处理中一起使用，所以在 USE StudentScore 语句后一定要加 GO，以使 CREATE PROCEDURE 语句单独成为一个批处理。

另外，存储过程一旦被创建就存在于对应的数据库中。调用此存储过程，用户只需执行调用语句即可。如果对存储过程的调用不是批处理中的第一条语句，则须在存储过程名前使用 EXECUTE（可以简写为 EXEC）关键字。以 Major_Class 为例，调用语句如下。

```
EXEC Major_Class
```

### 2. 创建带输入参数的存储过程

**例** 在 StudentScore 数据库中创建一个存储过程 Major_Class_Student，要求根据专业名称和系部名称查询该系部该专业的所有学生信息，其中包括学号、姓名、性别及所在班级名。

```
USE StudentScore
GO
CREATE PROCEDURE Major_Class_Student
@MajorName Varchar(40),
@DepartName Varchar(40)
AS
SELECT Stud_Id, Stud_Name, Stud_Sex,Class_Name
FROM bStudent JOIN bClass ON bStudent.Class_Id=bClass.Class_Id
        JOIN bMajor on bMajor.Major_Id=bClass.Major_Id
WHERE Major_Name=@MajorName AND Depart_Name=@DepartName
```

SQL Server 提供了两种在执行带输入参数的存储过程时传递参数的方法，如下所示。

（1）按位置传递。即在存储过程的语句中直接给出参数的值。当参数多于一个时，参数值的顺序与创建过程中定义参数的顺序要一致。用这种方法执行 Major_Class_Student 过程的代码如下。

```
EXEC Major_Class_Student '计算机应用','信息系'
```

（2）通过参数名传递。在存储过程的执行语句中使用"@参数名=参数值"的形式给出参数值。这种方法给出的参数值的顺序不需与定义参数的顺序一致。用这种方法执行 Major_Class_Student 过程的代码为：

```
EXEC Major_Class_Student @MajorName='计算机应用',@DepartName='信息系'
```

### 3. 创建使用默认值参数的存储过程

**例** 使用默认值参数在未给出参数时查询上例所有系部中"计"开头专业的学生信息。

```
USE StudentScore
GO
CREATE PROCEDURE Major_Class_Student2
@MajorName Varchar(40) = '计%',
@DepartName Varchar(40) = '%'
AS
SELECT Stud_Id, Stud_Name, Stud_Sex,Class_Name
FROM bStudent JOIN bClass ON bStudent.Class_Id=bClass.Class_Id
        JOIN bMajor on bMajor.Major_Id=bClass.Major_Id
WHERE Major_Name LIKE @MajorName AND Depart_Name LIKE @DepartName
```

在该示例创建的存储过程中，指定的两个参数 @MajorName 和 @DepartName 使用了带通配符的默认值，故可以在执行存储过程时为之使用模式匹配。如果没有提供参数，则其可使用默认值，@MajorName 的默认值为字符"计"开头的所有专业名称，而 @DepartName 的默认值则为所有系部名称。

**4. 创建带输出参数的存储过程**

通过定义输出参数，数据库管理系统可以从存储过程中返回一个或多个值。定义输出参数需要在参数定义后加上 OUTPUT 关键字。

**例** 在 StudentScore 数据库中创建一个存储过程 Class_Num_Sum，要求其可根据专业代号输出该专业的学生人数。

```
USE StudentScore
GO
CREATE PROCEDURE Class_Num_Sum
@MajorId Char(2) = '%',
@Sum Int OUTPUT
AS
SELECT @Sum=SUM(Class_Num)
FROM bClass
WHERE Major_Id = @MajorId
```

该示例中创建的存储过程使用了两个参数，其中，@MajorId 为输入参数，用于指定要查询的专业代号；@Sum 为输出参数，用来返回该专业的学生人数。

在调用带输出参数的存储过程时，为了接收其返回值，用户需要声明一个变量来存放参数的值。同时，在该存储过程的调用语句中，用户也必须为这个变量加上 OUTPUT。下面是调用 Class_Num_Sum 存储过程的代码。

```
DECLARE @n Int
EXEC Class_Num_Sum '31', @n OUTPUT
PRINT '该专业的学生人数为：'+convert(Char(4), @n)
```

## 8.4.3 存储过程的执行

存储过程一般不会自动执行，用户可使用 EXECUTE 命令直接执行。执行存储过程必须具有执行该存储过程的权限。如果存储过程时，用户是批处理中的第一个语句，则 EXECUTE 命令可以被省略。

执行存储过程的语法格式如下：

[EXECUTE]
   [@return_status=]
   { procedure_name[; number] | @procedure_name_var }
   [[@parameter=] { value | @variable[OUTPUT] | [DEFAULT] }]
     [, …]
[WITH RECOMPILE]
语法说明如下：

（1）@return_status=。一个可选的整型变量，用来保存存储过程的返回状态。该变量在用于 EXECUTE 语句之前必须在批处理、存储过程或函数中声明。

（2）procedure_name。要调用的存储过程名称。

（3）;number。可选的整数，具体含义同 CREATE PROCEDURE 语句中的";number"。

（4）@ procedure_name_var。局部定义变量名，代表存储过程名称。

（5）@ parameter=value。过程参数及其值。在给定参数值时，如果没有指定参数名，则所有参数值都必须以 CREATE PROCEDURE 语句中定义的顺序给出；如果使用"@parameter=value"的格式，则参数值可以不按定义时的顺序出现；如果有一个参数使用了"@parameter=value"的格式，则所有的参数都必须使用这种格式。

（6）@ variable。保存参数或返回参数的变量。

（7）OUTPUT。指定存储过程必须返回一个参数。

（8）DEFAULT。根据过程的定义，提供参数的默认值。

（9）WITH RECOMPILE。可强制重新编译存储过程代码，但会消耗较多的系统资源。

## 8.4.4 存储过程的查看和修改

存储过程的有关信息以及创建存储过程的文本均被存储在 SQL Server 数据库中的系统表 Sysobjects 和 Syscomments 中，用户通过 SELECT 语句可直接查看存储过程的定义。相应的 SELECT 查询语句格式如下所示。

SELECT Sysobjects.id,Syscomments.text
FROM Sysobjects,Syscomments
WHERE Sysobjects.id=Syscomments.id AND
Sysobjects.type = 'P' AND Sysobjects.name = 'procedure_name'

其中，procedure_name 为要查看的存储过程的名称。

创建存储过程后，用户还可根据要求或表定义的改变对其修改，修改时可使用 ALTER PROCEDURE 语句，其语法格式如下所示。

ALTER PROCEDURE procedure_name [;number ]
[ { @ parameter data_type } [VARYING] [ = default ] [OUTPUT] ] [, ...]
[ WITH { RECOMPILE | ENCRYPTION | RECOMPILE,ENCRYPTION } ]
AS
sql_statement

其中的参数和保留字的含义说明与 CREATE PROCEDURE 语句一致，此处不再赘述。

## 8.4.5 存储过程的删除

对于不再需要的单个或多个存储过程，用户可利用企业管理器或 T- SQL 语句将其删除，其具体语法格式如下所示。

DROP PROCEDURE { procedure_name } [, …]

语法说明如下。

（1）procedure_name。要删除的存储过程或存储过程组的名称。

（2）存储过程分组后，组内的单个存储过程将无法被删除。也就是说，删除一个存储过程时必须把同组的所有存储过程都删除。

## 8.5 触发器

### 8.5.1 触发器的基本概念

触发器是一种特殊的存储过程，其主要用于 SQL Server 约束、默认值和规则的完整性检查，以保证数据的完整性。它不能像前面介绍的存储过程那样通过名字被显式地调用，而只能在发生诸如插入记录（INSERT）、更新记录（UPDATE）或删除记录（DELETE）等事件时被自动激活。所以，触发器是一个功能强大的工具，利用它可以使每个站点在有数据修改时自动强制执行某些业务规则。

**1. 触发器的作用与优点**

（1）触发器是自动的。当对表中的数据做了任何修改（如手工输入或者应用程序采取的操作）之后其会立即被激活。

（2）触发器可以实现对数据库中相关表的级联操作。例如，在 StudentScore 数据库中，如果希望在删除 bStudent 表中的学生记录时同时删除 bScore 表中与之对应的成绩记录，则除了可通过设置具有级联修改、删除的外键实现外，也可用触发器实现，并且在 SQL Server 2000 以前的版本中只能用触发器实现。具体方法为：在 bStudent 表中创建一个删除触发器，在该触发器中用要删除的 Stud_Id 列的值来查找 bScore 表中 Stud_Id 的值与其相同的行，并将这些行删除。

（3）触发器可以用来定义比 CHECK 约束更复杂的限制。与 CHECK 约束不同，触发器可以查询其他表，例如，当向 bScore 表中插入某门课程的学生成绩记录时，可以查看对应课程在 bCourse 表中是否存在，如果不存在，则不能插入该课程的成绩记录。

（4）触发器可以改变前后表中数据的不同，并根据这些不同来进行相应的操作。

（5）针对一个表的不同操作（INSERT、UPDATE 或 DELETE）可以采用不同的触发器，即使是对同一语句也可调用不同的触发器来完成不同的操作。

**2. Inserted 表和 Deleted 表**

在建立触发器时，SQL Server 会为每个触发器建立两个临时的表：Inserted 表和 Deleted 表。这两个表与触发器一起固定储存在内存中而不是数据库中，每个触发器只能访问自己的临时表，临时表即为触发器所在表的一个副本。用户可以使用这两个表比较数据修改的前后状态，但不能对它们进行修改。这两个表的结构总是与该触发器所作用的表的结构相同。触发器被执行完成后，与该触发器相关的这两个表也会被删除。如果触发器调用了存储过程，或者执行了一个动作而引起另一个触发器被激活，那么就不能再使用这两个表。

Inserted 表存放由于执行 INSERT 或 UPDATE 语句而要向表中插入的所有行。在 INSERT 或 UPDATE 事务中，新的行同时被添加到激活触发器的表和 INSERT 表中，INSERT 表的内容是激活触发器的表中的新行的副本。

Deleted 表存放由于执行 DELETE 或 UPDATE 语句而要从表中删除的所有行。在执行 DELETE 或 UPDATE 操作时，被删除的行将从激活触发器的表中被移动到 DELETE 表中。

**3. 触发器的种类**

按激活触发器的操作语句不同，可以将触发器分为三类：INSERT 触发器、UPDATE 触发器和 DELETE 触发器。而如果按激活触发器的时机来分类，则可以将触发器分为两类：INSTEAD OF 触发器和 AFTER 触发器。

1）INSERT、UPDATE 和 DELETE 触发器

INSERT 触发器通常被用来更新时间标记字段，或者验证被触发器监控的字段中的数据是否满足要求的标准，以确保数据完整性。

UPDATE 触发器和 INSERT 触发器的工作过程基本一致，因为修改一条记录等于插入了一条新的记录并且删除一条旧的记录。

DELETE 触发器通常用于两种情况：一种是防止那些需要删除但会引起数据不一致性问题的记录的删除操作；另一种是实现级联删除操作。

2）INSTEAD OF 和 AFTER 触发器

INSTEAD OF 触发器主要用于替代引起触发器执行的 T-SQL 语句。此外，它也可以用于视图，以扩展视图可以支持的更新操作。

AFTER 触发器通常在 INSERT、UPDATE 或 DELETE 语句之后被执行，而约束检查等操作都将在 AFTER 触发器被激活之前发生。AFTER 触发器只能用于表。

另外，表或视图的每个修改操作（INSERT、UPDATE 或 DELETE）都可以运行一个 INSTEAD OF 触发器，而表的每个修改操作都可以有多个 AFTER 触发器。

## 8.5.2 触发器的创建与执行

创建触发器可以使用 CREATE TRIGGER 语句。但在创建之前，需要考虑以下几点。

（1）CREATE TRIGGER 语句必须是批处理中的第一个语句。

（2）触发器也是数据库对象，其名称同样必须遵循标识符的命名规则。

（3）创建触发器的权限默认被分配给表的所有者，但他不能将该权限授予其他用户。

（4）虽然触发器可以引用当前数据库以外的对象，但用户只能在当前数据库中创建

触发器。

（5）触发器不能在临时表或系统表上创建，但其可以引用临时表，而不能引用系统表。

（6）一个表可以有多个具有不同名称的各种类型的触发器，每个触发器都可以完成不同的功能，但每个触发器只能作用在一个表上。

### 1. 使用 T-SQL 语句创建触发器

与存储过程一样，触发器也是一个基于 SQL 代码的对象，其基本的创建语法格式如下。

CREATE TRIGGER <触发器名>
ON {<表名> | <视图名>}
[WITH Encryption]
AFTER | INSTEAD OF | FOR
[DELETE][,][INSERT][,][UPDATE]
AS
　　<SQL 语句>

说明如下。

（1）表名 | 视图名。指定执行触发器的表或视图。

（2）WITH Encryption。指明要对触发器定义文本进行加密。

（3）AFTER | INSTEAD OF | FOR。指定触发器激活的时机，AFTER 表示当前所有操作（包括约束）执行完成后再激发触发器；INSTEAD OF 指定由触发器代替执行触发 SQL 语句（在表或视图上，每个 INSERT、UPDATE 或 DELETE 语句最多可以定义一个 INSTEAD OF 触发器）；FOR 是为了和早期的 SQL Server 版本相兼容而设置的，功能与 AFTER 一样。

（4）[DELETE][,][INSERT][,][UPDATE]。指定在表或视图上激活触发器的语句。用户至少应指定一个选项，如果指定多个选项，则需要用逗号分隔。

（5）SQL 语句。指定触发器要执行的 T-SQL 语句。

**例**　在 StudentScore 数据库中创建一个删除触发器，实现当删除 bStudent 表中的某个学生记录时，同时删除 bScore 表中与之对应的成绩记录。

```
USE StudentScore
GO
CREATE TRIGGER Student_Delete ON dbo.bStudent
AFTER DELETE
AS
DELETE FROM bScore
WHERE Stud_Id In (SELECT Stud_Id FROM Deleted)
RETURN
```

**例**　在 StudentScore 数据库中创建一个插入触发器，以在向 bScore 表中插入某门课程的成绩记录时，检查 bCourse 表中是否有该课程。如果没有，则不能向成绩表中插入该课程的成绩记录。

```
USE StudentScore
GO
CREATE TRIGGER Score_Insert ON dbo.bScore
  AFTER INSERT
  AS
IF(SELECT Count(*) FROM bCourse, Inserted
    WHERE bCourse.Course_Id=Inserted.Course_Id) = 0
BEGIN
  RAISERROR('没有此课程! ',16,1)
  ROLLBACK TRANSACTION
END
RETURN
```

为了检验该触发器的作用，可以向 bScore 表中加入以下数据。

```
INSERT INTO bScore(Stud_Id,Course_Id,Score)
VALUES('1011024101', '11111',90)
```

**例** 在 StudentScore 数据库中创建一个触发器，以在插入或修改 bScore 表中某个学生某门课程的考试成绩时，自动计算出该学生此门课程的学分（课时数 /16）。

**分析** 学分计算方法为：如果学生的考试成绩或补考成绩超过 60 分，则该学生此门课程的学分 = 此门课程的课时数 /16；如果学生的考试成绩或补考成绩不及格，则该学生此门课程的学分为 0。

```
USE StudentScore
GO
CREATE TRIGGER Score_Credit ON dbo.bScore
AFTER INSERT, UPDATE
AS
    IF(SELECT Score FROM Inserted)>=60 OR (SELECT Makeup FROM Inserted)>=60
        UPDATE bScore SET Credit=
         (SELECT Hours FROM bCourse WHERE bCourse.Course_Id=bScore.Course_Id)/16
        WHERE Stud_Id=(SELECT Stud_Id FROM Inserted) AND
              Course_Id=(SELECT Course_Id FROM Inserted)
    ELSE
      UPDATE bScore SET Credit=0
      WHERE Stud_Id=(SELECT Stud_Id FROM Inserted) AND
            Course_Id=(SELECT Course_Id FROM Inserted)
RETURN
```

**2. 触发器的执行**

要编写出高效的触发器，必须先了解触发器的执行过程。与存储过程不同，触发器不能通过名字来执行，只能在发生插入记录、更新记录、删除记录等事件或相应的语句被执行时自动触发。并且一旦执行 CREATE TRIGGER 语句，新触发器就会响应其中的 AFTER | INSTEAD OF | FOR 子句中所指明的任何动作。

但是，如果一个 INSERT、UPDATE 或 DELETE 语句违反了约束，那么 AFTER 触发器将不会被执行，因为对约束的检查是在 AFTER 触发器被激活之前发生的，所以 AFTER 触发器不能超越约束。

另外，INSTEAD OF 触发器可以取代激活它的操作。它可以在 Inserted 表和 Deleted 表刚刚建立、其他任何操作还没有发生时被执行。正因为 INSTEAD OF 触发器可以在约束之前执行，所以它可以对约束进行一些预处理。

## 本章小结

T-SQL 是一种在 SQL 语言基础上发展起来的扩展语言，微软公司在标准 SQL 语句上增加了许多新功能，如语句的注释、变量、运算符、函数和流程控制等，而且还增强了其可编程性和灵活性。

在 SQL Server 中，局部变量被用来存储从表中查询到的数据，而全局变量则记录了 SQL Server 的各种状态信息。SQL Server 提供了两种类型的注释符，利用这些注释符对代码进行说明，可提高代码的可维护性。SQL Server 表达式支持算术运算符、赋值运算符、位运算符、比较运算符、逻辑运算符、字符串连接运算符等各种运算符。为了提高编程语言的处理能力，SQL Server 还提供了各种流程控制语句，如：BEGIN…END、IF…ELSE 语句、CASE 语句、WHILE 语句等。用户除了可以直接调用 SQL Server 提供的内置函数之外，还可以创建自定义函数。

游标是一种数据结构，其可用于协调 SQL 语言面向集合的工作方式和高级程序设计语言面向过程的工作方式之间的矛盾。用户可将 SELECT 查询结果集定义为游标，将之保存在内存中，然后从游标中取出一行记录进行处理，这些从内存中提取数据的速度要比从数据表中直接提取数据的速度快得多。

存储过程是存储在 SQL Server 服务器、预先定义并编译好的一组 T-SQL 语句，使用存储过程可以提高 T-SQL 语句的运行性能，提高效率。存储过程还可被视为一种安全机制，其通过对用户授予执行存储过程的权限，使用户只能通过存储过程访问表或视图。

## 练习与思考

8.1 数据库对象的命名格式是什么？

8.2 变量的两种类型分别是什么？如何创建局部变量并对其赋值？

8.3 如何创建、调用用户自定义函数？当调用有返回值的用户自定义函数时需要注意什么？

8.4 什么是批处理？如何创建一个批处理语句？

8.5 什么是存储过程？使用存储过程有什么好处？

8.6 如果需要修改一个存储过程的定义，但又不希望先删除它，那么应使用何种方式操作？

8.7 创建一个带参数的存储过程，返回以学生名称为输入参数的所有专业信息。

8.8 简述游标的概念以及优点。

8.9 说明怎样使用游标。

8.10 利用游标取出学生数据库中所在系部为"计算机"的学生姓名、年龄并将之显示出来。

# 第 9 章
# 数据库高级应用

## 本章学习提要与目标

数据库系统主要应用在传统事务处理领域、非传统事务处理领域以及分析领域。本章将分别介绍这三种应用的内容及其典型系统，重点是数据库在分析领域的高级应用，包括数据仓库、联机分析处理和数据挖掘等近年来数据管理领域中迅速兴起的数据库应用新技术，简要介绍这几项新技术的基本原理及应用情况。

数据库技术是一门应用性的学科。自 20 世纪 60 年代以来，它的应用经历了半个多世纪的发展，并且走过了三个阶段，即最初的传统事务处理领域、中期的非传统事务处理领域，以及近期的分析领域。

### 1. 数据库在传统事务处理领域中的应用

数据库起源于商业领域，继而扩展到管理领域、办公自动化等领域，近年来在电子商务、ERP 及客户关系管理等领域得到了扩展。这些应用均是数据库的传统应用，被称为传统事务处理应用。这种应用一般以关系数据库系统为支撑，故关系数据库目前仍是数据库的主要应用领域之一。传统事务处理具有如下特性。

其以数据处理为主要特点；以大量的数据输入、输出、数据存储以及数据操作为其主要处理方式；数据结构形式简单，数据间关系明确；数据操作类型少，一般仅包括查询、增、删、改等几种简单的操作；操作一般比较简单且操作时间短，具有短事务的特点。

### 2. 数据库在非传统事务处理领域中的应用

20 世纪 80 年代后，数据库在非传统事务处理领域中的应用逐渐增多。数据库的非传统事务处理仍以数据处理为主，但其数据结构复杂，操作类型多，且伴有长事务处理特点。此时，以简单的二维表为结构的传统关系模型已不能适应众多非传统事务处理领域应用的需要，因此就出现了多种专用数据库，例如，工程数据库、多媒体数据库、空间数据库等。

### 3. 数据库在分析领域中的应用

数据库在分析领域的应用是 20 世纪 90 年代兴起的，其涉及的内容包括数据仓库、联机分析处理 OLAP 及数据挖掘等，而支撑此应用的数据库被称为数据仓库。数据仓库技术建立了一种体系化的数据存储环境，将决策分析所需要的大量数据从传统的操作环境中分离出来，使分散、不一致的操作数据转换成集成、统一的信息。联机分析处理技术利用存储在数据仓库中的数据完成各种分析操作，并以直观易懂的形式将分析结果展现给决策分析人员。至于深层次的分析和发现数据中隐含的规律和知识，则需要数据挖掘技术来完成。

## 9.1 数据仓库

### 9.1.1 从数据库到数据仓库

数据仓库（Data Warehouse，DW）技术是在数据库的基础上，随着计算机技术的飞速发展和企、事业单位及政府机构不断提出的高层决策需求而产生的。传统数据库技术是以单一的数据库这种数据资源为核心，以此面向应用的联机事务处理（On Line Transaction Processing，OLTP 或称批处理操作）。但这种处理已不能满足数据处理多样化发展的需要。目前人们普遍认同的数据处理可大致划分为两大类型：事务型处理和分析型处理。事务型处理以传统的数据库为中心进行企业的日常业务处理，例如，银行数据库用于记录客户的账号、储蓄、贷款等一系列业务行为。分析型处理以数据仓库为中心分析数据背后的关联和规律，可为企业的决策提供可靠有效的依据，例如，通过对超市数据进行分析可以发现畅销产品。

分析型处理经常要访问大量的历史数据、综合统计数据并对其进行多维分析，传统数据库技术已经无法满足此类需求，所以上述分析必须建立在数据仓库的基础之上，通过联机分析处理（Online Analysis Processing，OLAP）或数据挖掘（Data Mining，DM）等技术手段来进行综合分析型处理或挖掘综合历史数据中潜在的决策支持信息。

自 20 世纪 80 年代中期比尔·思门（Bill.Inmon）首次提出"数据仓库"这一概念以来，数据仓库技术已逐渐成为数据库领域的研究热点，目前已形成了比较成熟的理论体系，出现了很多相关技术产品。

比尔·思门在其《建立数据仓库》（Building the Data Warehouse）一书中对操作型数据与分析型数据的区别进行了详细分析，如表 9.1 所示，从而提出数据仓库的概念。

表 9.1 操作型数据和分析型数据的区别

| 操作型数据 | 分析型数据 |
| --- | --- |
| 细节的 | 综合的或被提炼后的 |
| 在存取瞬间是准确的 | 代表过去的数据 |
| 可更新的 | 不可更新的 |
| 操作需求事先可知 | 操作需求事先不可知 |
| 生命周期符合生命周期法则（SDLC） | 生命周期与 SDLC 相反（CLDS） |
| 对性能要求高 | 对性能要求宽松 |
| 一个时刻操作一个单元 | 一个时刻操作一个集合 |
| 事务驱动，面向应用 | 分析驱动，面向主题（分析） |
| 一次操作数据量小 | 一次操作数据量大 |
| 支持日常事务操作 | 支持管理决策需求 |

数据仓库是面向主题的、集成的、稳定的、随时间变化的数据集合，其被用于支持管理决策过程。这一定义中给出了数据仓库应具备的四个主要特征。

**1. 数据仓库是面向主题的**

传统的 OLTP 数据库一般用于存放企业某个子集的信息，是面向某个特定部门的应用而建立的，其按照部门内部实际应用即业务流程来组织数据，这种数据组织方式在实际应用中由于偏重对联机事务处理的支持，而将数据应用逻辑与数据在一定程度上又捆绑在一起，没能完全实现数据库要求数据与应用分离的原本意图。

数据仓库是面向主题的。主题是一个抽象的概念，是在较高层次上将企业信息系统中的数据综合、归类后进行分析利用的抽象。在逻辑意义上，它是对应企业中某一宏观分析领域所涉及的分析对象，是针对某一决策问题而设置的。面向主题的数据组织方式，就是在较高层次上对分析对象的数据的一个完整、一致的描述，能完整、统一地刻画分析对象所涉及的企业的各项数据以及数据之间的联系，也就是根据分析要求将数据组织成一个完备的分析领域，即主题域。

**2. 数据仓库的数据是集成的**

数据仓库的数据是从原有分散的数据库数据中抽取出来的，数据在进入数据仓库之前必然要经过统一与整合，要统一源中所有不一致的地方，同时要进行数据的综合和计算，抛弃一些分析处理不需要的数据项，必要时还要增加一些可能涉及的外部数据。这一过程既可在抽取过程中完成，亦可在数据仓库内部完成。

全面而正确的数据是有效地分析和决策的首要前提。因此，对源数据的集成是数据仓库建设中最关键，也是最复杂的一步。

**3. 数据仓库的数据是稳定的**

数据仓库在数据存储方面是分批进行的，企业要定期执行数据抽取程序为数据仓库增加数据。数据一旦被写入，一般就不再变化了，其被保存到数据仓库后，最终用户只能通过分析工具进行查询和分析，不能修改，即数据仓库的数据对最终用户而言是只读的。数据仓库往往反映的是一段长时期内历史数据的内容。一旦某些数据超过数据存储期限，则其将从当前数据仓库中被直接删去。

**4. 数据仓库中的数据是随时间变化的**

数据仓库随时间变化会不断增加新的内容，它必须不断捕捉 OLTP 数据库中变化的数据，不断地生成源数据库的"快照"，这些"快照"经统一集成后被增加到数据仓库中去，但数据仓库并不会对早期的"快照"进行修改。数据仓库随时间变化不断删去旧的数据内容，其中大量的综合数据很多跟时间有关，这些数据要随时间的变化不断地重新整合，如隔一定时间要进行抽样等。

## 9.1.2 数据仓库的体系结构

整个数据仓库系统的体系结构可以划分为数据源、数据的存储与管理、OLAP 服务器、前端工具等四个层次，具体如图 9.1 所示。

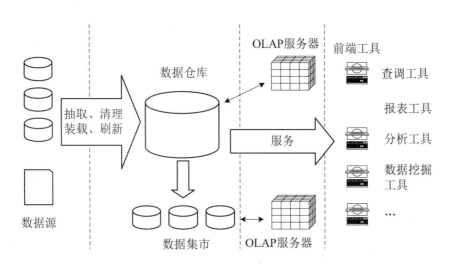

图 9.1 数据仓库系统的体系结构

数据源是数据仓库系统的基础,是各类数据的源泉,其通常包括企业的各类信息,如存放于 RDBMS 中的各种业务处理数据、各类文档数据、各类法律法规、市场信息、竞争对手的信息等。

数据的存储与管理是整个数据仓库系统的核心,是数据仓库的关键。数据的存储方式主要有三种:多维数据库、关系型数据库以及这两种存储方式的结合。数据仓库按照数据的覆盖范围可以分为企业级数据仓库和部门级数据仓库(通常被称为数据集市)。数据仓库面向整个企业,而数据集市则是面向企业中的某个部门。数据仓库中存放企业的整体信息,而数据集市只存放某个主题需要的信息,其目的是减少数据处理量,使信息的利用更快捷、灵活。

数据从数据源进入数据仓库要经过 ETL(Extract/Transformation/Load)工具的抽取、清洗、转换和装载。从数据仓库的角度来看,业务数据库中的数据并非都是决策分析所必需的,数据仓库通常按照分析的主题来组织数据,只需要提取决策分析所必需的那一部分。所谓数据清洗就是在进入数据仓库之前将错误的、不一致的数据予以更正或删除,以免其影响决策分析的正确性。由于业务系统可能使用不同厂商的数据库的产品(如 Oracle,DB2,SQL Server 等),各种数据库产品提供的数据类型也可能不同,因此,需要将不同的数据格式转换成统一的数据格式。数据装载部件负责将数据按照物理数据模型定义的结构装入数据仓库。

OLAP 服务器是使分析人员、管理人员或执行人员能够从多角度对信息进行快速、一致、交互地存取,从而获得对数据的更深入了解的一类软件技术。OLAP 的目标是满足多维环境下特定的查询和报表需求,其技术核心是"维"这个概念。OLAP 服务器能够对数据进行有效集成,按多维模型予以组织,以便支持对其多角度、多层次的分析,并发现趋势。按其具体实现可以将其分为:关系型(ROLAP)、多维型(MD-OLAP)和混合型(HOLAP)。ROLAP 的基本数据和聚合数据均被存放在 RDBMS 之中;MD-OLAP 的基本数据和聚合数据均被存放于多维数据库之中;HOLAP 的基本数据被存放于 RDBMS 之中,而聚合数据则被存放于多维数据库中。

数据库体系化环境是在企业或组织内由各个面向应用的 OLTP 数据库及各级面向主题的数据仓库所组成的数据环境，其形成了四层化体系，分别对应操作型处理和分析型处理两类不同的数据处理服务，如图 9.2 所示。

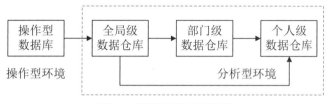

图 9.2　数据库体系化环境

在这个体系化环境中，操作型数据库存放的是一些细节的操作型数据，服务于高性能处理；全局级数据仓库中除了存放细节数据外，还包含大量导出数据；部门级数据仓库一般仅包含导出数据；个人级数据仓库的数据都是暂时的，用于启发式分析。这四层环境本质上是 DB-DW 两级体系结构。

数据处理的要求是多层次的，在理论上人们要求其应有比较丰富的层次，如在操作型数据环境和数据仓库之间再增加一个层次——操作数据存储（Operational Data Store，ODS），可使得那些既不是联机事务处理，又算不上高层决策分析的信息处理有一个更为合适的数据环境，从而将 DB-DW 两级体系结构变成 DB-ODS-DW 三级体系结构。

在图 9.2 的四层体系化环境中，部门级数据仓库提供了分布式数据仓库的思想，从而引出了"数据集市"（Data Mart）的概念。数据集市是小型的、面向部门或工作组的数据仓库，不同的数据集市可以按业务的分类来组织。当数据集市的数据增长时，由于其结构简单、管理较为容易，不同的数据集市既可以分布在不同的物理平台上，也可以逻辑地分布于同一物理平台上，这种灵活性可以使数据集市独立地实施。当更多的主题加入数据集市时，用户可将这些集市加以集成，最终建立起一种结构，即构成企业级的全局数据仓库。基于这种情况，数据仓库建设中的"自底向上"的设计思想就自然形成了。也就是说，用户可以从最关心的部分开始，先以最少的投资建立起部门级的数据集市，完成企业当前需求并获取最快的回报。然后，再不断扩充、完善，最终形成全局数据仓库。

这种设计思想比"自顶向下"的方法（即先建立一个全局数据仓库，然后再抽取得到部门或个人级数据仓库的建设方案）有显著的优越性，这是因为全局数据仓库规模大、实施周期长、见效慢、费用昂贵而且灵活性差，这些往往是许多企业和组织不愿意或不能负担的。

## 9.1.3　数据仓库的数据组织

**1. 数据组织结构**

一个典型的数据仓库的数据组织结构如图 9.3 所示。

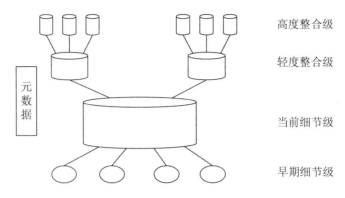

图 9.3　数据仓库的数据组织结构

在数据仓库中，数据被分成四种级别，分别是高度整合级、轻度整合级、当前细节级和早期细节级。

源数据（早期细节级数据）经过整合后，首先进入当前细节级，然后数据仓库将根据应用的需求，通过预运算将数据聚合成轻度整合级和高度整合级。由此可见，数据仓库中存储着不同整合级别的数据，人们一般称之为"数据粒度"。粒度越大，表示细节程度越低，整合程度越高。

数据仓库的核心思想是在系统中保留最有可能被用户使用的数据，而用户很少使用的数据则将被备份并移除出系统。为了节省系统的存储空间，用户可以将老化的细节数据导出到备份设备上。整合后的数据也可能被导出系统，但由于高度整合数据的数量已经很少，所以通常不会被导出。

**2. 数据组织的基本概念**

1）元数据（Metadata）及其存储

元数据指在数据仓库建设过程中产生的有关数据源定义、目标定义、转换规则等关键数据，其是用来定义数据仓库对象的数据。元数据还包含关于数据含义的商业信息。

将元数据用作目录可以帮助决策分析者定位数据仓库的内容。当从操作环境转换到数据仓库环境时，元数据可以作为数据映射指南，所以，应当持久存放和管理元数据。

元数据几乎遍布数据仓库中的任何一个地方和环境，图 9.4 表明元数据位于数据仓库中细节数据的顶层。

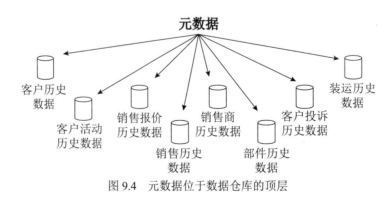

图 9.4　元数据位于数据仓库的顶层

面对如此众多的元数据来源，系统应该尽量采用自动搜集方式对元数据进行收集。要使元数据在数据仓库开发阶段得到有效的应用，必须对其适当地组织和存储。元数据组织与存储的方法有以下两种。

（1）使用数据仓库信息目录。信息目录可以存储和管理元数据，将之用于数据仓库应用程序。数据仓库的所有内部程序都可以访问该目录，最终用户还可以用该目录进行元数据的浏览、导航、数据抽取和查询。

（2）使用元数据库和数据字典。元数据库或数据字典是一种有意义的分类方法，其通常被用于存储、分类和管理元数据。元数据库可以用一种"信息模型"的分类方法管理模型中的各类元数据及其相互关系，是一种非常灵活的管理方法，而不仅仅是简单地管理元数据。

2）数据粒度

数据粒度即数据的整合程度，是数据仓库中一个极其重要的概念。数据的整合程度不同，其数据量相差很大。数据粒度越小，信息越细，数据量越大；数据粒度越大，就越可能忽略了众多细节，数据量越小。

数据的整合程度还会影响数据的用途。对于解决非常细致的问题，使用细节数据非常合适；但对于解决整合程度较高的问题，使用整合数据可能足以迅速回答。所以，在数据仓库中多种数据粒度是必不可少的。

粒度的另一种形式是抽样率，即以一定的抽样率对数据仓库中的数据进行抽样，得到一个样本数据库。这种样本数据库中的粒度不是根据整合程度的不同来划分的，而是由抽样率的高低来划分，抽样程度不同的样本数据库可以具有相同的数据整合程度。

在抽样过程中，需要注意确定合适的抽样率和抽样方法。评价抽样率和抽样方法是否合适，关键在于抽样得到的样本集合是否能够反映源数据集合的特征。过大的抽样率将浪费系统的计算资源；过小的抽样率可能会使样本数据集合不能反映源数据特征。经验证明，在源数据量很大的情况下，抽样率可以选择 1/100 或 1/1000，源数据的数据量越大，抽样率可以越低。

数据粒度影响着存放在数据仓库中的数据量的大小，同时影响着数据仓库所能回答的查询类型，在数据仓库中，数据量大小与查询的详细程度之间要由用户做出权衡。

3）数据的组织形式

在数据仓库发展过程中，出现了多种不同的数据组织形式。

（1）简单堆积文件，将从数据库中提取并加工的数据逐日积累并存储。

（2）简单直接文件，类似于简单堆积文件，但它是间隔一定时间的数据库快照，只是时间间隔不一定是每天。

（3）定期综合文件，数据存储单位被分为日、周、月、年等几个级别。在一个星期的 7 天中，数据被逐一记录在每日数据集合中；然后，7 天的数据被整合并记录在周数据集合中；接下去的一个星期，日数据集合被重新使用，以记录新数据。同理，周数据集合达到 4 个后，数据再一次被整合并记入月数据集合，依此类推得到年数据集合。定期整合结构十分简洁，数据量大大减少。当然，它是以损失数据细节为代价的，越久远的数据，细节损失越多。

（4）连续文件。定期整合文件数据量小但丢失了数据细节，简单文件保留细节但数据量大，所以可通过连续文件整合两种形式的优点。通过两个连续的简单文件，可以生成另一种连续文件，它是比较两个简单文件的差异生成的。

各种在关系数据库中最终实现的文件结构仍然要依靠"表"这种最基本的结构。

4）数据追加

数据的组织结构和数据的组织形式解决的是数据仓库的数据存储问题，而数据追加解决的是数据仓库初始数据装载后，再向数据仓库输入数据的问题。

如果业务数据库中的数据没有发生变化，则用户不需要对数据仓库进行追加。因此，数据追加实际上只增加在上次数据输入后业务数据库中变化了的数据。要完成追加数据的工作，关键要捕获数据变化，并将数据变化记录下来。常用的技术和方法有以下几种。

（1）时标方法。只需在记录中添加更新时的时标，今后就能根据时标判断插入或更新的数据记录。

（2）DELTA 文件。它是由应用程序生成的，记录了应用程序改变的数据内容，形成 DELTA 文件作为追加的内容。

（3）前后快照文件。在抽取数据前后对数据库各做一次快照，通过比较两幅快照确定更新数据。

（4）日志文件。日志文件是数据库的固有机制，其不会影响 OLTP 的性能。同时，它还具有 DELTA 文件的优点，追加数据时只需要分析日志文件来获取数据变化的情况，即可得到追加内容，不用扫描整个数据库。虽然日志文件法需要对日志本身进行比较复杂的分析，但是由于它能够大幅减少工作量，所以得到了广泛的应用。

5）数据周期

所谓数据周期是指从操作型环境数据发生改变起，到这个变化反映到数据仓库中所用的时间间隔。时间间隔给环境附加了一个特殊的限制，以便在转入数据仓库之前数据能达到稳定状态。原则上，把操作型环境中数据的变化反映到数据仓库中至少应该经历24小时。

同任何系统一样，数据仓库系统中的数据也具有生命周期。数据进入数据仓库，从细化级别的数据逐渐上升为高级整合的数据，直到数据不再具备任何意义时被清除。具体过程如下。

（1）数据从操作型环境进入分析型环境。

（2）数据从细节数据逐渐转换为整合数据。

（3）数据从高速磁盘中转移到低速存储介质上。

（4）数据失去实际意义，最终被清除。

## 9.1.4 数据仓库的设计

**1. 数据仓库的设计原则**

所谓数据仓库的设计针对的是分析新数据，但其与对事务型数据的数据库设计两者在原理上是一致的。因此，数据库设计中的很多设计思想与方法都可在数据仓库中得到应用。但是由于事务型数据与分析型数据本质上的区别，因此两者在设计中有很多方面都存在着不同，特别在以下三个方面，差异尤为显著。

（1）面向主题原则。数据库设计是以客体（Object）为起始点，即以客观操作需求为设计依据，而数据仓库的设计则是从主题开始的，进行数据分析首先要有分析的主题，以主题为起始点进行相关数据的设计，最终建立起一个面向主题的分析型环境。因此，数据仓库设计是以主题为出发点，并以它作为设计的主要依据。

（2）数据驱动原则。数据库设计以建立新的数据体系与结构为主要设计内容。而在数据仓库设计中，所有数据均应建立在已有数据源（包括数据库及文件等）基础上，即从已经存在于操作型环境中的数据出发进行数据仓库的建设，一般而言，数据仓库不允许建立新的数据体系与结构，这种设计方法被称为"数据驱动"方法。在此方法指导下，数据仓库的设计是受数据驱动原则所制约的，也就是说数据仓库中的数据必须在已有的数据源中，这是数据仓库设计的先决条件。

（3）原型法设计原则。数据库设计常以生命周期法为主要设计方法，其设计需求往往是明确的。而在数据仓库设计中主题往往不很清晰，需要在设计过程中逐步明确并在使用中不断完善。因此，数据仓库的设计一般不宜采用生命周期法而应采用原型法，即先建立一个设计原型，然后再不断扩充与完善，因此数据仓库的设计贯穿于整个系统的设计过程。

上述三个原则建立了设计数据仓库的主要思想与方法，当然在设计中还要大量采用数据库设计中的思想、方法以及一些主要技术。

**2. 数据仓库的设计步骤**

数据仓库的设计大致可包括：明确数据仓库主题、概念模型设计、技术准备工作、逻辑模型设计、物理模型设计、数据仓库的生成、使用与维护七个步骤。

（1）明确数据仓库主题。数据仓库设计需要分析确定领域的分析对象，这个对象就是主题。如在商场中经常需要分析的主题是商品、顾客与供应商。

主题是一种较高层次的抽象，对它的认识与表示是一个逐步的过程。因此，不妨先确定一个初步的主题概念，此后随着设计工作的进一步开展逐步扩充与完善。

（2）概念模型设计。概念模型设计可以确定主题及相互之间的关系。首先要界定系统边界，即进行任务和环境评估、需求收集和分析，了解用户迫切需要解决的问题及解决问题所需要的信息，要对现有数据库中的内容有完整而清晰的认识。其次要确定主题的域及其内容，即要确定系统所包含主题的域，并对每个主题的域公共码键、主题域之间的联系、代表主题的属性组进行明确的描述。

（3）技术准备工作。接下来的工作即准备具体的物理实现环境，在此阶段中需要做两件事：第一件事是需要对数据仓库的概念模型做评估，其内容包括数据仓库的性能指标，如数据存取能力、模型重组能力、数据装载能力等；第二件事是在评估基础上提出数据仓库的软硬件平台要求，包括计算机、网络结构、操作系统、数据库及数据仓库软件的选购要求等。

（4）逻辑模型设计。目前数据仓库一般建立在关系数据库基础上，设计中采用的逻辑模型就是关系模型，无论是主题还是主题之间的关系都用关系来表示。逻辑模型描述了数据仓库主题的逻辑实现，即每个主题所对应关系表的关系模式的定义。进行逻辑模型设计要完成的工作包括：分析主题，确定当前要装载的主题；确定数据粒度；增加导出字段；定义关系模式；定义记录系统并记入数据仓库的元数据。

（5）物理模型设计。数据仓库的物理模型设计是在逻辑模型设计的基础上确定数据的存储结构、索引策略、存储策略、存储分配优化等内容。物理模型设计的具体方法与数据库设计大致相似，目的一是提高性能，二是更好地管理数据。访问的频率、数据容量、选择的 RDBMS 特性和存储介质的配置都会影响物理设计的最终结果。

（6）数据仓库的生成。本阶段主要做三件事：其一是根据逻辑模型与物理模型用数据库建模语言定义数据模式；其二是根据记录系统编制抽取程序，将数据源中的数据加工形成数据仓库中的数据；其三是数据加载，将数据源中的数据，通过数据抽取程序加载到数据仓库的模式中。

（7）数据仓库的使用与维护。建立分析、决策的应用系统，将应用系统投入使用，在使用中不断加深理解、改进主题，依照原型法的思想完善系统。

使用数据仓库时还要不断加强维护，主要工作就是刷新数据、调整数据和及时清洗淘汰数据等。

## 9.2 OLAP 技术

### 9.2.1 OLAP 概述

数据仓库是决策分析的基础，因而其需要有强有力的工具支持。随着企业数据量的不断增长和分析型应用的增多，关系数据库及联机事务处理已不能满足决策支持的需要。1993 年，关系数据库的奠基人科德（E. F. Codd）提出了联机分析处理（OLAP）的概念。OLAP 就是基于数据仓库专门用于支持复杂的分析型操作的软件技术，其侧重对决策人员和高层管理人员的决策支持，可以应分析人员的要求快速、灵活地进行大数据量的复杂查询，并且以一种直观易懂的形式将查询结果提供给决策人员。

OLAP 可针对某个特定的主题进行联机数据访问、处理和分析，通过直观的方式从多个维度、多种数据整合程度将系统的运营情况展现给使用者。它使分析人员、管理人员或执行人员能够从多角度对信息进行快速、一致、交互地存取，从而获得对数据更深入的了解。OLAP 的目标是满足决策支持或满足多维环境下的查询和报表需求，它的技术核心是"维"这个概念，因此也可以说 OLAP 是多维数据分析工具的集合。

OLAP 通过对信息的多种可能的观察形式和不同的观察角度（即"维"）来进行快速、稳定一致和交互性的存取，允许管理决策者对数据进行更深入的观察和分析。维是指人们观察数据的特定角度，多维分析是指对以多维形式组织起来的数据采取切片、切块、旋转等各种分析动作，以求剖析数据，使最终用户能从多个角度、多侧面地观察数据库中的数据,从而深入地了解包含在数据中的信息内涵。多维分析方式迎合了人类的思维模式,减少了混淆并且降低了出现错误解释的可能性。

OLAP 和 OLTP 不同。OLAP 主要供企业的决策人员和中高层管理人员使用,用于数据分析,而 OLTP 主要供操作人员和底层管理人员使用,用于事务和查询处理;OLAP 系统管理大量历史数据,提供汇总和聚集机制,而 OLTP 系统仅管理当前数据;OLAP 采用面向主题的数据库设计,而 OLTP 采用面向应用的数据库设计;OLAP 系统的访问大部分是只读操作,而 OLTP 系统的访问主要由短的原子事务组成,进行联机更新操作。

OLAP 的具体实现方案通常采用三层 Client/Server 结构,如图 9.5 所示。其中,第一层是前端的展现工具,用于将 OLAP 服务器处理得到的结果用直观的方式(如多维报表、饼图、柱状图、三维图形等)展现给最终用户;第二层是 OLAP 服务器,它根据最终用户的请求实现分解成 OLAP 分析的各种分析动作,并使用数据仓库中的数据完成这些动作;第三层是数据仓库服务器,它能实现与基层运营的数据库系统的连接,完成企业级数据一致和数据共享的工作。

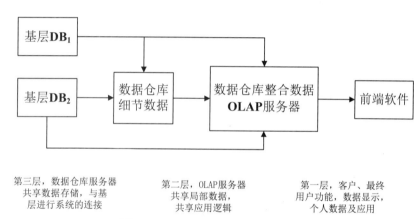

图 9.5 OLAP 三层 Client/Server 结构

OLAP 的三层 Client/Server 结构使数据、应用逻辑和客户应用分离开,有利于系统的维护和升级。当系统需要修改功能或者增加功能时,可以只修改三层中的某些部分。

OLAP 实施的关键有两点:一是 OLAP 服务器的设计,即如何组织来自多个不同数据源或数据仓库中的数据;二是 OLAP 服务器与前端软件的沟通,即多维数据分析。目前市场上有许多种以多维数据分析为目标的 OLAP 软件工具,它们均致力于满足决策支持或多维环境的特殊的查询和报告需求。

## 9.2.2 OLAP 的数据模型

### 1. 数据立方体

数据立方体(Data Cube)是多维数据模型的核心,是按多个维度组织数据形成的一种多维结构。它将那些经常被查询、代价高昂的运算具体化,并存储在一个多维数据库中,为决策支持、知识发现及其他应用提供服务。数据立方体对数据的汇总和专门化可以通过

"Roll-up"(上卷)操作和"Drill-down"(下钻)操作来实现,前者缩小数据立方体的维数并产生高层次上的概念属性值,后者正好相反。

数据立方体是由维和事实定义的。维是观察数据的特定角度,是考虑问题时的一类属性,若干属性的集合可以构成一个维。每一个维都有一个表与之相关联,该表被称为维表,维表可由用户或专家设定,或者根据数据分布自动产生和调整。人们观察数据的某个特定角度(即某个维)还可能产生细节程度不同的描述,称之为维的层次。

事实是由数值度量的。事实表包括事实的名称或度量以及每个相关维表的关键字,它是用来表示多维数据模型中心主题的。

在数据仓库中,数据立方体是 $n$ 维的。可以把任意 $n$ 维数据立方体看成 $(n-1)$ 维数据立方体的序列。数据立方体是对多维数据存储的一种比喻,它不限于三维,可以是 $n$ 维。

数据立方体的建立步骤如下。

(1)从指定主题中选择一个事实表。

(2)从事实表中选择若干个维和度量。此时,必须指定行维或者列维。如果维中包含多个层次,它的各个层次也可以作为多个子维入选,以实现向上整合和向下钻取的功能。用户的兴趣不仅在于获得已有数据,还可能希望得到整合数据,因此,需要为度量指定某种运算操作,如求和、均值、极值等。

(3)生成数据立方体。

**2. 多维数据模式**

最流行的数据仓库模型是多维数据模型,它由实体的集合和实体之间的联系组成,分为星型模式、雪花模式和事实星座模式。

(1)星型模式(star schema)。星型模式是最常用的数据仓库实现模式,由一个不含冗余数据的大规模中心表(事实表)和一组小的附属表(维表)构成,如图9.6所示。

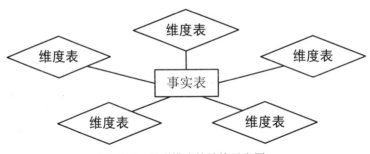

图9.6 星型模式的结构示意图

星型模式使数据仓库成为一个集成系统,为最终用户提供报表服务和分析服务对象。星型模式可以采用关系型数据库结构,模型的核心是事实表,围绕事实表的是维度表。通过事实表将多个维度表关联起来就能建立各个维度表之间的对象联系,每个维度表通过一个主键与事实表连接。用户很容易通过分析维度表中的数据获取维度关键字,以便连接到中心事实表中进行查询,减少在事实表中扫描的数据数量并提高查询性能。

(2)雪花模式(snowflake schema)。雪花模式是对星型模式的扩展,每个维度表都可以向外连接到多个详细类别表,其结果模式图形类似于雪花的形状,如图9.7所示。详细类别表在有关维上对事实表进行详细描述,达到了缩小事实表、提高查询效率的目的。

图 9.7　雪花模式结构示意图

雪花模式进一步标准化了星型模式的维度表,这种规范化处理可以减少数据冗余。因为维度表中存储的是标准化的数据,故这种表维护较易,并可节省存储空间。这种结构通过把多个较小的标准化表(而不是星型模式中大的非标准化表)联合起来改善查询性能。由于采取了标准化及较低的维粒度,雪花模式提高了数据仓库应用的灵活性,但由于执行查询需要更多的连接操作,故雪花结构可能降低浏览的性能。

(3)事实星座(fact constellation)模式。复杂的应用中可能出现一个维度表被多个事实表共享的情况,这种模式可以看作星型模式集,因此被称为星系模式(galaxy schema)或事实星座模式,如图 9.8 所示。

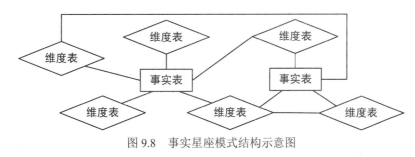

图 9.8　事实星座模式结构示意图

## 9.2.3　OLAP 的分类

数据仓库中的整合数据有两种组织方式:一是建立专用的多维数据库系统,形成基于多维数据库的 OLAP(MD-OLAP);二是仍然利用现有的关系数据库技术来模拟多维数据,形成基于关系数据库的 OLAP(ROLAP)。

MD-OLAP 以多维数据库(MDDB)为核心,其优势为多维概念表达清晰、占用存储空间少,而且有着高速的整合速度,其结构如图 9.9 所示。

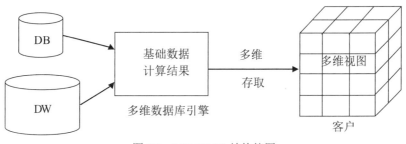

图 9.9　MD-OLAP 结构简图

MD-OLAP 将 DB 服务器层与应用逻辑层合二为一，DB 或 DW 层负责数据存储、存取及检索；应用逻辑层负责所有 OLAP 需求的执行。来自不同事务处理系统的数据通过一系列批处理过程被载入 MDDB 中。数据进入后，MDDB 将自动建立索引并进行预整合来提高查询和存取的性能。

同专用的 MDDB 相比，关系数据库尽管在表达多维概念方面不大自然，但在目前其被广泛应用的情况下也不失为一种实用可行的方案。ROLAP 以关系数据库为核心，将多维数据库中的多维结构划分为两类表：一类是事实（fact）表，用来存储事实的度量（measure）值及各个维的码值；另一类是维表，对每一维来说，至少有一个表用来保存该维的元数据，即维的描述信息，包括维的层次及成员类别等。事实表通过每一维的值和维表联系在一起，形成"星型模式"，完全用二维关系表示了数据的多维概念，然后就可以在关系数据库中模拟数据的多维查询了。实际应用中，对于内部层次复杂的维，用一张维表描述会带来过多的冗余数据，这时可以用多张表来描述一个复杂维，从而形成"雪花模式"。

ROLAP 的一般结构如图 9.10 所示。定义数据仓库的数据模型完毕后，来自不同数据源的数据将被装入数据仓库中，接着系统将根据数据模型的需要运行相应的整合程序来整合数据，并创造索引以优化存取速率。最终用户的多维分析请求通过 ROLAP 引擎被动态翻译为 SQL 请求，然后交予关系数据库处理，最后查询结果经多维处理后被返回给用户。

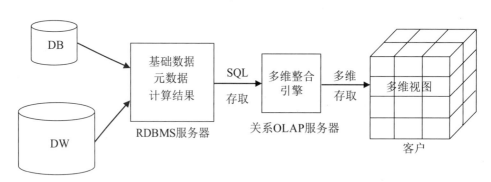

图 9.10 ROLAP 结构简图

上述两种技术都能满足 OLAP 数据处理的一般过程，即数据装入、汇总、创建索引和使用，但 MD-OLAP 显然比 ROLAP 简明一些。MD-OLAP 的索引及数据整合可以自动进行，并且可以根据元数据自动管理所有的索引及模式，但却丧失了一定的灵活性；ROLAP 的实现较为复杂，但灵活性较好，用户可以动态定义统计或计算方式，而且 ROLAP 是基于关系的 OLAP 存储。二者的特性比较如表 9.2 所示。

表 9.2 MD-OLAP 和 ROLAP 的比较

| MD-OLAP | ROLAP |
| --- | --- |
| 固定维 | 可变维 |
| 维交叉计算 | 数据仓库的多维视图 |
| 行级计算 | 超大型数据库 |
| 读—写应用 | 维数据变化速度快 |
| 数据集市 | 数据仓库 |

## 9.2.4 OLAP 的多维数据分析

多维数据分析是 DSS 应用的基础,它可以对用多维形式组织起来的数据采取切块、切片、旋转等各种分析动作剖析,使决策者能从多个角度、多侧面地观察数据。多维数据分析包括以下几种基本操作。

(1) 切片和切块:在数据立方体的维度选定一个一维成员或一个二维子集的动作叫作切片。如果选定的是一个三维子集,则该动作被称为切块。

(2) 上卷(roll-up):上卷操作是通过维的概念分层向上攀升,或者通过维归约在数据立方体上进行聚集。

(3) 下钻(drill-down):下钻是上卷的逆操作,它由不详细的数据到更详细的数据。下钻可以通过沿维的概念分层向下或引入新的维来实现。由于下钻操作需要对给定的数据添加更多细节,故它可以通过添加新的维到数据立方体来实现。

(4) 旋转(Rotate):旋转又称转轴(Pivot),其是一种视图操作,通过改变数据立方体的维方向实现转轴。例如,交换两个行维的位置,或者把某一个行维移到列维中去等。

其他多维数据分析操作还包括数据立方体比较、复合等,下面重点介绍切块、切片和旋转。

### 1. 切块

**定义** 选定多维数组的一个三维子集的动作被称为切块,即选定多维数组 A($d_1$, $d_2$, $d_3$, …, $d_n$, X) 中的三个维:$d_i$、$d_j$ 和 $d_r$,在这三个维上取某一区间或任意的维成员,而将其余的维都取定一个维成员,得到的就是多维数组 A 在维 $d_i$、$d_j$、$d_r$ 上的一个三维子集,被称为一个切块,记为($d_i$, $d_j$, $d_r$, X),其中 X 表示变量。

图 9.11 是一个对全体参加高考的学生数据信息表按高考分数线区间进行的切块操作示意图,这个操作在招生录取决策支持系统中实现了考生汇总数据表按录取分数线分档的过程,分出的切块数据量大为减少,提高了用户联机分析型查询和处理的速度。

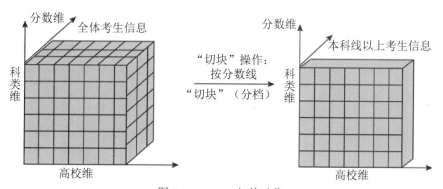

图 9.11 OLAP 切块动作

### 2. 切片

**定义** 选定多维数组上的一个二维子集的动作被称为切片,即选定多维数组 A($d_1$, $d_2$, $d_3$, …, $d_n$, X) 中的两个维 $d_i$ 和 $d_j$,在这两个维取某一区间或任意维成员,而将其余的维都取定一个维成员，得到的就是多维数组 A 在维 $d_i$ 和 $d_j$ 上的一个二维子集，可称其为数组 A 在维 $d_i$ 和 $d_j$ 上的一个切片，表示为（$d_i$，$d_j$，X）。

根据这种定义，可以在切块的基础上进一步选定某个维成员的具体取值而得到切片，显然多个连续取值的维成员对应的切片的叠合就是一个切块。

**定义** 在多维数组的某一维上选定一维成员的动作被称为切片，即在多维数组 A（$d_1$，$d_2$，$d_3$，…，$d_n$，X）中选一维 $d_i$，并取其一个维成员（设为维成员 $V_i$）所得的多维数组的子集被称为 A 在维 $d_i$ 上的一个切片。

由此定义可知，一次切片一定会使原来的维数减 1，但是所得到的切片并不一定是二维的"平面"视图，其维数取决于原来多维数组的维数。

### 3. 旋转

**定义** 改变一个页面或视图维方向的动作被称为旋转，即将一个多维数组 A（$d_1$，$d_2$，…，$d_i$，…，$d_j$，…，$d_n$，X）中的两个维：$d_i$，$d_j$ 交换位置，变为 A（$d_1$，$d_2$，…，$d_j$，…，$d_i$，…，$d_n$，X），其对应单元格中变量 X 的内容不变。

旋转动作可以改变用户观察数据的角度，方便用户理解数据的内涵。例如，对一个二维视图来说，旋转就是交换了行和列的位置。而在多维数组上用户可以将任意两个维进行交换。

图 9.12 表示对图 9.11 按分数线区间进行切块后得到的一个切片，其首先将分数维和高校维交换实现旋转操作，得到新的切块，然后在这个切块上选定高校维的一个成员（例如"清华大学"）便得到又一个切片。这些切片就是报考了某高校的所有考生的名单，按与招生计划数为 1:1.2 的比例提取前面的生源信息即得某高校现场录取的投档单。

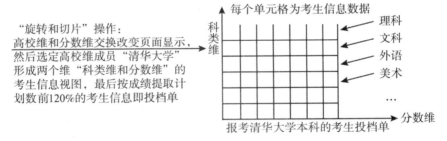

图 9.12 OLAP 旋转和切片动作

## 9.3 数据挖掘

作为一个新兴的多学科交叉应用领域，数据挖掘正在各行各业的决策支持活动中扮演着越来越重要的角色。本节简要介绍数据挖掘与数据库知识发现（knowledge discovery from databases，KDD）的基本知识，以及从大量有噪声、不完整，甚至是不一致的数据集合中挖掘出有意义的模式或知识所涉及的概念与技术方法。

## 9.3.1　数据挖掘与数据库知识发现

在当前的知识经济时代，随着计算机科学和技术，特别是数据库技术的不断发展和广泛应用，数据库中存储的数据量急剧增大。人类虽然拥有了数据的海洋，但是能够对这些数据进行分析处理的工具却很少。目前大部分数据库系统所能做到的只是对库中已有的数据进行存取，人们通过这些数据所获得的信息量仅仅是整个数据库所包含的信息量的一小部分，隐藏在这些数据之后的更重要的信息是关于这些数据整体特征的描述及其对自身发展趋势的预测，这些信息在决策生成的过程中具有重要的参考价值。为了有效地从数据库中挖掘这些具有潜在价值的信息和知识，数据库知识发现技术逐渐发展起来。事实上，知识发现给企业带来的潜在的投资回报几乎是无止境的。世界范围内许多具有创新性的公司都开始采用数据挖掘技术来判断哪些是他们最有价值的客户、重新制订产品的营销战略，以最小的花费获得最大的商业利润。

关于知识发现，目前对其比较公认的定义是知识发现领域的知名学者菲亚德（Fayyad）和夏皮罗（Piatesky-Shapiro）于 1996 年给出的，即知识发现是从大量数据中识别出有效的、新颖的、潜在有用乃至最终可理解的模式的非平凡过程。

在以上定义中，数据是指有关事实的集合、记录和与事物有关的原始信息；模式是对数据特征的描述；识别出模式则意味着为数据建立一个模型，发现数据的内在结构，产生对数据集的高级描述；过程表明知识发现是一个包括数据准备、模式搜索、知识评价以及反复修改求精的多步骤的处理过程；非平凡意味着其要有一定程度的智能性、自发性（仅仅给出所有数据的总和不能算作是一个发现过程）。针对其四方面的要求，其中，有效性要求所发现的模式在一定程度上适用于新的数据；新颖性要求发现的模式应该是新的；潜在有用性是指发现的知识将来有实际效用（如用于决策支持提高经济效益）；最终可理解性要求发现的模式能被用户理解，目前它主要体现在简洁性上。

菲亚德等人给出了如图 9.13 所示的知识发现的一般过程，从图中可见，知识发现过程是多个步骤相衔接，反复进行人机交互的过程。具体说明如下。

（1）数据选择。熟悉有关的背景知识，弄清楚用户的要求，根据用户需求从数据库中提取与知识发现相关的数据。KDD 将主要从这些数据中提取知识，在此过程中，KDD 会利用一些数据库操作对数据进行处理。

（2）数据清洁。主要是对数据选择阶段产生的数据进行再加工，检查数据的完整性及一致性，对其中的噪声数据进行处理，对丢失的数据则可以利用统计方法予以填补。

（3）数据变换。根据知识发现的任务进行数据变换，确定数据的适当表示。其包括离散值数据与连续值数据之间的相互转换、数据值的分组分类、数据项之间的计算组合、寻求数据的有用特征、利用属性约简和数据库投影减少要搜索的参数。

（4）数据挖掘。根据用户的要求选择合适的算法，以特定的算法搜索感兴趣的模式，如分类规则、关联规则、聚类模型等。

（5）模式评价与解释。对所发现模式的一致性、正确性和有效性进行评价，利用可视化技术对发现的模式进行解释，将发现的知识以用户能了解的方式呈现给用户。

在上述的各个步骤中，KDD 系统都会提供处理工具完成相应的工作。该过程不是单向的，在过程的任意步骤，KDD 都可以返回以前的阶段进行再处理，直到得出满意的结果。

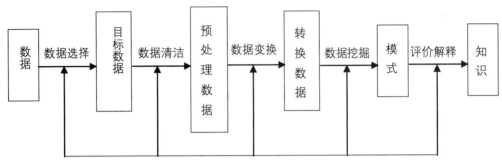

图 9.13　知识发现的一般过程

也有人称知识发现为数据挖掘，在许多文献中，研究者们往往不加区别地使用这两个术语。由上看出两者实际是有区别的，即知识发现是指从数据库中发现知识的整个过程，数据挖掘是指这个过程中的一个特定步骤，该步骤运用计算技术，在可接受的计算成本下从数据中提取特定的模式。

数据中的模式常常有无限多个，特定的搜索算法可以获得特定的模式。一般说来，KDD 并不存在一个普遍适用的算法。一个算法可能在某个领域非常有效，但在另一个领域却不太合适。在实际应用中，应该针对具体的问题领域精心选择有效的数据挖掘算法。因此，实际的数据挖掘工作就转变成了对领域问题、领域知识和发现任务的形式化，而不是对所选用的数据挖掘算法进行细节上的优化。

## 9.3.2　数据挖掘与其他学科的关系

数据挖掘（知识发现）是一门交叉学科，涉及人工智能、机器学习、数据库、统计学、可视化技术等众多学科。

**1. 数据挖掘与数据库、数据仓库**

传统的数据库技术处理一般的事务可以得到令人满意的结果，但却不能有效地完成预测、分类、聚类等决策支持任务。最近几年兴起的数据仓库技术集成了大量分散的数据源，并采用数据清洁技术保证了这些数据的一致性与正确性，比起传统的数据库，这些数据源可以成为数据挖掘更丰富、更可靠的数据来源。

大部分情况下，数据挖掘都要先把数据从数据仓库中转至数据挖掘库或数据集市中，如图 9.14 所示。

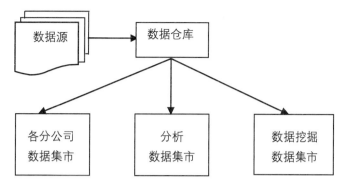

图 9.14 数据挖掘库从数据仓库中得出

不同于传统数据库上的 OLTP，数据仓库上的 OLAP 可以对数据进行多维分析，完成传统数据库难以完成的决策分析任务。那么，同样用以数据分析的数据挖掘与 OLAP 有什么区别呢？OLAP 是由用户驱动的，一般是由分析人员预先做一些假设，然后使用 OLAP 去验证这些假设，它在本质上是一个演绎推理的过程。数据挖掘不是用于验证某个假定模式的正确性，而是在数据库中自己寻找模式，它在本质上是一个归纳的过程。例如，在进行信用风险调查时，如果使用 OLAP，分析人员可能要先做一些假定（如高负债、低收入的人有信用风险），也可以利用 OLAP 通过对有关数据进行分析来验证或推翻这个假设。而如果使用数据挖掘，则数据挖掘工具可能帮分析人员找到高负债和低收入是对信用风险有影响的因素，甚至还可能发现一些分析人员从来没有想过或试过的其他因素（如年龄、地区等）。

数据挖掘和 OLAP 具有一定的互补性。在利用数据挖掘出来的结论采取行动之前，分析人员也许需要验证一下如果采取这样的行动会给公司带来什么样的影响，这时 OLAP 工具能回答分析人员的这些问题。而且在知识发现的早期阶段，OLAP 工具可以帮助分析人员更好地理解数据，找到对问题比较重要的变量，发现异常数据和相互影响的变量，从而加快知识发现的过程。

从数据仓库的角度来看，数据挖掘可以被认为是 OLAP 的高级阶段，但是基于多种数据处理先进技术的数据挖掘，其数据分析能力要远远超过以数据汇总为主的 OLAP 功能。

**2. 数据挖掘与人工智能**

人工智能的理论和技术为数据挖掘的研究和应用提供了强有力的支持。人工智能领域的一个分支——机器学习（machine learning）的各种方法丰富了数据挖掘的算法，如在数据挖掘中可以采用决策树方法、贝叶斯理论、神经网络、遗传算法等机器学习方法进行数据的分类、预测、归纳、约简等，以发现新的知识。处于研究和发展中的新理论和方法在知识的表示、存储和存取方面不断涌现，为数据挖掘的研究提供了有力的支持。另外，目前运用人工智能中的智能主体技术在因特网上进行数据挖掘的研究和应用也成为一个热门的研究课题。

**3. 数据挖掘与统计分析**

统计分析和数据挖掘有许多共同之处，它们有着共同的目标：发现数据中的结构。统计分析为数据挖掘的研究和应用提供了有力的支持，大多数统计分析都基于完善的数学理论，发现结果具有很高的准确度。另外，统计分析对结构搜索过程的假设验证、发现结果的评价以及恰当地运用发现结果等方面都发挥着很重要的作用。可以用于数据挖掘的统计分析技术包括：概率分布、估计、假设验证、Gibbs采样、预测、回归分析、相关分析和马尔可夫链等。

## 9.3.3 数据挖掘任务的类型

目前常见的数据挖掘任务可以分为以下几类。

**1. 分类**

分类（classification）是知识发现的一个基本任务，它能够对输入的数据进行分析，并且利用数据中出现的特征为每一个类别构造一个较为精确的描述或模型（也常被称作分类器），然后按分类器再对新的数据集进行分类预测。

要构造分类器，需要有一个训练样本数据集作为输入。训练集由一定数量的例子（如一组数据库记录）组成，每个例子具有多个属性或特征。此外，每个例子还有一个特定的类标号。一个具体例子的形式可为：（$v_1, v_2, \cdots, v_i, c$）；其中$v_i$表示特征值，$c$表示类标号。

例如，考虑一个银行的客户数据库，假定根据各自的信用历史记录，这些客户已被分为"信用好的"和"信用坏的"两类，银行很想分别描述这两个客户类，以便用这两个类描述去决定是接受还是拒绝新的客户贷款申请。首先输入一些已带有类标号的客户的资料集，按某种分类方法构造分类器，即每个类（好类或坏类）的类描述，该分类器可以根据将来申请的客户资料把客户映射到某一个类，之后，银行即可据此进行相应的决策。

分类器的构造方法有决策树方法、粗糙集方法、统计方法、神经网络方法等（下一节将详细介绍）。分类器的表示形式有决策树、决策表、产生式规则、判别函数、原型事例以及权值矩阵（神经网络）。

不同的分类器各有特点。分类器有三种评价或衡量标准：①预测准确度；②计算复杂度；③模型描述的简洁度。预测准确度是用得最多的一种衡量标准，特别是对于预测型分类任务而言，目前公认的计算方法是十折分层交叉验证法（10-fold stratified cross validation）。计算复杂度依赖于具体的实现细节和硬件环境，由于数据挖掘的操作对象是巨量的数据库，因此空间和时间的复杂度问题将是非常重要的环节。对于描述型的分类任务而言，模型描述越简洁则其将越受欢迎。例如，采用规则表示的分类器构造法就更有用，而神经网络方法产生的结果就难以理解。

另外要注意的是，分类的效果一般和数据的特点有关，有的数据噪声大，有的有缺值，有的分布稀疏，有的字段或属性间相关性强，有的属性是离散的而有的则是连续值或混合值。目前普遍认为不存在某种方法能适合于各种特点的数据。

**2. 聚类**

聚类（clustering）的目标是要根据属性对数据进行分组，使各个分组由类似的数据组成。聚类的结果应该使各类中的数据相似性最大，而类与类之间的相似性最小。与分类不同，聚类的输入数据没有类别的标号，在开始聚类之前也不知道应依照哪些属性进行分组。因此，从机器学习的角度来看，聚类是一种无导师指导的学习过程。

### 3. 关联规则

以一个超级市场的顾客数据库为例来讨论。给定一个交易的集合，每项交易是一个文字（项）的集合。一条关联规则（association rules）是形式为 X → Y 的表达式，其中 X、Y 是项的集合，这样一条关联规则的直观意义就是数据库中含有 X 的交易也含有 Y。例如，数据库中全部交易的 2% 含有啤酒和面包；含有啤酒的交易中有 30% 的交易含有面包等。这里，可称 2% 为关联规则的支持度，30% 为关联规则的可信度。当用户给定了最小支持度和最小可信度阈值以后，问题就变成要从数据库中挖掘出不小于最小支持度和最小可信度阈值的关联规则。目前关联规则的发现除上述类型外，还有涉及事物分类层次的广义关联规则和涉及事物定量信息的定量关联规则。

（1）广义关联规则（generalized association rules）。在许多情形下，所研究的事物对象存在着一个分类层次，而用户需要发现这些不同层次上事物之间的关联。例如，考虑这样一个事物分类层次，即：夹克是一件外套，外套是一件上衣。考察三条关联规则：①购买夹克的顾客也会购买鞋子；②购买外套的顾客也会购买鞋子；③购买上衣的顾客也会购买鞋子。可以看出，这三条规则涉及了三个层次上的事物，它们彼此独立，分别应用于不同的环境。

（2）定量型关联规则（quantitative association rules）。定量关联规则的一个例子是：10% 的已婚、年龄在 50 岁至 60 岁的人至少有 2 部汽车。这里处理数量信息的方法是首先对属性的取值范围进行恰当的划分，然后再视需要合并相邻的划分。

### 4. 序列模式

序列是一组按照交易时间排列的交易，每项交易是一个项的集合，问题是要发现不小于最小支持度阈值的序列模式（sequential patterns）。这里支持度是指含有某个序列模式的序列的个数。例如，在一项交易中购买了电视机的顾客有 60% 在随后的交易中会购买影碟机。序列模式的发现方法与关联规则的发现方法类似，但要注意，关联规则描述的是交易内部（intra-transaction）项集之间的关联，序列模式则是交易之间（inter-transaction）的关联。

### 5. 时间序列

时间序列（time sequences）是用数据过去的值来预测未来的值。时间序列采用的方法一般是在连续的时间流中截取一个时间窗口（一个时间段），以窗口内的数据作为一个数据单元，然后让这个时间窗口在时间流上滑动，以获得建立模型所需要的训练集。例如，可以用前 6 天的数据来预测第 7 天的值，这样就建立了一个区间大小为 7 的窗口。

### 6. 数据总结

数据总结（data summarization）的目标是浓缩数据库中的元组，找出能描述数据的较少量的元组，以得到高度概括的知识基表。具体来说，就是利用属性取值的分类层次概括元组，除去冗余。

### 7. 偏差分析

数据的偏差含有很大一类潜在有用的知识，如分类中的异常实例、模式的例外、观测结果对期望的偏差、量值随时间的变化等。偏差分析（variance analysis）可以将此类知识挖掘出来。

**8. 区分**

区分出目标类与对照类之间性质和特征上的不同，从而可以发现一系列的区分（discrimination）规则。例如，为了将某种疾病与其他种类的疾病区分开，区分规则应能概括该疾病不同于其他疾病的症状。

## 9.3.4 数据挖掘的方法

为了完成上述数据挖掘任务，人们从统计学、人工智能和数据库等领域借用基础研究成果和工具提出了多种方法。这里介绍具有代表性的几类。

**1. 统计分析方法**

统计分析方法主要用于完成对关联知识的挖掘，如对关系表中各属性进行统计分析，找到它们之间存在的关系。在关系表的属性之间一般存在两种关系：①函数关系（能用函数公式表示的确定性关系）；②相关关系（不能用函数公式表示的关系）。对它们可采用回归分析、相关分析、主成分分析等统计分析方法。

**2. 决策树**

决策树用于分类。利用信息论中信息增益寻找数据库中具有最大信息量的字段，建立决策树的结点，再根据字段的不同取值建立树的分支；在每个分支子集中重复建立下层结点和分支，这样便生成一棵决策树。接下来还要对决策树进行剪枝处理，然后把决策树转化为规则，利用这些规则可以对新事例进行分类。典型的决策树方法有分类回归树（CART）、ID3、C4.5 等。

**3. 神经网络**

神经网络用于分类、聚类等。神经网络模仿生物神经网络，其本质上是一个分布式矩阵结构，它通过对训练数据的学习逐步计算网络连接的权值。神经网络可分为以下三种。

（1）前馈式网络。以感知机、反向传播模型、函数型网络为代表，可用于预测、模式识别等方面。

（2）反馈式网络。以霍普菲尔德（Hopfield）的离散模型和连续模型为代表，分别用于联想记忆和优化计算。

（3）自组织网络。以 ART 模型、Koholon 模型为代表，用于聚类。

人工神经网络具有分布式存储信息、并行地处理信息和进行推理以及自组织自学习等特点，解决了众多用以往方法很难解决的高复杂度问题。

在使用神经网络时有几点需要注意：一是神经网络很难解释；二是神经网络会学习过度，记住太多细节而掩盖了规律性；三是训练一个神经网络可能需要相当可观的时间才能完成；四是建立神经网络需要做的数据准备工作量很大，要想得到准确度高的模型必须认真地进行数据清洗、整理和转换工作。

**4. 遗传算法**

遗传算法用于分类、关联规则挖掘等。遗传算法模拟了自然选择和遗传中发生的繁殖、交配和突变现象，从任意一个初始种群出发，通过随机选择、交叉和变异操作，产生一群新的更适应环境的个体，使种群进化到搜索空间中越来越好的区域。这样一代代不断繁殖、进化，最后收敛到一群最适应环境的个体上，求得优化的知识集。

### 5. 粗糙集

粗糙集用于数据约简、数据意义的评估、对象相似或差异性分析、分类等。粗糙集理论由帕夫拉克（Z. Pawlak）在 20 世纪 80 年代提出，用于处理不确定性。进行规则挖掘的主要思想如下：把对象的属性分为条件属性和决策属性，按各属性值相同分等价类。条件属性上的等价类 E 与决策属性上的等价类 Y 之间有三种情况：①下近似：Y 包含 E；②上近似：Y 和 E 的交集非空；③无关：Y 和 E 的交集为空。对下近似建立确定性规则，对上近似建立不确定性规则（含可信度），对无关情况不建立规则。

### 6. 可视化技术

可视化技术使用户能交互式地、直观地分析数据，并用直观图形将信息模式、数据的关联或趋势呈现给决策者，将人的观察力和智能融合到挖掘系统，极大地改善了系统挖掘速度和深度。

## 9.3.5 典型数据挖掘系统的结构

一个典型的数据挖掘系统主要应包含以下部件，如图 9.15 所示。

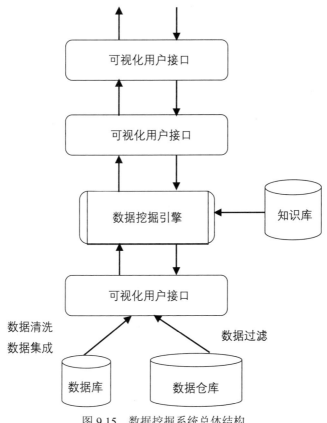

图 9.15 数据挖掘系统总体结构

（1）数据库、数据仓库或其他信息库。它表示数据挖掘对象是由一个（或一组）数据库、数据仓库、数据表单或其他信息数据库组成。人们通常需要使用数据清洗和数据集成操作对这些数据对象进行初步的处理。

（2）数据库或数据仓库服务器。这类服务器负责根据用户的数据挖掘请求读取相关的数据。

（3）知识库。此处存放数据挖掘所需要的领域知识，这些知识将用于指导数据挖掘的搜索过程，或者用于帮助评估挖掘结果。挖掘算法中所使用的用户定义的阈值就是最简单的领域知识。

（4）数据挖掘引擎。这是数据挖掘系统最基本的部件，它通常包含一组挖掘功能模块，以便完成定性归纳、关联分析、分类归纳、进化计算和偏差分析等挖掘任务。

（5）模式评估模块。该模块可根据评估标准协助数据挖掘模块聚焦挖掘更有意义的模式知识。当然该模块能否与数据挖掘模块有机结合与数据挖掘模块所使用的具体挖掘算法有关。显然，若数据挖掘算法能够与知识评估方法有机结合，则将有助于提高其数据挖掘的效率。

（6）可视化用户界面。该模块帮助用户与数据挖掘系统本身进行沟通交流，方便用户通过该模块将自己的挖掘要求或任务提交给挖掘系统，以及提供挖掘搜索所需要的相关知识。系统将通过该模块向用户展示或解释数据挖掘的结果或中间结果，此外，该模块也可以帮助用户浏览数据对象内容与数据定义模式、评估所挖掘出的模式知识以及以多种形式展示挖掘出的模式知识。

数据挖掘之前首先要明确挖掘的任务（如是要进行分类、聚类或寻找关联规则等），然后根据这些任务来对所选数据进行预处理，之后再选择具体的算法进行挖掘，最后要对挖掘出来的模式进行评价，并将最终结果展现出来。

数据挖掘技术一开始就是面向应用的，尤其在银行、电信、保险、交通、零售等商业领域其有着极广泛的应用前景。

## 本章小结

本章主要介绍了数据库的应用领域，包括传统事务处理领域、非传统事务处理领域及分析领域，基本上涵盖了数据库的主要应用领域。

作为数据库在分析领域的高级应用，本章介绍了数据仓库、联机分析处理（OLAP）及数据挖掘等近年来兴起的数据库应用新技术，支撑此高级应用的是数据仓库。数据仓库是面向主题的、集成的、稳定的、随时间变化的数据集合，主要用于支持管理决策过程。数据仓库的体系结构可以划分为数据源、数据的存储与管理、OLAP 服务器、前端工具四个层次，其设计大致可包括：明确数据仓库主题、设计概念模型、技术准备工作、设计逻辑模型、设计物理模型、生成数据仓库、使用与维护数据仓库七个步骤。

OLAP 可以针对某个特定的主题进行联机数据访问、处理和分析，通过直观的方式从多个维度、多种数据整合程度将系统的运营情况展现给使用者。它是使分析人员、管理人员或执行人员能够从多角度对信息进行快速、一致、交互地存取，从而获得对数据更深入了解的一类软件技术。OLAP 的目标是满足决策支持或多维环境下的查询和报表需求，它的技术核心是"维"这个概念，因此 OLAP 也可以说是多维数据分析工具的集合。

OLAP 的基本数据模式是星型模式和雪花模式。在星型模式和雪花模式的基础上可以构造 OLAP 逻辑模型数据立方体。OLAP 多维结构有两种实现技术：一种是传统 RDBMS 存储的形式，称为 ROLAP；另一种是多维数据库存储的形式，称为多维 OLAP 或简称为 MD-OLAP。OLAP 多维数据分析包括：切片和切块、上卷、下钻、旋转等几种基本操作。

数据挖掘是从大量数据中识别出有效的、新颖的、潜在有用乃至最终可理解的模式的非平凡过程。数据挖掘与数据库知识发现两者是有区别的，知识发现是指从数据库中发现知识的整个过程，数据挖掘是指该过程中一个特定的步骤。知识发现的一般过程包括数据选择、数据清洗、数据变换、数据挖掘、模式评价与解释等步骤。

数据挖掘（知识发现）是一门交叉学科，涉及人工智能、机器学习、数据库、统计学、可视化技术等众多学科。目前常见的数据挖掘任务可以分为分类、聚类、关联规则、序列模式、时间序列、数据总结、偏差分析、区分等几类。常用的数据挖掘方法有神经网络、遗传算法、决策树方法、统计分析方法、粗糙集等。

数据挖掘与 OLAP 有区别。OLAP 是由用户驱动的，一般是由分析人员预先设定一些假设，然后用 OLAP 去验证这些假设，它在本质上是一个演绎推理的过程；数据挖掘不是用于验证某个假定的模式的正确性，而是在数据库中自己寻找模式，它在本质上是一个归纳的过程。联机分析处理 OLAP 技术利用存储在数据仓库中的数据完成各种分析操作，并以直观易懂的形式将分析结果展现给决策分析人员。若要深层次地分析和发现数据中隐含的规律和知识，则需要以数据挖掘技术来完成，数据挖掘可以看成是 OLAP 的高级阶段。

## 练习与思考

9.1 试述数据仓库的四个特点。

9.2 说明数据仓库与 OLAP 的异同。

9.3 比较星型模式、雪花模式和事实星座模式的优缺点。

9.4 试述在数据仓库中采用星型或雪花模型的合理性，并各举一例。

9.5 详细论述数据库系统与数据仓库系统的不同。

9.6 假定数据仓库包括三个维：时间、医生和病人；两个数值度量：病人个数和医生对一位病人的一次诊治收费。

（1）列举三种流行的数据仓库建模模式。

（2）使用其中一种模式画出数据仓库的模型图。

9.7 试从多个方面对 MD-OLAP 和 ROLAP 两种 OLAP 实现技术进行比较。

9.8 什么是数据挖掘？什么是知识发现？简述 KDD 的主要过程。

9.9 简述数据挖掘的相关领域及主要的数据挖掘方法。

9.10 如果面对一个学校的全部教育资源数据库或数据仓库，你认为进行数据挖掘的主要目标可以有哪些？

# 第 10 章 查询优化

## 本章学习提要与目标

本章介绍数据库查询优化的基本知识，包括查询优化的基本概念、实例分析、优化策略等。通过学习本章，读者可以掌握数据库查询优化的必要性、等价理论及优化步骤。

## 10.1 查询优化的概述

查询是关系数据库中最基本、最常用、最复杂的操作，用户对数据库的查询一般用 SQL 语句来表达。SQL 语句是一种高度非过程化的语言，用户只要指出"做什么"，至于"怎么做"则是由 RDBMS 自动实现的。RDBMS 可根据用户的 SQL 语句，制订并选择最佳的"查询计划"，完成实际的查询工作就是所谓的"查询优化问题"。

对于同一个查询需求，RDBMS 会生成多种"查询计划"，通过比较这些"查询计划"的"执行代价"，选择最小"执行代价"的"查询计划"进行查询。

"执行代价"就是执行查询计划过程中对资源的消耗。一般通过如下"代价模型"进行计算。

（1）单用户代价模型：总代价 =I/O 代价 +CPU 代价。

（2）多用户代价模型：总代价 =I/O 代价 +CPU 代价 + 内存代价。

## 10.2 查询实例分析

**例** 查询选修了 C02 号课程的学生姓名。该查询的 SQL 语句如下。

```
SELECT Students.Sname
FROM Students, Reports
WHERE Students.Sno=Reports.Sno AND Reports.Cno='C02';
```

对这个查询要求，RDBMS 内部可以用多种等价的关系代数表达式来完成，例如以下几种。

$$Q_1 = \prod_{Sname} \left( \sigma_{Students.Sno=Reports.Sno \land Reports.Cno='C02'} (Students \times Reports) \right)$$

$$Q_2 = \prod_{Sname} \left( \sigma_{Reports.Cno='C02'} (Students \bowtie Reports) \right)$$

$$Q_3 = \prod_{Sname} \left( Students \bowtie \sigma_{Reports.Cno='C02'} (Reports) \right)$$

分析上述三个表达式，$Q_1$ 由于首先进行笛卡儿积运算，会产生一个相当大的关系，在此基础上再进行其他运算当然最为耗费资源，代价最大。$Q_2$ 首先进行自然连接（仅对其中同名属性相等的元组进行连接），产生的关系比 $Q_1$ 产生的关系小很多，当然耗费的资源也会小很多。$Q_3$ 首先进行选择运算，在此基础上进行自然连接，产生的关系最小，耗费的资源也最少，代价最小。

由此可以得到结论如下。

（1）不同的"查询计划"效率是不同的。

（2）当一个查询既有选择又有连接操作时，应当先做选择操作，这样参加连接的元组就可大大减少，从而在整体上减少查询操作的资源耗费，提高效率。

## 10.3　查询优化的一般策略

目前公认的查询优化一般策略如下。

（1）选择运算应尽早执行。选择符合条件的元组可以使中间结果所含的元组数大大减少，从而减少运算量和输入输出次数。这一点对减少查询时间是最有效的。

（2）同时进行投影运算和选择运算（指对同一关系）。如果投影运算和选择运算是对同一关系操作，则可以在对关系的一次扫描中同时完成，从而减少操作时间。

（3）把投影操作与它前面或后面的一个双目运算结合起来，不必为投影（减少几个字段）而专门扫描一遍关系。

（4）在执行连接运算之前，可对需要连接的关系进行适当的预处理，如建立索引或排序。这样，当一个关系被读入内存后，系统可根据连接属性值在另一个关系中快速查找符合条件的元组，提高连接运算速度。

（5）把笛卡儿积与其后的选择运算合并成连接运算，以避免扫描笛卡儿积的中间结果（该中间结果通常为一个较大关系）。因为两个关系的连接运算，特别是等值连接运算比同样两个关系的笛卡儿积节约更多计算时间。

（6）存储公用子表达式。对于重复出现的子表达式（简称公用子表达式），如果该表达式的结果不是很大的关系，则应将这个公用子表达式的结果（关系）存于内存或外存。这样，从内存或外存中读出这个关系比计算它的时间少得多，以此可达到节省操作时间的目的，特别是当公用子表达式频繁出现时此法效果更加显著。

## 10.4 关系代数的等价公式

从前面的讨论中可以知道，查询优化问题本质是关系代数表达式优化问题，而关系代数表达式优化的主要问题是关系代数表达式的等价变换问题，也就是关系代数表达式的等价性问题。

**定义** （等价关系代数表达式定义）设 $E_1$ 和 $E_2$ 是两个关系代数表达式，若将相同的关系代替 $E_1$ 和 $E_2$ 中的相应关系，所得到的结果关系完全相同，则称关系代数表达式 $E_1$ 和 $E_2$ 是等价的，或称 $E_1$ 和 $E_2$ 互为等价公式，记作 $E_1 \equiv E_2$。

下面是常用的一些关系代数等价公式。

1）笛卡儿积的等价公式

设 $E_1$、$E_2$、$E_3$ 是关系代数表达式，则下面等价公式成立：

（1）$E_1 \times E_2 \equiv E_2 \times E_1$ （交换律）

（2）$(E_1 \times E_2) \times E_3 \equiv E_1 \times (E_2 \times E_3)$ （结合律）

2）连接运算的等价公式

设 $E_1$、$E_2$、$E_3$ 是关系代数表达式，$F_1$、$F_2$、$F_3$ 是连接运算的条件，则下面等价公式成立。

（1）$E_1 \bowtie E_2 \equiv E_2 \bowtie E_1$ （自然连接的交换律）

（2）$E_1 \underset{F}{\times} E_2 \equiv E_2 \underset{F}{\times} E_1$ （条件连接的交换律）

（3）$(E_1 \times E_2) \times E_3 \equiv E_1 \times (E_2 \times E_3)$ （自然连接的结合律）

（4）$(E_1 \underset{F_1}{\times} E_2) \underset{F_2}{\times} E_3 \equiv E_1 \underset{F_1}{\times} (E_2 \underset{F_2}{\times} E_3)$ （条件连接的结合律）

3）投影运算串接的等价公式

设 $E$ 是一个关系代数表达式，$B_1$、$B_2$、$\cdots$、$B_m$ 是 $E$ 中的某些属性名，且 $A_i \in \{B_j : j = 1, 2, \cdots, m\}$，$i = 1, 2, \cdots, n$，$n \leq m$，则

$$\prod_{A_1, A_2, \cdots, A_n} \left( \prod_{B_1, B_2, \cdots, B_m} (E) \right) \equiv \prod_{A_1, A_2, \cdots, A_n} (E)$$

4）选择运算串接的等价公式

设 $E$ 是一个关系代数表达式，$F_1$、$F_2$ 是选择运算的条件，则

$$\sigma_{F_1}\left(\sigma_{F_2}(E)\right) \equiv \sigma_{F_1 \wedge F_2}(E)$$

5）选择运算与投影运算交换的等价公式

设 $E$ 是一个关系代数表达式，$F$ 是只涉及 $A_1$、$A_2$、$\cdots$、$A_n$ 属性的选择条件，则

$$\sigma_F \left( \prod_{A_1, A_2, \cdots, A_n} (E) \right) \equiv \prod_{A_1, A_2, \cdots, A_n} \left( \sigma_F (E) \right)$$

6）选择运算与笛卡儿积交换的串接等价公式

（1）设条件 $F$ 中涉及的属性都是 $E_1$ 的属性，则

$$\sigma_F(E_1 \times E_2) \equiv \sigma_F(E_1) \times E_2$$

（2）如果 $F = F_1 \wedge F_2$，且 $F_1$ 只涉及 $E_1$ 的属性，$F_2$ 只涉及 $E_2$ 的属性，则

$$\sigma_F(E_1 \times E_2) \equiv \sigma_{F_1}(E_1) \times \sigma_{F_2}(E_2)$$

（3）如果 $F = F_1 \wedge F_2$，且 $F_1$ 只涉及 $E_1$ 的属性，$F_2$ 涉及 $E_1$ 和 $E_2$ 两者的属性，则

$$\sigma_F(E_1 \times E_2) \equiv \sigma_{F_2}(\sigma_{F_1}(E_1) \times E_2)$$

实际上，所谓尽早做选择运算优化策略的具体体现就是上面三个等价公式。

7）投影运算与笛卡儿积交换的串接等价公式

设 $E_1$、$E_2$ 是 2 个关系代数表达式，$A_1, A_2, \cdots, A_n$ 是 $E_1$ 的属性，$B_1, B_2, \cdots, B_m$ 是 $E_2$ 的属性，则

$$\prod_{A_1,A_2,\cdots,A_n,B_1,B_2,\cdots,B_m}(E_1 \times E_2) \equiv \prod_{A_1,A_2,\cdots,A_n}(E_1) \times \prod_{B_1,B_2,\cdots,B_m}(E_2)$$

## 10.5 查询优化的一般步骤

此处仍然沿用前面查询选修了 C02 号课程的学生姓名，其 SQL 语句如下。

```
SELECT Students.Sname
FROM Students, Reports
WHERE Students.Sno=Reports.Sno AND Reports.Cno='C02';
```

对应的关系代数表达式有多种，其中有代表性的三个为

$$Q_1 = \prod_{Sname}\left(\sigma_{Students.Sno=Reports.Sno \wedge Reports.Cno='C02'}(Students \times Reports)\right)$$

$$Q_2 = \prod_{Sname}\left(\sigma_{Reports.Cno='C02'}(Students \bowtie Reports)\right)$$

$$Q_3 = \prod_{Sname}\left(Students \bowtie \sigma_{Reports.Cno='C02'}(Reports)\right)$$

这里提供给 RDBMS 的查询要求是 SQL 语句，其查询优化过程是由其内部的"查询优化器"自动完成的。一般查询优化器在进行查询优化时遵循以下几个步骤。

1）把查询要求转换成"查询语法树"

例如，上述 SQL 语句将被转化为下面"查询语法树"，如图 10.1 所示。

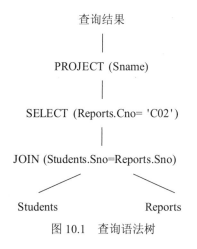

图 10.1　查询语法树

2）优化"语法树"

首先将"查询语法树"转换为"关系代数语法树",如图10.2所示。

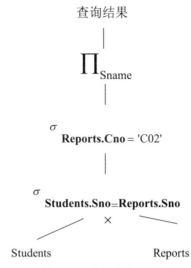

图10.2　关系代数语法树

然后优化"关系代数语法树",如图10.3所示。

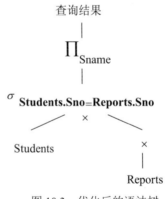

图10.3　优化后的语法树

3）选择底层的存取路径

根据"优化后的语法树",在具体计算关系表达式时要充分考虑索引、数据的存储分布及存取路径,进一步改善查询效率。例如,利用 Reports 表在 Cno 字段创建的索引,就不必按顺序扫描整个 Reports 表。

4）生成多个查询计划,选择代价最小的计划完成查询任务

例如,在 Students 和 Reports 两个表均未排序且连接属性上也没有索引的情况下,则可能的方案有四种。

（1）对两个表都做排序预处理。

（2）在 Students 表的连接属性上建立索引。

（3）在 Reports 表的连接属性上建立索引。

（4）在 Students 表和 Reports 表的连接属性上均建立索引。

对应这四种方案生成四种查询计划，选择代价最小的计划去完成查询任务。

值得一提的是，在计算每种查询计划的代价时，"磁盘 I/O 数"对代价的贡献往往远大于占用"CPU 时间"和"内存"的贡献，因此"磁盘 I/O 数"是主要考虑因素。

## 本章小结

关系系统要求支持关系数据结构，支持选择、投影、连接运算，还要求能自动地选择路径而不是依赖物理存取路径来实现关系运算。为此，系统要进行查询优化，以获得更好的性能。这是关系系统实施的关键技术。

查询处理是数据库系统最主要的应用功能，而查询优化又是查询处理的关键技术。掌握查询优化方法的概念和技术，了解具体的查询计划表示，就能够分析查询的实际执行方案和查询代价，进而通过建立索引或修改 SQL 语句来降低查询代价，达到优化系统性能的目标。

## 练习与思考

10.1 试述查询优化在关系数据库中的重要性和可能性。

10.2 对学生—课程数据库有如下查询。

```
SELECT Cname
FROM Student,Course,SC
WHERE Student.Sno=SC.Sno
AND SC.Cno=Course.Cno
AND Student.Sdept='IS'
```

此查询可获取信息系学生选修了的所有课程名称。试画出用关系代数表示的语法树，并用关系代数表达式优化算法对原始的语法树进行优化处理，画出优化后的标准优化树。

10.3 试述查询优化的一般标准。

10.4 试述查询优化的一般步骤。

（4）在 Students 表和 Reports 表的连接属性上均建立索引。

对应这四种方案生成四种查询计划，选择代价最小的计划去完成查询任务。

值得一提的是，在计算每种查询计划的代价时，"磁盘 I/O 数"对代价的贡献往往远大于占用"CPU 时间"和"内存"的贡献，因此"磁盘 I/O 数"是主要考虑因素。

## 本章小结

关系系统要求支持关系数据结构，支持选择、投影、连接运算，还要求能自动地选择路径而不是依赖物理存取路径来实现关系运算。为此，系统要进行查询优化，以获得更好的性能。这是关系系统实施的关键技术。

查询处理是数据库系统最主要的应用功能，而查询优化又是查询处理的关键技术。掌握查询优化方法的概念和技术，了解具体的查询计划表示，就能够分析查询的实际执行方案和查询代价，进而通过建立索引或修改 SQL 语句来降低查询代价，达到优化系统性能的目标。

## 练习与思考

10.1 试述查询优化在关系数据库中的重要性和可能性。

10.2 对学生—课程数据库有如下查询。

```
SELECT Cname
FROM Student,Course,SC
WHERE Student.Sno=SC.Sno
AND SC.Cno=Course.Cno
AND Student.Sdept='IS'
```

此查询可获取信息系学生选修了的所有课程名称。试画出用关系代数表示的语法树，并用关系代数表达式优化算法对原始的语法树进行优化处理，画出优化后的标准优化树。

10.3 试述查询优化的一般标准。

10.4 试述查询优化的一般步骤。